Also in the Variorum Collected Studies Series:

GUY BEAUJOUAN
Par raison de nombres

WILLIAM A. WALLACE
Galileo, the Jesuits and the Medieval Aristotle

FRANZ ROSENTHAL
Science and Medicine in Islam

R.W. HOME
Electricity and Experimental Physics in Eighteenth-Century Europe

DAVID A. KING
Islamic Astronomical Instruments

GERARD L'E. TURNER
Scientific Instruments and Experimental Philosophy 1550–1850

ROBERT FOX
The Culture of Science in France, 1770–1870

BRUCE S. EASTWOOD
Astronomy and Optics from Pliny to Descartes:
Texts, Diagrams and Conceptual Structures

ALLEN G. DEBUS
Chemistry, Alchemy and the New Philosophy, 1550–1700

VIVIAN NUTTON
From Democedes to Harvey: Studies in the History of Medicine

WALTER PAGEL
From Paracelsus to Van Helmont: Studies in Renaissance Medicine and Science

WALTER PAGEL
Religion and Neoplatonism in Renaissance Medicine

DAVID C. LINBERG
Studies in the History of Medieval Optics

BERNARD R. GOLDSTEIN
Theory and Observation in Ancient and Medieval Astronomy

CHARLES B. SCHMITT
Studies in Renaissance Philosophy and Science

CHARLES B. SCHMITT
Reappraisals in Renaissance Thought

Science médiévale d'Espagne et d'alentour

Guy Beaujouan

Science médiévale d'Espagne et d'alentour

VARIORUM

Published by VARIORUM
Ashgate Publishing Limited
Gower House, Croft Road,
Aldershot, Hampshire GU11 3HR
Great Britain

Ashgate Publishing Company
Old Post Road
Brookfield, Vermont 05036
U S A

ISBN 0–86078–304–9

A CIP catalogue record for this book is available
from the British Library and the
US Library of Congress.

Printed by Galliard (Printers) Ltd
Great Yarmouth, Norfolk
Great Britain

COLLECTED STUDIES SERIES CS374

TABLE DES MATIÈRES

PHILIPPE ÉLÉPHANT ET L'ESPAGNE

Ce volume est composé de xiv + 306 pages

NOTE DE L'ÉDITEUR

Les articles dans ce volume, comme dans tous les autres de la Série Recueils d'Études, n'ont pas reçu une nouvelle pagination suivie. En vue d'éviter une confusion possible et de faciliter la consultation lorsqu'il est fait référence ailleurs à ces mêmes études, on a maintenu la pagination originelle partout où c'était faisable.

Tous les articles ont été pourvus d'un numéro en chiffres romains dans l'ordre de leur parution, conformément au Sommaire. Ce numéro se répète sur chaque page et se retrouve aux titres de l'Index.

PRÉFACE

Sous le titre *Par raison de nombres. L'art du calcul et les savoirs scientifiques médiévaux*, la collection *Variorum* a déjà accueilli un premier recueil de nos principaux articles. Même s'il essayait de déboucher sur la philosophie et sur un effort tendant à replacer la science médiévale dans son contexte historique le plus ample, ce premier volume était, dans sa phase initiale, issu d'un examen systématique des manuscrits médiévaux de la Bibliothèque Nationale concernant l'arithmétique.

Sur un sujet tout différent, *Science médiévale d'Espagne et d'alentour* procède d'une démarche analogue, en partant d'une prospection systématique des manuscrits scientifiques médiévaux conservés en Espagne. Entre, d'un côté, l'exaltation patriotique des chantres de la "légende rose" et, d'autre part, les tenants de la "légende noire" influencés par des préjugés antiespagnols naguère encore assez répandus, les contributions ici présentées n'obéissent à aucune idée préconçue; tout au plus pourrait-on leur reprocher de trop chercher à mettre en valeur nos trouvailles.

Peut-être s'interrogera-t-on sur le choix des articles ici retenus et sur le fait qu'ils concernent essentiellement les XIVe et XVe siècles. Avant même que ce volume ne voie le jour, on m'a déjà reproché de ne pas y avoir inclus mon rapport au XIIIe Congrès international d'histoire des sciences, *La science hispano-arabe et les modalités de son influence* (Moscou, Editions "Naouka", 1971). Sans parler de la mauvaise qualité matérielle de l'original à reproduire, ce texte m'a semblé relativement périmé par le beau livre du Pr Juan Vernet, dont on utilisera, de préférence, la version française revue et augmentée, *Ce que la culture doit aux Arabes d'Espagne* (Paris, Sindbad, 1985); le Pr Vernet a, du reste, la gentillesse de fréquemment s'y référer à nos travaux, y compris le rapport moscovite précité.

Au cours de nos pérégrinations à travers l'Espagne, deux lieux d'excellence ont particulièrement suscité notre enthousiasme: l'Université de Salamanque et la Bibliothèque Colombine de Séville.

Il est facile de trouver notre livre, *Manuscrits scientifiques médiévaux de l'Université de Salamanque et de ses "colegios mayores"* (Bordeaux, Féret, 1962). Quant à notre article du volume V (1961) des *Mediaeval and Renaissance Studies*, intitulé *La science anglaise dans les bibliothèques de Salamanque au XVe siècle*, nous n'avons pas cru devoir le republier, une partie de son contenu se retrouvant ici, reprise et développée, dans la contribution n° XI sur Philippe Eléphant.

A Salamanque, c'est la richesse des manuscrits scientifiques de l'ancien colegio mayor de San Bartolomé qui nous a entraîné à renouveler l'étude de certains aspects des savoirs astronomiques liés aux grandes découvertes maritimes portugaises. On parlait beaucoup d'Abraham Zacut, mais on n'imaginait pas le rôle possible de Diego Ortiz qui, pour des raisons politiques, passa de la chaire d'astrologie de Salamanque au service de Jean II de Portugal. A travers les études I, IX et X, le contexte intellectuel des Grandes Découvertes maritimes occupe donc une place très importante dans le présent volume.

Un autre de nos grands enthousiasmes se trouve lié à la Bibliothèque Colombine de Séville et à la manière vraiment extraordinaire dont Fernand Colomb, fils de Découvreur de l'Amérique, a acquis, catalogué et géré ses collections.

Les manuscrits possédés par Fernand Colomb ayant été achetés à travers toute l'Europe, la détermination de leur origine posait, pour beaucoup d'entre eux, des problèmes de méthode fort délicats. Une grande dextérité était, à plus forte raison, requise pour connaître le contenu des très nombreux volumes aujourd'hui perdus. Il s'agit là de recherches assez "acrobatiques" rendues encore plus difficiles par l'étroitesse des horaires d'ouverture de la Colombine et par le fait que les principaux répertoires de Fernand Colomb étaient exposés dans des vitrines, ce qui compliquait leur consultation. Ces répertoires ont fait l'objet d'une volumineuse et assez polémique étude de 875 pages dues au Pr Tomás Marín Martínez et publiées sous un titre un peu ambigu, *Obras y libros de Hernando Colón* (Madrid, 1970). Il faut évidemment prendre en compte cet important travail, lorsque l'on relit aujourd'hui nos contributions III, VI et VIII; cf. VII 62 (n. 1). Les apports ici réédités ne sont pas, pour autant, périmés, comme on pourra le constater en consultant une nouvelle étude que, pendant l'élaboration même du présent volume, nous venons de publier: *Hernando Colón, adquiridor de manuscritos científicos*, dans *Hernando Colón y su época* (Sevilla, 1991) ou dans *Boletín de la Real Academia Sevillana de Buenas Letras*, XVIII (1990).

Sans du tout se limiter à Salamanque et à Séville, notre prospection des manuscrits scientifiques d'Espagne a souvent, depuis de nombreuses années, à l'Ecole Pratique des Hautes Etudes, alimenté notre séminaire sur l'histoire des sciences au Moyen Age, surtout lorsqu'il s'agissait de proposer des sujets de recherche à nos disciples. Je pense, par exemple, aux thèses de Jeanne-Marie Dureau-Lapeyssonnie, *L'oeuvre d'Antoine Ricart, médecin catalan du XVe siècle*, cf. I 31 (n. 39) ou V 167 (n. 3);

de Bruno Delmas, *Le chancelier Jacques Angeli et la médecine à Montpellier au milieu du XVe siècle*, cf. VII 62 (n. 7); de Henri Hugonnard-Roche, *L'oeuvre astronomique de Thémon Juif*, cf. III 633; de James V. Williams, *L'oeuvre scientifique autour du personnage d'Enrique de Villena*; de Pascale Barthélemy, *L'oeuvre alchimique de Guillaume Sedacer*. Nous reparlerons, dans un instant, du travail de Paul Cattin sur Philippe Eléphant.

Parmi les réalisations de ma direction d'études, figure en bonne place la republication du *Dictionnaire biographique des médecins en France au moyen âge* d'Ernest Wickersheimer, précieux instrument de travail dont bien des notices ne se rattachent à la France que par des fils assez ténus. Il y a été ajouté un beau volume de *Supplément* dû à Danielle Jacquart. J'ai souhaité que, pour ce qui le concernait, ce *Supplément* pût tenir compte de mes prospections en Espagne. C'est, dans une assez large mesure, cette circonstance qui m'a incité à élaborer la contribution ici reproduite sous le n° V, *Manuscrits médicaux du moyen âge conservés en Espagne*.

A côté du *Supplément* au Wickersheimer, l'utilisateur de cet article n° V trouvera grand profit à avoir, sur son bureau, l'excellent ouvrage du Dr Antoni Cardoner i Planas, *Història de la medicina a la Corona d'Aragó (1162–1479)* (Barcelona, Editorial Scientia, 1973): à la page V 167, ce livre est seulement annoncé, car alors non encore publié.

S'agissant des manuscrits médicaux, le noyau de notre contribution n° V est constitué par un inventaire collectif présenté alphabétiquement. C'est cette série alphabétique V 173–199 qu'il faut d'abord consulter. L'index du présent volume améliore cependant très sensiblement les possibilité d'exploitation de cet article, d'autant que, pour cette ultime indexation, les identifications ont parfois été affinées, grâce notamment aux ouvrages, ci-dessus mentionnés, d'Antoni Cardoner et de Danielle Jacquart.

Présence arabe, relative débilité des universités (sauf Salamanque, mais seulement à partir des années 1460), précoce maturité des langues vernaculaires, rôle considérable des Juifs: ces quatre facteurs annoncés d'entrée de jeu (I 7 et sq.) se manifestent, tout au long du volume, comme conditionnant le particularisme de la science médiévale espagnole. Celle-ci échappe donc, plus qu'ailleurs, à l'emprise de la scolastique universitaire. Ce point de vue semble assez bien illustré par la curieuse histoire de l'école médicale du monastère de Guadalupe, à une époque où, ailleurs, la médecine monastique était, depuis deux ou trois siècles, bien passée de mode.

Dans notre publication française originelle sur Guadalupe (voir II 170, n. 59 ou V 162, n. 3) se présentait une recherche assez lourde ayant pour but de savoir quels étaient les livres utilisés dans ce célèbre monastère hiéronymite d'Estrémadure. Nous nous contentons de reproduire ici l'histoire, pourrait-on dire, "externe" de la fameuse école de médecine: c'est la contribution n° II. Il s'agit d'une version espagnole, en quelque sorte, bonifiée pour avoir été traduite par le très grand historien de la médecine qu'est le Pr López Piñero.

Parmi les témoins que nous avons trouvés, en Espagne, de ce type de pensée étranger à la scolastique, les oeuvres de Philippe Eléphant ont exercé sur nous une particulière fascination. Au hasard de nos prospections, nous les avons rencontrées à Salamanque, à Guadalupe, à Barcelone et chez Enrique de Villena. Après avoir révélé, dès 1961, la singularité de cet étrange Eléphant, nous avons confié à l'un de nos élèves, Paul Cattin, la transcription et l'étude plus poussée des textes. En 1980, j'ai repris le dossier pour aboutir à ce qui est ici la contribution n° XI: elle a été publiée sous le double nom de Beaujouan et Cattin, au terme d'une collaboration, par vagues successives, dont on trouvera rappelées les modalités, page XI 285, note 1.

De même que le Portugal des Grandes Découvertes, la Toulouse de Philippe Eléphant a requis l'ajout "*et d'alentour*" qui complète le titre du présent volume: on pourrait parler d'axes culturels Salamanque-Lisbonne et Toulouse-Barcelone.

Par son platonisme, par le symbolique numérique qui structure son oeuvre encyclopédique, par sa tentative de recomposition des *Eléments* d'Euclide, Philippe Eléphant occupe une place absolument à part dans l'histoire intellectuelle du XIVe siècle. Son *Alchimie* est un texte très remarquable, dont on trouvera une analyse assez détaillée aux pages XI 322–351.

Mais, ici encore, le dernier mot n'est pas dit. L'*Alkimia* de Philippe Eléphant prend pour base la *Summa perfectionis* du pseudo-Geber. Or, l'étude de cette *Summa* vient d'être entièrement renouvelée par William Newman qui est parvenu à en découvrir l'auteur, nommément le franciscain Paul de Tarante. A la lumière de ce point de vue nouveau, l'*Alkimia* de Philippe Eléphant, encore inédite, devrait être prochainement publiée par Paul Cattin, dans la collection des *Alchimistes latins* qui paraît, chez Brill, sous les doubles auspices de l'Académie Internationale d'Histoire des Sciences et de l'Union Académique Internationale.

Mais revenons, pour conclure, à l'essentiel de notre volume, c'est-à-dire l'Espagne.

Par ses apports au contexte intellectuel des Grandes Découvertes maritimes du XVe siècle, comme par la place importante qu'il accorde à Fernand Colomb, le présent volume bénéficie d'un heureux hasard, en paraissant durant une année 92 vouée à l'évocation de Christophe Colomb et à la commémoration de la découverte de l'Amérique. Il y a là une coïncidence dont, même en souriant, je ne veux pas exagérer le caractère providentiel, mais dont on peut espérer qu'elle fasse insérer le présent volume parmi les ouvrages, sans doute très nombreux, qui marqueront le cinquième centenaire de cette si cruciale année 1492.

GUY BEAUJOUAN

Paris
décembre 1991

I

LA SCIENCE EN ESPAGNE AUX XIVe ET XVe SIÈCLES

L'HISTOIRE de la science espagnole est dominée par une polémique toujours ouverte entre les tenants (généralement libéraux et anticléricaux) de la « légende noire » et les champions traditionalistes de la « légende rose ».

ECHEGARAY, par exemple, a écrit :

> « Toute la faute en est au fanatisme religieux..., la science mathématique ne nous doit rien..., il n'y a, dans son histoire, aucun nom que des lèvres espagnoles puissent prononcer sans effort. »

Pour MENÉNDEZ Y PELAYO, au contraire, la science espagnole, celle de la Renaissance notamment,

> « était la plus estimée du monde et les étrangers eux-mêmes venaient recevoir son enseignement ».

La modicité de la science ibérique est surtout frappante, si on la compare à la somptuosité de l'apport espagnol dans le domaine littéraire et artistique. De ce contraste, diverses explications ont été données. La plus courante stigmatise la « ségrégation intellectuelle » d'une Espagne trop catholique, repliée sur elle-même comme pour se protéger des contagions venant de l'étranger. Citant, de son côté, l'aimable confidence de Marie Curie qui, au retour d'un voyage printanier en Andalousie, confessait, encore sous le charme, qu'elle n'y aurait sûrement pas découvert le radium, Gregorio MARAÑÓN a bien caractérisé cette humanité méditerranéenne qui mène une « existence débordante vers l'extérieur avec une nette prédominance du goût sur la pensée ».

De façon plus radicale, Américo CASTRO (1) tente de définir l'élite castillane. Courage, sens de l'honneur, suprématie de la volonté et de la passion sur la raison : tel serait l'idéal forgé, dès le Moyen Age, dans le viril effort de la reconquête sur les Maures.

« Retranché dans l'éminente dignité de sa propre personne, volonté de puissance à l'état pur », l'Espagnol s'intéresserait beaucoup *à l'Homme total*, mais peu *aux choses ;* il aurait donc très tôt abandonné aux Juifs, puis aux étrangers, les besognes financières et techniques. Ainsi s'expliquerait son comportement fait à la fois d'orgueil et d'un léger complexe d'infériorité. On connaît le mot d'Unamuno disant fièrement à ses compatriotes, en parlant des étrangers : « laissez-les inventer » (*Que inventen ellos !*).

Dans la mesure où elle ne fait pas suffisamment leur place aux fluctuations conjoncturelles, aux événements et aux évolutions psychologiques à cause desquels l'Espagne a « raté » ces deux siècles, si importants pour la science, que sont le XVIIe et le XIXe, la thèse d'Américo Castro est évidemment schématique et le grand médiéviste SÁNCHEZ ALBORNOZ en a, sans peine, dénoncé les excès (2). Cette polémique souligne, du moins, ce fait assez surprenant que l'Espagnol d'aujourd'hui n'hésite pas à aller chercher, jusqu'au Moyen Age, l'explication de son comportement habituel face à la Science.

On a pu caractériser la science espagnole du XVIe siècle par un contraste, déjà frappant, entre sa relative impuissance dans le domaine des mathématiques, et son très honorable niveau en médecine et en biologie. Encore faut-il souligner, après REY PASTOR, la souplesse avec laquelle les Ibériques ont su faire face aux nouveaux problèmes scientifiques et techniques posés par la découverte et la colonisation de l'Amé-

(1) A. CASTRO, *Réalité de l'Espagne*, trad. fr. (Paris, 1963).
(2) C. SÁNCHEZ ALBORNOZ, *España, un enigma histórico* (Buenos Aires, 1962).

rique : M. G. DE MIRANDA a traité la question, ici même, en ce qui concerne la cosmographie (3).

Ces traits saillants de la science espagnole de la Renaissance trouvent-ils leur origine et leur explication dans la situation particulière qui fut celle de la péninsule ibérique à la fin du Moyen Age? : tel est le thème proposé à la présente conférence.

Je l'aborde, pour ma part, sans préjugés philosophiques ou nationalistes. Peut-être y suis-je autorisé par l'expérience que m'a value, depuis 1950, la recherche systématique des manuscrits scientifiques médiévaux conservés en Espagne. Résistant, cependant, à la tentation de déballer ici mes propres trouvailles, je voudrais simplement, en m'appuyant sur des exemples, de préférence facilement vérifiables, vous inviter à quelques réflexions d'ordre général.

*
* *

QUATRE FACTEURS DE PARTICULARISME

Comparée à celle du reste de l'Europe, la science espagnole du bas Moyen Age apparaît conditionnée, dans son évolution, par quatre facteurs importants : la présence musulmane, la débilité des universités, la précoce maturité des langues péninsulaires et le rôle exceptionnel des Juifs.

Sans même évoquer le flux et le reflux de la marée musulmane à travers l'Espagne, l'importance de la science arabe et les apports dont elle a enrichi, en la véhiculant, la pensée grecque, on doit bien constater, comme par exemple A. YOUSCHKEVITCH ou J. VERNET, qu'aucun des très grands savants de l'Islam qui se sont voués aux mathématiques pures, n'appartenait à la péninsule ibérique. Celle-ci occupa,

(3) M. G. DE MIRANDA, *La contribution de l'Espagne au progrès de la cosmographie et de ses techniques* (1508-1624) [conférence donnée au Palais de la Découverte, le 30 novembre 1963].

en revanche, une place importante dans l'histoire de l'astronomie arabe, spécialement en ce qui concerne la fabrication des instruments, l'établissement des tables et les calculs trigonométriques qui s'y rapportent : représentatifs sont les noms de Maslama de Madrid, Ibn al-Samḥ, Ibn al-Ṣaffār, Ibn Ṣā 'id, al-Zarqālī, Jābir ibn Aflaḥ, al-Biṭrujī, etc. (4). Les Hispano-musulmans portèrent un grand intérêt à l'étude de la matière médicale, selon la tradition de Dioscoride, et ils peuvent apparaître, à ce titre, comme les prédécesseurs d'Andrés Laguna. De même, Ibn Wāfid et Ibn Baṣṣāl sont, comme l'a brillamment montré J.-M. Millás Vallicrosa, à l'origine d'une riche littérature géoponique arabo-espagnole qui trouvera son aboutissement, au xvie siècle, dans le *Libro de agricultura* de Gabriel Alonso de Herrera (5). Il faudrait parler aussi de la médecine et de la philosophie où domine la puissante personnalité du cordouan Averroès. On le voit, la tentation est grande de mettre en parallèle la science des hispano-moresques et celle de l'Espagne catholique du xvie siècle, pour tâcher de trouver entre elles des similitudes d'orientation et même la continuité d'une véritable tradition scientifique ibérique. M. G. de Reparaz a pu écrire qu'il est désormais possible d'établir les

> « chaînons successifs qui, sans solution de continuité et dans un ordre au fond parfaitement logique, mènent des cosmographes du xe siècle aux navigateurs et aux découvreurs du xve et du xvie siècles ».

Il y aurait donc, pour lui,

> « *une évolution homogène*, des astronomes de Cordoue à la découverte de l'Amérique »;

ainsi, l'Espagne aurait encore tiré de son héritage arabe, même à l'époque de la Renaissance, un très appréciable

(4) J. Vernet, *La Ciencia en el Islam y Occidente*, dans *Settimane di studio del Centro italiano di studi sull'alto medioevo*, t. XII (Spoleto, 1965), pp. 537-576.
(5) J.-M. Millás Vallicrosa. *La Ciencia geopónica entre los autores hispanoárabes* (Madrid, 1954).

avantage. Cette thèse nous semble excessive, car elle se heurte à deux faits importants : l'esprit de « reconquête » de la pensée ibérique et la large diffusion européenne des traductions arabo-latines.

Si le nouvel aristotélisme et la science arabe ont tellement séduit l'Occident chrétien médiéval, ils le devaient évidemment à leur supériorité technique sur le fonds culturel préexistant; il est indéniable cependant qu'un certain goût de l'exotisme et un certain attrait du fruit défendu ont, aussi, contribué à ce succès. Un tel engouement existait moins qu'ailleurs dans la péninsule ibérique où le Maure, proche voisin et ennemi héréditaire, n'était pas paré par l'imagination des mêmes séductions. Les frères Carreras y Artau ont bien caractérisé cette *réaction*, ce *choc en retour* de la pensée chrétienne contre la culture islamique déjà senescente (6). Un certain platonisme augustinien reconquiert la patrie d'Averroès au moment même où l'averroïsme latin menace de dissocier la foi et la raison dans le reste de l'Europe. Les dominicains qui, à Paris, tentent d'assimiler la philosophie arabe, seront généralement, en Espagne, violemment antisémites et antimusulmans; lorsque, même, l'étude de l'arabe y sera recommandée, comme dans les écoles de Majorque, ce sera moins pour s'instruire que pour endoctriner les infidèles.

Sans remonter au xe siècle et aux premiers contacts de l'Occident chrétien avec la science arabe (activité du monastère de Ripoll, voyage de Gerbert, etc.), on sait comment s'est opérée, au xiie siècle, à Barcelone, à Tarazona et surtout à Tolède, la traduction en latin des œuvres maîtresses de la science et de la philosophie gréco-arabes. Ce travail considérable a, sans aucun doute, été l'une des contributions majeures de l'Espagne à l'essor de la civilisation occidentale; pourtant, ce n'est pas la culture espagnole elle-même qui en a été la principale bénéficiaire. Deux des plus grands patrons de ces centres

(6) T. et J. Carreras y Artau, *Historia de la filosofía española: filosofía cristiana de los siglos XIII al XV* (Madrid, 1939-1943).

de traduction étaient probablement d'origine française (les évêques Michel de Tarazona et Raimond de Tolède); bon nombre de traducteurs furent aussi étrangers (Adélard de Bath, Platon de Tivoli, Hermann de Carinthie, Gérard de Crémone, Robert de Chester, Daniel de Morley, Michel Scot, etc.). On ne redira jamais assez que ces traductions du XIIe siècle n'ont pris toute leur importance que grâce aux grandes universités alors naissantes qui, comme celles de Paris et d'Oxford, en ont non seulement incorporé, au moins partiellement, le contenu à l'enseignement, mais encore, grâce au cosmopolitisme de leurs étudiants et de leurs maîtres, diffusé les manuscrits à travers toute la Chrétienté. A l'inverse de ces versions en latin très rapidement entrées dans le patrimoine commun à tout l'Occident chrétien, les traductions plus tardives rédigées en castillan sous l'influence d'Alphonse X (celles notamment des *Libros del saber de astronomía*) resteront, en général, le bien propre de l'Espagne, mais, contrairement à ce que ne cessent de répéter les historiens, elles n'auront, le plus souvent, qu'une assez faible influence, car leurs manuscrits ne connaîtront qu'une diffusion très limitée (fait évidemment exception, pour ne pas parler des tables alphonsines dont il sera question plus loin, le *Libro conplido* d'Aly aben Ragel traduit en latin par Aegidius de Tebaldis).

Avec l'œuvre d'Alphonse X, apparaissent ainsi les trois autres traits corrélatifs, et déjà cités, de la science espagnole du bas Moyen Age : la faiblesse des universités, la précoce maturité scientifique des langues vulgaires et le rôle important des Juifs.

Les universités fondées à Palencia (1208), Perpignan (1350), Huesca (1354), Barcelone (1401 et 1450), Saragosse (1474) n'ont pas pris de bons départs; celle de Valladolid n'a acquis sa renommée qu'à l'aube de la Renaissance : seules ont donc participé à la science ibérique médiévale les universités de Montpellier (dont il sera longuement question un peu plus loin), de Lérida (pour la médecine), Lisbonne-Coimbra, et surtout Salamanque (7). Bien que fondée dès 1227 et richement dotée, en 1254, par Alphonse X le Savant (avec, en particulier, deux chaires de médecine), l'université de Salamanque n'a guère fait que vivoter, dans un milieu encore hostile, jusqu'à la fin du XIVe siècle. Surtout consacrée, d'ailleurs, aux études juridiques (la théologie n'y apparut qu'en 1355), elle ne prit un essor décisif qu'entre 1380 et 1422 et ne joua un rôle scientifique de toute première importance qu'à partir de 1460, grâce à sa chaire d'astrologie.

Lorsque je parle de la faiblesse des universités espagnoles du XIVe siècle, je ne pense pas tellement à la débilité de leurs structures qu'au volume, véritablement insignifiant, des œuvres qui en sont sorties : rien, en un mot, de comparable à cette si abondante littérature scolastique, à ces innombrables commentaires et questions en latin qui constituent à Paris, à Oxford, à Bologne ou à Padoue, comme la sécrétion normale de l'enseignement universitaire. Malgré la place très à part qu'ils occupent dans la pensée du XIIIe siècle — et sans doute en raison de leur enseignement à Montpellier et à Paris — Arnaud de Villeneuve († 1311) et Raymond Lulle († 1316) contribuent encore à cette littérature scolastique. En revanche, la production scientifique ibérique des années 1320 à 1460 s'inscrit presque entièrement en dehors du cadre universitaire, à moins qu'elle n'émane d'Espagnols résidant hors de leur pays (8). Lorsque même il s'agit de maîtres ayant enseigné dans les universités ibériques, leurs œuvres (généralement dédiées à des personnages importants et rédigées en langue vulgaire) ont un net caractère extra-universitaire. Si l'on excepte l'enseignement médical d'Antoni Ricart à l'Université de Lérida — les œuvres qui en transmettent l'écho sont dédiées au roi Martin d'Aragon et déjà très teintées d'humanisme — on ne trouve guère, en Espagne, de pro-

(7) C. M. Ajo G. y Sáinz de Zúñiga, *Historia de las universidades hispánicas*, t. I (Madrid, 1957).

(8) C'est, par exemple, le cas de Sebastianus de Aragonia, Alexander Hispanus, Antonius Andree, Jean Marbres dit *le chanoine*, Guillem Aventurer, etc.

duction scientifique typiquement universitaire avant 1460. Une telle carence apparaît surtout remarquable si l'on songe à la richesse et à l'abondance des textes scientifiques médiévaux écrits en catalan ou en castillan. Ce dernier idiome a atteint très tôt sa maturité linguistique et l'œuvre d'Alphonse X lui a conféré un prestige scientifique que n'avaient guère, à la fin du XIIIe siècle, les autres langues européennes. On ne retrouve pas en Espagne ce décalage, si net en deçà des Pyrénées, entre les traités vraiment savants rédigés en latin et ceux destinés à la vulgarisation écrits en langue vernaculaire. La science ibérique du Moyen Age parle en langue vulgaire; elle ne rougit pas de recourir à des traductions, même du latin : j'espère en donner la bibliographie dans une prochaine publication.

Le rôle éminent joué par les Juifs (9) est, bien évidemment, tout à la fois l'une des causes et l'une des conséquences de cette indépendance de la science ibérique par rapport aux structures universitaires et au formalisme de la scolastique latine. Caractéristique est la fière déclaration faite, vers 1420, par rabbi Mosé Arragel de Guadalajara :

> « Les rois et seigneurs de Castille eurent, dit-il, cet avantage que les Juifs leurs sujets, sachant la magnificence de leurs seigneurs, furent les Juifs les plus savants et les plus illustres qu'il y eût dans tous les royaumes où ils émigrèrent, et cet avantage est quadruple : en noblesse, en fortune, en qualités et en savoir. »

Américo CASTRO, israélite lui-même, a admirablement caractérisé ces Juifs ibériques. L'amertume de leur position toujours menacée suscite en eux « une aptitude rare à se glisser par toutes les fissures et à escalader les cimes les plus abruptes » : elle les conduit ainsi à se rendre indispensables aux puissants personnages (rois ou évêques) dont la protection leur est, plus qu'à quiconque, nécessaire. Servis par leur don des langues et par une intelligence que le peuple s'accorde à

(9) A. CASTRO, *op. cit.* — Plusieurs articles intéressants, avec la bibliographie récente, dans *Collected studies in honour of Américo Castro's eightieh year*, ed. M. P. HORNIK (Oxford, 1965). — J.-M. MILLÁS VALLICROSA, *Literatura hebraicoespañola* (Barcelona, 1967).

reconnaître supérieure, les Juifs s'illustrent comme traducteurs, comme constructeurs d'instruments, comme médecins, comme astrologues, comme artisans spécialisés. Mais ils sont aussi usuriers et collecteurs d'impôts, fonctions généralement peu sympathiques qui, au cours du XIVe siècle et malgré la protection royale, provoquent contre eux la marée montante de la haine populaire, puis, brusquement, à travers toute l'Espagne, les sanglants pogroms de 1391. Cette date est importante, non seulement parce qu'elle a frappé à mort des *aljamas* célèbres pour leur activité scientifique (comme celle de Barcelone), mais surtout parce qu'elle marque le début des conversions massives, plus ou moins sincères, dont le large éventail s'étale, en subtiles nuances, de la surenchère au scepticisme, en passant par le crypto-judaïsme. Dans la confusion des castes, des esprits et des consciences, le drame évolue vers son dénouement : la création de la nouvelle Inquisition (en 1478) et l'édit d'expulsion (en 1492).

La participation des Juifs à l'activité scientifique est considérable, aussi bien au XIIIe siècle, à la cour d'Alphonse X de Castille, qu'au XIVe, à celle des rois d'Aragon. Elle est en revanche plus difficile à évaluer, au XVe siècle, surtout en ce qui concerne la part exacte des *conversos*. Une sorte de racisme à l'envers, aujourd'hui fort à la mode, s'acharne à trouver du sang juif à tous les Espagnols des XVe et XVIe siècles ayant eu quelque talent; pourtant, on ne saurait admettre que les Juifs (fussent-ils convertis) aient eu, dans l'Espagne du bas Moyen Age, le quasi-monopole de la science et surtout de la médecine : l'Église se préoccupait, d'ailleurs, de ne pas abandonner à des mécréants les derniers moments des mourants. Contraints, plus que leurs concurrents chrétiens, de capter et de garder la confiance de puissants protecteurs, les médecins et astrologues juifs ont cependant donné à la science ibérique des XIVe et XVe siècles ce style *pratique* et *courtisan* qui la distingue si fondamentalement de la scolastique universitaire.

***

LA VIE SCIENTIFIQUE

Une sorte de fil conducteur s'offre donc à l'historien s'il tente de suivre les vicissitudes des mécénats princiers et épiscopaux.

Bien que, par ailleurs, assez mauvais roi, Alphonse X de Castille avait, jusqu'en 1284, donné l'exemple de ce que pouvait faire un souverain épris de science, en coordonnant les efforts de ses sujets chrétiens et juifs. Son fils Sanche IV avait hérité de lui un certain goût des choses de l'esprit, mais bientôt la Castille entra dans une longue période de guerres civiles et d'anarchie.

Le royaume d'Aragon eut, au contraire, la chance d'être gouverné, au XIVe siècle, par une lignée de princes éclairés et spécialement amateurs de recherche scientifique : Jacques II (1291-1327), Alphonse IV (1327-1336), Pierre IV le Cérémonieux (1336-1387), Jean Ier (1387-1396) et Martin Ier l'Humaniste (1396-1410). Ces monarques ayant été des administrateurs minutieux, leurs archives, admirablement conservées, fourmillent d'indications précieuses dont l'historien des sciences trouverait difficilement, ailleurs, l'équivalent (10).

Jacques II s'intéresse, dans sa jeunesse, à l'astrologie et à l'occultisme; il encourage même les observations faites à Barcelone, en 1302, « *cum 2 magnis armillis per magnum astrologum* », mais ses curiosités scientifiques vont plutôt vers la médecine et, en 1300, il fonde l'université de Lérida. Contre toute attente, il n'emploie qu'assez rarement des juifs (comme Jafuda Bonsenyor) ou des musulmans. Dans le cadre d'une réaction générale de la conscience et de la culture chrétiennes, la préférence accordée par le roi aux médecins italiens et français (comme Jean Amell de Toulouse ou Guillaume Gaubert de Béziers) n'est pas sans rapport avec

(10) A. Rubió y Lluch, *Documents per l'història de la cultura catalana mig-eval* (Barcelona, 1908-1921). — A. López de Meneses, *Documentos culturales de Pedro el Ceremonioso* (Zaragoza, 1952).

l'influence du grand savant catalan Arnaud de Villeneuve (11).

Alphonse IV fait bien, en 1328, traduire du latin en catalan, un livre sur les éclipses du soleil et de la lune, mais ce sont Pierre le Cérémonieux et Jean Ier qui portent la science catalane à son apogée (12).

Diverses possessions (dont les Baléares et Montpellier) avaient été, en 1276, séparées de la couronne d'Aragon proprement dite, pour constituer un second royaume au profit de la branche cadette de la dynastie. Lorsque Pierre IV d'Aragon eut récupéré Majorque, en 1343, il put s'assurer les services d'une communauté juive extraordinairement cosmopolite et prospère où s'illustrèrent plusieurs éminents fabricants d'instruments astronomiques et de cartes nautiques (Léon Mosconi, Isaac Nafuci, Vidal et Bellshom Efraim Girondi, Abraham et Yafuda Cresques, etc.). Dès 1342, Pierre IV avait dégrevé d'impôts les Juifs qui faisaient poursuivre des études à leurs enfants. Considérable, mais pas du tout exclusive, fut donc la participation des Israélites à ses activités scientifiques et à celles de son fils Jean : qu'il suffise de citer, sans reparler des Majorquins, les astronomes Isaac del Barri, Jacob ben David Yomtob dit Bonjorn ou Sen Bonet de Perpignan, Jacob al-Corsi; l'astrologue Crescas de Viviers; les médecins Salomon Caravida, Samuel Benveniste; le chirurgien Bonjuha Cabrit; la femme-médecin (*metgessa*) Floreta Ça Noga; le « *magnus experimentator et nigromanticus* » maestre Menahem, etc.

L'effondrement de la dynastie majorquine eut une autre conséquence : la vente à la France de la seigneurie de Montpellier, en 1349. Même si, de 1365 à 1386, la ville et sa célèbre école médicale devaient dépendre du roi français de Navarre, Charles le Mauvais, elles allaient, peu à peu, se détacher

(11) J. CARRERAS Y ARTAU, *Relaciones de Arnau de Vilanova con los reyes de la casa de Aragón* (Barcelona, 1955). — J. A. PANIAGUA, *Estudios y notas sobre Arnau de Vilanova* (Madrid, 1962).

(12) J.-M. MILLÁS VALLICROSA, *La cultura científica en la corte aragonesa y, especialmente, en la de Pedro el Ceremonioso*, dans *VII° Congreso de historia de la Corona de Aragón* (Barcelona, 1962). — Sur la médecine, nombreux articles du Dr A. CARDONER.

de l'aire culturelle hispanique. Pierre IV le Cérémonieux créa, en contrepartie, mais sans grand succès, l'université de Perpignan en 1350 et celle de Huesca en 1354.

Nombreux sont les Catalans et Valenciens (13), chrétiens naturellement, qui, après Arnaud de Villeneuve, ont, au XIVe siècle, étudié ou enseigné la médecine à Montpellier : Jordanus de Turre, Bérenger Eymerich ou de Thumba, Bérenger Candell, François Conill, Jean Jacme (Johannes Jacobi), Pierre Soler, Blaise de Barcelone, etc. (14).

La situation assez particulière des universités du royaume aragonais laisse ainsi prévaloir, sur l'esprit scolastique, les curiosités personnelles des monarques. La science revêt, dans ces conditions, un certain caractère pratique assez conforme à la mentalité catalane (ordonnance de 1352 pourvoyant chaque bateau de deux cartes nautiques, expériences de transmutation de métaux, études sur la génération, à volonté, de mâles et de femelles, souci d'exécuter les condamnés à mort d'une manière utile au progrès de la médecine, création d'asiles de fous, etc.). Même si elles sont parfois illusoires, ces orientations pragmatiques rappellent celles qui prévalaient, un siècle plus tôt, non sans choquer certains, à la cour de l'empereur Frédéric II de Hohenstaufen.

Pierre le Cérémonieux est, pourtant, hanté par un autre exemple : celui du roi astronome Alphonse X de Castille. Il charge donc Pere Gilbert, puis Dalmau ses Planes, d'observer le cours des planètes, à l'aide de grands instruments dont certains ont un diamètre supérieur à 16 coudées : ainsi est composé, de 1360 à 1366, un almanach (pour les années 1360-1433 et pour les coordonnées de Barcelone) dont L. Thorndike a exhumé, en 1937, l'introduction malheureusement mutilée. Mais le roi veut attacher son nom à de vraies tables astronomiques tenant compte, en particulier, du mouve-

(13) Sur ces derniers : L. García Ballester, *La medicina valenciana del siglo XIV*, dans *Actas del Ier Congreso español de historia de la medicina* (Madrid, 1963), pp. 379-386.

(14) E. Wickersheimer, *Dictionnaire biographique des médecins en France au Moyen Age* (Paris, 1936).

ment de la huitième sphère; elles seront réalisées, grâce à la collaboration du Juif andalou Jacob al-Corsi, et publiées en trois langues : hébreu, catalan et latin (15).

De l'intérêt que porte à l'astronomie la Catalogne du milieu du XIVe siècle, témoignent d'autres tables (comme celles de Jacob Bonjorn déjà cité) et surtout l'extraordinaire activité des constructeurs d'instruments (astrolabes et quadrants). Notons, en passant, avec le Pr MILLÁS VALLICROSA (16), que le mot *sexta* ou *seste* semble désigner une boussole et non, comme on l'a dit un peu vite, un sextant. Mais la finalité de cette astronomie est essentiellement astrologique comme le prouve, à de nombreuses reprises, l'attitude des souverains eux-mêmes. La médecine catalane du XIVe siècle réserve, comme l'a bien montré le Dr CARDONER (17), une très large place aux influences astrales (*Tractat d'astrologia* du médecin Bartomeu de Tresbéns (18), nombreux astrolabes possédés par des médecins, questions d'astrologie dans les examens médicaux, conjonction des corps célestes à l'origine des pestes d'après Jacme d'Agramunt et Sanç de Riudor, etc.). Le Pr MILLÁS m'a déjà reproché d'exagérer cet engouement de ses compatriotes pour l'astrologie et il m'a objecté que les Bourguignons, par exemple, étaient beaucoup plus superstitieux que les Catalans. Mais le problème n'est pas là. Si l'on néglige la continuelle intervention de l'astrologie dans la vie quotidienne et dans la médecine de la Catalogne du XIVe siècle, on ne s'explique plus la production massive des astrolabes et, faute de trouver un autre usage à ces instruments, on finit par leur reconnaître une utilisation nautique prématurée, ceci malgré le total silence d'une documentation pourtant extrêmement abondante.

(15) J.-M. MILLÁS VALLICROSA, *Las tablas astronómicas del rey don Pedro el Ceremonioso* (Madrid-Barcelona, 1962).
(16) *Ibid*, pp. 78-79.
(17) A. CARDONER, *La medicina astrológica durante el siglo XIV en la Corona de Aragón*, dans *Actes du IXe Congrès international d'histoire des sciences* [*septembre* 1959] (Paris, 1960), pp. 341-346.
(18) Bartomeu DE TRESBÉNS, *Tractat d'astrologia*, éd. J. VERNET et D. ROMANO (Barcelona, 1957).

S'il fallait une preuve supplémentaire de ce que les marins catalans du XIVe siècle ne faisaient pas le point, en mer, à l'aide d'un astrolabe, on la trouverait dans la nature même des cartes majorquines : elles sont en effet dessinées, sans aucune indication de latitudes, pour montrer la direction que doit suivre le navire par rapport à la ligne nord-sud qu'indique la boussole, avec une erreur de 8 à 10^0 due à la déclinaison magnétique. Ceci n'enlève rien au mérite de la cartographie majorquine du XIVe siècle (Angelino Dulcert; Abraham et Jafuda Cresques, auteurs présumés de l'atlas de 1375 offert au roi de France Charles V; Guillem Soler, etc.) (19).

Profitant aussi bien de leurs positions en Méditerranée orientale que de leurs expéditions le long de la côte occidentale de l'Afrique (celle par exemple de Jaime Ferrer au Rio de Oro en 1346), les Catalans recueillent, avec avidité, tous les témoignages possibles sur les régions situées à la limite du monde alors connu. En 1379, par exemple, l'infant Jean d'Aragon apprend que Mossen Bernat d'Anglesola a rencontré, à Chypre, une femme indienne « que li ha dit moltes coses de les meravelles de la sua terra d'India » : il le fait interroger dès son retour. Il se forme, de la sorte, un amoncellement de connaissances géographiques dont les cartes, mieux que les textes rédigés, reflètent l'existence (20). On s'explique dès lors pourquoi, lorsque l'infant portugais Henri le Navigateur organisa, peu après 1420, ce qu'on a appelé « l'école nautique de Sagres », il « manda chercher, à l'île de Majorque, un maître Jacome, maître de cartes de naviguer... et, à force de dons et de faveurs, il l'eut dans ce royaume [de Portugal] où il enseigna à les faire [les cartes] ».

Ce maître Jacome ne serait personne d'autre que le célèbre juif Jafuda Cresques, converti au catholicisme, sous le nom de Jacme Ribes, après le pogrom de 1391.

(19) J. Rey Pastor et E. García-Camarero, *La cartografía mallorquina* (Madrid, 1960).
(20) G. de Reparaz, *Les sciences géographiques et astronomiques au XIVe siècle dans le Nord-Est de la Péninsule Ibérique*, dans *Archives internationales d'histoire des sciences*, vol. I, nº 3 (1948), pp. 434-465.

Pourtant le pragmatisme catalan n'empêche pas, au XIVe siècle, un goût croissant pour l'occultisme qu'encourage une certaine convergence de la cabale juive et de l'influence de Raymond Lulle (21) dont les œuvres apocryphes commencent alors à se multiplier. Jean Ier lui-même, « amateur de toute gentillesse », manifeste un enthousiasme parfois excessif, par exemple lorsqu'il croit aux promesses des alchimistes ou qu'il fait expérimenter les vertus de la corne de licorne contre les poisons.

Ces contradictions provoquent des heurts qu'illustre bien la carrière mouvementée du dominicain Nicolas Eymeric (22) nommé inquisiteur du royaume d'Aragon en 1357. Aussi bien par son action que par ses écrits, il est l'ennemi juré des hérétiques, des invocateurs de démons, des astrologues *inexperts*, des nigromanciens, des alchimistes, des sectateurs d'Arnaud de Villeneuve et surtout des adeptes du lullisme. Mais il est presque continuellement en conflit avec Pierre IV et Jean Ier qui, au contraire, flattent les sentiments particularistes de leurs sujets, en encourageant officiellement l'enseignement des doctrines de Raymond Lulle : à trois reprises, l'inquisiteur doit se démettre et s'exiler, la dernière fois en 1393.

En sens inverse, les massacres de 1391 portent un coup terrible aux communautés juives de Majorque et de Barcelone. Contrairement aux autres souverains, Jean Ier prend des sanctions contre les coupables; cependant, la culture catalane vire, sous son règne, de la tradition médiévale judéo-arabe à la renaissance italianisante. Ce mouvement ne fait que s'accentuer sous Martin Ier dit l'Humain (c'est-à-dire l'Humaniste) dont les préoccupations médicales ont été bien montrées par Roca (23) et, tout récemment, par Mme Dureau-Lapeyssonnie (24) dans la belle étude qu'elle vient de consacrer

(21) J.-M. Millás Vallicrosa, *Nuevos estudios sobre historia de la ciencia española* (Barcelona, 1960), pp. 259-270.
(22) J. Roura Roca, *Posición doctrinal de fr. Nicolas Eymerich en la polémica luliana* (Gerona, 1959).
(23) J.-M. Roca, *La medicina catalana en temps del rey Martí* (Barcelona, 1919).
(24) Ci-dessous, p. 31, note 39.

à Antoni Ricart († 1422) et à ses intéressantes tentatives, jusqu'ici inédites, pour appliquer les mathématiques à la médecine. Sous Ferdinand Ier (1410-1416), la cour aragonaise se castillanise; quant au splendide et universellement célèbre mécénat d'Alphonse V le Magnanime, il appartient beaucoup plus à l'histoire de Naples qu'à celle de la Catalogne. Une activité scientifique originale se manifestera pourtant, à la charnière des XVe et XVIe siècles, notamment à Barcelone (avec le cosmographe Jaime Ferrer de Blanes) et surtout à Valence (avec Gabriel García, Bartholomaeus Berp, Luis Alcanyis, Gaspar et Jerónimo Torella, Pedro Pintor, etc.).

Lorsque l'historien de la science du XIVe siècle passe du royaume d'Aragon à celui de Castille, grande est d'abord sa déception et donc sa tentation de croire qu'il quitte une oasis pour s'enfoncer dans le désert. Un tel contraste tient, sans doute, à la réalité elle-même, mais aussi à la valeur des sources archivistiques et bibliographiques qui se trouvent exceptionnellement riches pour la Catalogne et assez pauvres pour le reste de l'Espagne.

Entre l'extraordinaire rayonnement scientifique qu'elle connut sous Alphonse X (1252-1284) et le renom d'humanisme qu'elle acquerra sous Jean II (1406-1454), la cour de Castille ne reste pas totalement indifférente aux questions scientifiques. Un *Lucidario* est attribué à Sanche IV (1284-1295) qui, par ailleurs, fut l'instigateur de la traduction en castillan du *Trésor* de Brunet Latin par Alonso de Paredes et Pero Gómez. Alphonse XI (1312-1350) est, en partie, l'auteur d'un *Libro de montería;* il a, pour médecin et pour trésorier, le Juif tolédan Samuel ben Waqqar auquel est parfois attribuée la rédaction, en arabe, de la « Médecine royale de Castille » du manuscrit 5 240 de la Bibliothèque Nationale de Madrid. Neveu d'Alphonse X, et très fier de l'être, don Juan Manuel (1282-1348) écrit, à côté d'autres œuvres littéraires importantes, un *Libro de la caza* et un *Libro de los engennos:* ce dernier ouvrage est malheureusement perdu, mais on le croit relatif aux machines de guerre. Le grand chancelier de Castille Pero López de Ayala s'intéresse lui aussi à la fauconnerie puisque, en 1386, alors qu'il était prisonnier des Portugais, il a compilé, non sans plagier le *Livro de falcoaria* de Pero Menino, un célèbre *Libro de la caza de las aves.* En ce qui concerne Henri III dit le maladif (1390-1406), son médecin juif Meir ben Salomon Alguadez a laissé, à côté de traductions philosophiques, des recettes en espagnol contre diverses maladies. Ruy González de Clavijo est l'un des ambassadeurs envoyés par Henri III, en 1403, auprès du terrible Tamerlan : de retour en 1406, il fait, de son voyage, un récit exceptionnellement intéressant (25).

De telles notations pourraient être multipliées, mais elles ne parviendraient pas à constituer, pour la Castille, un ensemble cohérent comparable à ce que l'on pourrait appeler, dans le royaume d'Aragon, la politique scientifique de Pierre IV et de Jean Ier. Ainsi, pour trouver, au XIVe siècle, chez les sujets des rois de Castille, une activité scientifique continue et plus ou moins structurée, il ne faut pas tellement la chercher auprès des souverains ou dans les universités, mais plutôt dans quelques grandes cités épiscopales, à mi-chemin, si l'on peut dire, entre l'*aljama* et la cathédrale. Mais cette recherche est rendue difficile par la pauvreté et l'extrême dispersion de la documentation. Nous nous contenterons donc d'évoquer ici l'exemple de Séville.

Parce que, disait-il, la reconquête de cette ville avait été l'un des hauts faits du saint roi son père, Alphonse X chérissait Séville et, par une charte du 28 octobre 1254, il y créa des « *estudios e escuelas generales de latin e arabico* »; il fit même venir, pour y enseigner, des « *fisicos* » qu'il tint à installer tout près de l'Alcazar où il résidait lui-même. Bien que confirmées, en 1260, par un privilège pontifical d'Alexandre IV, ces dispositions ne semblent pas avoir eu

(25) Sur ces auteurs, références dans G. SARTON, *Introduction to the history of science*, vol. III (Baltimore, 1947-1948) et J. SIMÓN DÍAZ, *Bibliografía de la literatura hispánica*, III, 2e éd. (Madrid, 1963-1965).

de suite; en tout cas, lors de la fondation du collège-université de Maese Rodrigo Fernández de Santaella, en 1505, le pape Jules II spécifiera expressément qu'il n'existe pas à Séville de *studium generale*. La ville possédait donc seulement, en plus de l'enseignement dispensé par les dominicains de San Pablo, la bonne école archiépiscopale et capitulaire de San Miguel. La communauté juive était, par ailleurs, l'une des plus prospères d'Espagne : détail révélateur et presque incroyable : il y avait, en 1390, vingt-deux synagogues à Séville.

C'est à Séville que, en 1333 (1371 de l'ère d'Espagne), Pero Ferrandes traduit, d'arabe en latin, al Qabīsī (ms. 100 de la cathédrale de Ségovie). C'est à Séville encore, l'année suivante (1334), que, après avoir étudié à Paris, travaille à d'autres traductions astronomiques et astrologiques, maître Alphonsus Dionysii, médecin d'Alphonse IV de Portugal et de sa fille Marie, reine de Castille. C'est de Séville que part et à Séville que se termine la description du monde faite, peu après 1348, dans le *Libro del conosçimiento de todos los reynos*, par un franciscain, certes, assez fantaisiste, mais bien informé des premiers voyages alors tentés le long de la côte occidentale de l'Afrique. C'est à Séville que réside le coauteur des tables astronomiques de Pierre IV d'Aragon, le juif Jacob al-Corsi, lorsqu'il compose, en arabe, son traité d'astrolabe (1376), puis qu'il le traduit en hébreu (1378). Plusieurs arithmétiques sont alors rédigées à Séville, non seulement en arabe, mais aussi en castillan (celle du ms. 46 de San Isidoro de Léon semble dater des années 1393-1400).

Certains des archevêques de Séville avaient quelque prédisposition à la curiosité scientifique : Alfonso Vargas de Toledo, par exemple, avait commenté le *De anima* d'Aristote et enseigné la théologie à Paris (en 1345), avant d'occuper, de 1361 à 1366, le siège archiépiscopal de saint Isidore. Mais c'est surtout autour de Pedro Gómez Barroso, archevêque de Séville de 1379 à 1390, que coexistent les courants contradictoires de la science espagnole du XIVe siècle finissant. Ce prélat brosse, dans son « catéchisme » encore inédit (26), un pittoresque tableau, sans doute poussé au noir comme il sied à un moraliste, des mœurs et superstitions de l'Andalousie d'alors. Il y condamne l'astrologie avec les autres formes de divination et d'idolâtrie, en niant que les astres aient une influence *nécessaire*, mais sans expliciter toutefois l'importante restriction que ce dernier mot apporte à sa pensée. Ce même archevêque fait, en 1381, rédiger par son médecin, Estéfano, un long ouvrage *de la visitaçion e conssiliaçion de los medicos* (27). La première partie de ce texte constitue un véritable régime de santé à l'intention du prélat : celui-ci s'y fait prescrire de remédier à ses douleurs d'estomac en ne buvant que dans une coupe d'or fabriquée, avec un sceau astrologique, sous des influences astrales particulièrement favorables. La seconde partie est un long traité de déontologie médicale directement inspiré par l'archevêque lui-même : décider une opération chirurgicale, sans tenir compte d'une disposition néfaste des planètes, y apparaît comme un véritable homicide; le concours des médecins et des apothicaires juifs y est, d'autre part, admis, mais, pour se conformer au droit canonique, sous le strict contrôle des praticiens chrétiens.

Mais l'archevêque Pedro Gómez Barroso avait à son service un autre médecin, le Juif converti Jean d'Avignon (précédemment Moïse ben Samuel de Roquemaure), déjà auteur, en 1360, d'une traduction hébraïque du *Lilium medicinae* de Bernard de Gordon. La *Sevillana medicina* de Jean d'Avignon est universellement connue comme un très remarquable ouvrage de topographie médicale et de climatologie. Pourtant, telle qu'elle a été transmise par Nicolás Monardes, elle continue, par sa chronologie, de désorienter les érudits (E. WICKERSHEIMER, H. J. PAOLI, etc.), en laissant souvent confondre les années de l'ère chrétienne avec celles de l'ère d'Espagne

(26) Madrid, Bibl. nac., ms. 9 299 et Escorial, ms. a IV 11. Cf. F. RUBIO ALVAREZ, *Don Pedro Gómez Barroso, arzobispo de Sevilla, y su « Catecismo » en romance castellano*, dans *Archivo Hispalense*, XXVII (1957), nº 86, pp. 129-146.
(27) Madrid, Bibl. nac., ms. 18 052.

(dont le point de départ est l'an 38 av. J.-C.). Le texte date donc de 1380 (non de 1418), avec quelques additions de 1381-82; la date des épidémies doit, généralement, être corrigée de la même manière.

L'archevêque avait donc — et cet exemple est caractéristique — une attitude fort nuancée, tant à l'endroit de l'astrologie qu'à l'égard des Juifs. Il condamna Ferrant Martínez, archidiacre d'Écija, qui excitait alors l'envie de la populace contre les Israélites. Malheureusement, l'archevêque meurt en 1390, presque en même temps que le roi de Castille Jean Ier; c'est alors, d'abord à Séville, puis, de proche en proche, dans toute l'Espagne, le déferlement meurtrier de haine antijuive (1391) dont les conséquences pour l'histoire des sciences ont déjà été évoquées au cours de cet exposé.

Le xve siècle est marqué par un sensible déplacement du centre de gravité de la Péninsule Ibérique. Tandis que, en effet, la Catalogne s'enfonce avec le reste de l'Europe occidentale, dans la grande dépression du Moyen Age finissant, le Portugal s'engage résolument, avec l'infant Henri dit le Navigateur, dans l'aventure des découvertes maritimes. La Castille, elle aussi, semble échapper au marasme général : malgré l'agitation et les intrigues de son aristocratie, malgré la faiblesse de Jean II (1407-1454) et l'impuissance de Henri IV (1454-1474), elle s'enrichit et se prépare inconsciemment à la suprématie qui sera la sienne, lors du mariage des rois catholiques, Ferdinand et Isabelle.

Si Jean II s'acquitta assez mal de son métier de roi, il fut un remarquable animateur de la vie intellectuelle. Il encouragea les poètes (Juan de Mena notamment) et suscita, avec le marquis de Santillana, l'éclosion d'un remarquable humanisme castillan (Nuño de Guzmán, Pedro Díaz de Toledo, Martín de Avila, Alfonso de Cartagena, Alfonso de Madrigal dit « el Tostado », etc.) (28). La vieille tradition médiévale

(28) F. Rubio Alvarez, *Don Juan II de Castilla y el movimiento humanístico de su reinado*, dans *Ciudad de Dios*, vol. CLXIII (1955), pp. 55-100.

et le nouveau pédantisme compilateur se marient assez curieusement dans l'œuvre de Henri d'Aragon, plus connu sous le titre abusif de marquis de Villena (1384-1434). Ce poète érudit se rattache par plusieurs œuvres à l'histoire des sciences plus ou moins occultes : un *Tratado de aojamiento o fascinologia*, sur le « mauvais œil » et la manière de se prémunir contre la fascination; un *Tratado sobre la lepra* adressé au médecin royal Alonso Chirino; un *Libro de astrología*, d'authenticité discutée dont on ne connaît qu'un remaniement postérieur copié, en 1438, par un protégé du marquis de Santillana. Glouton de connaissances livresques plutôt que véritable savant, Enrique de Villena se ridiculisa, au siège de Balaguer (1413), lorsqu'il voulut mesurer, avec un astrolabe, la hauteur d'une tour et que, ce faisant, il se trompa grossièrement (29). J'ai, personnellement, plus particulièrement étudié la méditation restée inédite, qu'Enrique de Villena a consacrée, en 1424, au quatrième verset du huitième psaume de David : « *Quoniam videbo caelos tuos, opera digitorum tuorum...* ». Il pense, avec Ptolémée et sans porter atteinte à l'omnipotence de Dieu, que l'effet des influences astrales est entre possible et nécessaire; il croit aux sceaux astrologiques et tente d'en expliquer philosophiquement l'efficacité. Malheureusement, constatant que les hommes, émerveillés par de telles découvertes, y oublient le salut de leur âme, le Diable surajoute, à l'efficacité naturelle de l'astrologie, des effets non naturels : il induit ses adeptes à toutes sortes d'excès comme l'absorption d'aliments spéciaux qui dissolvent leur cerveau et aiguisent leur fantaisie. Enrique de Villena explique ainsi pourquoi, face à de tels dangers, l'Église a tout condamné, aussi bien ce qui est naturel que ce qui ne l'est pas.

A la mort d'Enrique de Villena, en 1434, les livres les plus suspects de sa bibliothèque sont, sur l'ordre de Jean II, examinés et brûlés par l'évêque Lope de Barrientos, ancien professeur à Salamanque, celui-là même qui écrira, contre les

(29) J.-M. Millás Vallicrosa, *Nuevos estudios*, pp. 287-292.

superstitions, entre 1445 et 1454, un *Tratado del dormir e despertar* (sur l'interprétation des songes) et un *Tratado de la adivinanza* (sur la vanité de toutes les formes de divination) (30). S'appuyant sur la pensée de saint Thomas, fray Lope s'y exprime, à l'intention du roi, avec un solide bon sens. Un semblable équilibre intellectuel se retrouve, fortement teinté de scepticisme, chez le médecin de Jean II, Alonso Chirino, dont l'un des ouvrages s'intitule, de façon révélatrice, « *le moindre mal de la médecine* » (31).

L'éclosion de l'humanisme à la cour de Jean II n'est pas sans rapport avec l'essor concomitant de l'université de Salamanque. Cet essor reflète celui de la Castille elle-même, mais il tient aussi aux vicissitudes du Grand schisme et à un changement d'attitude des papes qui ne se soucient plus de sauvegarder, comme auparavant, la suprématie théologique de Paris. Décisives apparaissent les réformes du cardinal-légat Pedro de Luna (1381) et les constitutions qu'il promulgue, en 1411, après être devenu pape sous le nom de Benoît XIII. Plus importants encore sont les statuts de Martin V (1422). Pourtant, malgré la célébrité de maîtres comme Lope de Barrientos ou Alfonso de Madrigal el Tostado, l'un et l'autre déjà cités, c'est surtout à partir de 1460 qu'apparaît, à Salamanque, un mouvement scientifique vraiment original. Cette impression peut, dans une certaine mesure, passer pour une illusion d'optique historique, car c'est avec l'année 1464 que commence l'admirable série des livres d'assemblées (*libros de claustros*) où se reflète, dans ses moindres détails, la vie de l'université (32). Sans évoquer les professeurs de musique, d'hébreu et de philosophie naturelle, sans même parler des deux chaires de médecine qui, cependant, pourraient faire l'objet de nouvelles recherches, il faut, au moins, souligner

(30) L.G.A. Getino, *Vida y obras de fr. Lope de Barrientos* (Salamanca, 1927). — M. Ruffini, *Il « tratado de la adivinanza » di Lope de Barrientos* (Torino, 1949).

(31) Chirino (Alonso), *Menor daño de la medicina, Espejo de la medicina*, éd. A. González Palencia et L. Contreras Poza (Madrid, 1945).

(32) F. Marcos Rodríguez, *Extractos de los libros de claustros de la universidad de Salamanca* (Salamanca, 1964).

l'existence, à Salamanque, d'un enseignement de l'astrologie officiel et régulier, tout comme à Bologne et à Cracovie. Justement le premier titulaire connu de la chaire d'astrologie de Salamanque s'appelle Nicolás Polono ou Polonio : il apparaît, si l'on peut dire, en 1464, lorsque, par suite de sa trop longue absence, sa chaire est déclarée vacante. Ce Polonius semble être le maître que, par une fine facétie d'humaniste, Nebrija baptise « Apollonius »; peut-être est-il possible de l'identifier avec le « Nicole de Poulaine » qui fut astronome du duc de Bourgogne vers 1466-1468, et même avec Nicolaus de Polonia (de Tuchow au diocèse de Cracovie). Dans un traité encore inédit (Madrid, Bibl. Nac., ms. 3 385, fol. 159), Diego de Torres précise que « le Polonio » a fait des tables pour les coordonnées de Salamanque (sans doute en adaptant celles de Jacob Bonjorn de Perpignan) et tout porte à croire que ces tables sont celles-là mêmes qui sont conservées dans le manuscrit canon. misc. 27 de la Bibliothèque Bodléienne. D'autres notes inédites attestent cette soudaine activité de Salamanque dans le domaine de l'astronomie et de l'astrologie, en 1458-1460 par exemple (Tolède, cathédrale, ms. 98-27), et en 1463 (Pampelune, cathédrale, ms. 23). On y voit même l'intérêt que portait aux questions scientifiques l'éminent théologien hétérodoxe Pierre d'Osma, alors professeur de philosophie naturelle (1457-1463). Gonzalo de Vivero était, à cette époque, évêque de Salamanque; passionné de médecine et d'astrologie, il accorda une généreuse protection au grand savant juif Abraham Zacut qui rédigea, à Salamanque, son célèbre almanach (33).

Curieuse galerie de tableaux que celle des successeurs de Nicolás Polonio à la chaire d'astrologie : d'abord, de 1464 à 1469, Juan de Salaya qui traduira en castillan les canons de l'almanach de Zacut (1481-82). Ensuite, à partir de 1469, Diego Ortiz de Calzadilla : il mêle malencontreusement les orbes célestes à la politique, en prenant parti pour Jeanne

(33) F. Cantera Burgos, *El Judío salmantino Abraham Zacut* (Madrid, 1931) et *Abraham Zacut* (Madrid, 1935).

dite la *Beltraneja* (contre Isabelle la Catholique) et en fondant sur l'astrologie son espoir, bien vite déçu, de voir triompher l'intervention militaire portugaise. Cette imprudence l'oblige à s'enfuir au Portugal où il deviendra évêque (sous le nom de Diogo Ortiz de Vilhegas) et où il interviendra, comme cosmographe de Jean II, dans deux affaires importantes : le rejet des idées de Christophe Colomb, en 1483, et la préparation d'une carte fixant l'itinéraire de Pero de Covilhã, le long de la Mer Rouge, en direction de l'Inde (1487) (34).

On peut évoquer, parmi les autres professeurs d'astrologie de Salamanque, le médecin Diego de Torres, déjà cité, qui publie des « médecines préservatrices et curatives contre l'épidémie que signifie l'éclipse de soleil du 16 mars 1485 ». Son successeur, Rodrigo de Basurto, fait paraître, en 1494, un traité sur la nature du lieu et du temps et, en 1497, des additions au *Calendarium* de Regiomontanus; on raconte qu'il prédit, également en 1497, la mort de don Juan, le fils des Rois Catholiques.

L'université de Salamanque a bien illustré l'importance qu'elle attribuait à l'astronomie lorsque, entre 1480 et 1493, elle a fait peindre sur la voûte de sa bibliothèque, le Soleil et les planètes au milieu des constellations de la huitième sphère, avec, comme légende, le verset « *Quoniam videbo caelos tuos* » dont nous avons cité plus haut le commentaire par Enrique de Villena.

S'inspirant de l'institution que le cardinal Gil de Albornoz avait créée à Bologne pour des étudiants espagnols, Diego de Anaya fonda, à Salamanque, entre 1401 et 1415, le célèbre *Colegio viejo de San Bartolomé*, sorte d' « École Normale Supérieure » placée à côté de l'Université. C'est dans cet établissement, dont j'ai naguère étudié la riche bibliothèque, que s'est formée l'élite scientifique salmantine du xve siècle (le Tostado, Pedro de Osma, Juan de Salaya, Diego Ortiz de Calzadilla, Rodrigo de Basurto, etc.).

(34) G. Beaujouan, *Manuscrits scientifiques médiévaux de l'université de Salamanque et de ses « colegios mayores »* (Bordeaux, 1962).

Après Barcelone, Séville, la cour castillane et Salamanque, il est un autre foyer de la vie scientifique espagnole du bas Moyen Age dont on attendrait, maintenant, la présentation : c'est évidemment Grenade où, jusqu'en 1492, s'est maintenue une civilisation, sinon aussi robuste qu'à la belle époque de l'Islam, du moins extrêmement raffinée. Je renonce cependant à brosser ici, fatalement de seconde main, ce trop difficile tableau et je me contente d'inclure, dans le bilan provisoire qui clôt mon exposé, quelques-unes des productions de cette science andalouse tardive de langue arabe.

***

BILAN PROVISOIRE

Bilan des résultats, certes, mais aussi vue panoramique des orientations fondamentales.

On peut noter, tout d'abord, à titre de curiosité, l'intérêt déjà porté à une certaine forme ingénue d'histoire des sciences dans l'*Invencionario o de los inventores de las cosas* généralement attribué à Alfonso de Toledo (vers 1467-1474) (35).

La part des mathématiques dans la science espagnole des XIVe et XVe siècles est assez insignifiante.

Si l'arithmétique pratique ne connaît pas, dans l'Espagne du bas Moyen Age, la même fortune qu'en Italie, elle s'y trouve cependant représentée par plusieurs traités en arabe et par quelques manuscrits en castillan (Madrid, Bibl. nac., ms. 10 106; Madrid, R. Acad. Esp., ms. 155; Léon, San Isidoro, ms. 46). Ces deux derniers textes semblent d'origine sévillane et dater, nous l'avons vu, de l'extrême fin du XIVe siècle. Une place exceptionnellement large y est faite aux problèmes concernant les monnaies et, selon la tradition islamique, aux difficultés soulevées par les partages, lorsque

(35) R. A. Del Piero, *Sobre el autor y fecha del « Invencionario »*, dans *Hispanic review*, XXX (1962), pp. 12-20.

la somme des fractions à répartir n'est plus égale à l'unité. Dès 1482, une arithmétique commerciale est imprimée à Barcelone; rédigée en catalan, elle a pour auteur Francesch Sant Climent (36).

En ce qui concerne l'algèbre, il n'y a rien, chez les Chrétiens, qui soit comparable à l'œuvre d'al-Qalasādī (mathématicien de Grenade mort, près de Tunis, en 1486), même si le symbolisme algébrique qu'on lui attribue se trouvait déjà, près d'un siècle plus tôt, chez Ibn al-Qunfūdh.

Sans parler de la *Nova geometria* de Raymond Lulle (1299) dont on peut, grâce à l'excellente édition du Pr Millás (37), juger le niveau assez bas, je me contenterai de signaler, grâce à M. J. Murdoch, la copie apparamment barcelonaise d'une nouvelle version gréco-latine d'Euclide (Paris, Bibl. nat., ms. lat. 7 373). A un niveau plus philosophique, un certain Sébastien d'Aragon a laissé des questions sur les mathématiques qui paraissent refléter son enseignement à la faculté des arts, peut-être à Paris (Munich, ms. lat. 14 246).

L'indifférence espagnole à l'égard des abstractions mathématiques ne répudie pas, pour autant, les connaissances que l'astronomie met en œuvre. M. Poulle vient de montrer le grand intérêt que présente, pour l'histoire de la trigonométrie médiévale, une sorte très particulière d'équatoire : le *sexagenarium*, ingénieuse application graphique des formules trigonométriques qui donnent, selon l'astronomie ptolémaïque, les équations du centre et de l'argument des planètes (38). D'après les textes contenus dans le manuscrit latin 7 416A de la Bibliothèque nationale de Paris, cet instrument, utilisé par les astronomes du Caire, aurait été introduit en Europe par un Maure, « alfaqui » (c'est-à-dire, ici, probablement médecin) de Paterna près de Valence. De fait, le traité cor-

(36) L.C. Karpinski, *The first printed arithmetic of Spain*, dans *Osiris*, I (1936), pp. 411-420.

(37) J.-M. Millás Vallicrosa, *El libro de la « Nova geometria » de Ramon Lull* (Barcelona, 1953).

(38) E. Poulle, *Théorie des planètes et trigonométrie, au XVe siècle d'après un équatoire inédit : le « sexagenarium »*, dans *Journal des savants*, année 1966, no 3, pp. 129-161.

respondant est, dans le manuscrit, traduit d'arabe en dialecte valencien, puis en latin (1464), par l'astrologue Johannes de Bonia (ou Bosnia).

Dignes d'attention sont aussi les efforts du médecin catalan Antoni Ricart († 1422) pour tenter de déterminer, par un raisonnement purement mathématique, les doses de médicaments à administrer à chaque malade ou les quantités d'humeurs à évacuer, par la saignée, d'un organisme déséquilibré. Admettant le parallélisme imaginé par al-Kindi entre l'échelle arithmétique des degrés et la progression géométrique des rapports dominant/dominé, par exemple :

DEGRÉ DE CHALEUR.	tempéré.	1er degré.	2e degré.	3e degré.
PROPORTION $\frac{\text{CHAUD}}{\text{FROID}}$.	égalité.	double.	quadruple.	octuple,

Ricart s'intéresse au calcul dans les fractions de degrés et il établit la concordance suivante :

0	1/3	2/3	1	2	3	4
1	6/5	3/2	2	4	8	16

Il justifie ce calcul erroné en prétendant, par exemple, que 6/5 est deux tiers de degré en dessous de 2 = 10/5, parce que

$$\frac{10-6}{6} = \frac{4}{6} = \frac{2}{3}.$$

J'insiste, avec trop de complaisance peut-être, sur les efforts d'Antoni Ricart, non seulement parce qu'ils viennent d'être excellemment étudiés par l'une de mes élèves, Mme Jeanne-Marie DUREAU-LAPEYSSONNIE (39), mais aussi parce qu'ils constituent l'une des rares participations purement espagnoles (Lérida et Barcelone) aux efforts de la scolastique du XIVe siècle pour mathématiser le qualitatif. Ricart jongle avec les concepts qui ont déjà conduit, avant lui,

(39) J.-M. DUREAU-LAPEYSSONNIE, *L'œuvre d'Antoine Ricart, médecin catalan du XVe siècle : contribution à l'étude des tentatives médiévales pour appliquer les mathématiques à la médecine*, dans *Médecine humaine et vétérinaire à la fin du Moyen Age*, dir. G. BEAUJOUAN (Genève-Paris, 1966), pp. 169-364.

Thomas de Bradwardine à énoncer la loi « prélogarithmique » de la dynamique, et Nicole Oresme à inventer les exposants fractionnaires (40); cependant, il ne semble pas connaître ces deux auteurs. Ses recherches prolongent, en revanche, celles de son compatriote Arnaud de Villeneuve, mais elles sont sans indulgence pour Raymond Lulle et, si elles invoquent, de seconde main, le théorème des « Mertoniens » d'Oxford sur l'accélération uniforme, c'est, de bien étrange manière, en vue de déterminer la masse sanguine.

Du fait d'un certain conformisme doctrinal et de la relative faiblesse de ses universités, l'Espagne du bas Moyen Age a assez peu participé au démantèlement de la physique d'Aristote. C'est à Toulouse qu'enseignait, d'ailleurs avec modération, le scotiste catalan Jean Marbres généralement appelé « le chanoine ». La plus féconde critique de l'aristotélisme est donc celle du philosophe juif Ḥasday Crescas (1340-v. 1410) qui va jusqu'à admettre le vide, l'espace infini et le temps absolu indépendant du mouvement (41). Le *De natura loci et temporis* de Rodrigo de Basurto (Salamanque, 1494) apparaît, en comparaison, bien timide et bien docile à la pensée de saint Thomas.

Si, en effet, l'université de Salamanque a manifesté, au XVe siècle, quelque sympathie pour la science anglaise et son platonisme latent (42), si elle s'est, plus tôt qu'on ne le dit habituellement, largement ouverte au thomisme, elle est, au contraire, restée fermée à l'influence de ces nominalistes parisiens que Duhem a baptisés « les précurseurs de Léonard de Vinci et de Galilée ». Certes, le 18 août 1472, elle a acquis, pour sa bibliothèque, les « *questiones del Boridán sobre las phísicas* », mais c'est seulement le 26 février 1511 — avec,

(40) G. Beaujouan, *La science dans l'Occident médiéval chrétien*, dans *Histoire générale des sciences*, dir. R. Taton, vol. I, 2e éd. (Paris, 1966), surtout p. 618.

(41) J.-M. Millás Vallicrosa, *Estudios sobre historia de la ciencia española* (Barcelona, 1949), pp. 427-441.

(42) G. Beaujouan, *La science anglaise dans les bibliothèques de Salamanque au XVe siècle*, dans *Mediæval and Renaissance studies*, V (1961), pp. 249-269.

donc, un bon siècle et demi de retard — qu'elle chargea Miguel Carenas d'enseigner la philosophie naturelle et nommément la *Physique* de Jean Buridan « *in via nominalium ad modum parisiensem* ».

C'est ici l'occasion d'insister sur un fait très curieux. Les Ibériques sont, comme on vient de le voir, restés très longtemps indifférents aux tentatives des nominalistes parisiens pour renouveler et mathématiser la physique. Or, au tout début du XVIe siècle, quand l'Université de Paris, alors bien décadente, se perdait dans une dialectique alambiquée et ne proposait plus, avec l'Écossais Jean Mair, qu'un écho assourdi de ces tentatives, les Espagnols y portèrent un vif intérêt et, au milieu des Français depuis longtemps blasés, ils constituèrent, à Paris même, un actif groupe de nominalistes et de mathématiciens dont les imprimeurs français répandirent les œuvres : qu'il suffise de citer Gaspar Lax, Pedro Ciruelo, Juan Lorenzo de Celaya, Luis Nuñez Coronel, Jean Dolz, etc. (43).

A l'indifférence de l'Espagnol médiéval envers les abstractions des mathématiques et de la physique scolastique, s'oppose, nous l'avons déjà dit, le très vif intérêt qu'il porte à l'astrologie. Inutile de revenir sur le soin et la rigueur qu'on a mis, en Espagne, à dresser des tables astronomiques (Jacob Bonjorn, Pierre d'Aragon, Nicolas Polonio, Abraham Zacut, etc.) ou à construire des instruments. M. POULLE vient de décrire, parmi ces derniers, le quadrant-astrolabe ou « *quadrans novus* » de Profeit Tibbon conservé au musée d'Angers (44) : ce magnifique instrument date de 1415 et comporte l'indication de quatre villes : Ceuta, Tanger, Almería et Medinaceli.

C'est ainsi l'astrologie qui a entretenu et stimulé la culture

(43) H. ELIE, *Quelques maîtres de l'université de Paris vers l'an 1500*, dans *Archives d'histoire doctrinale et littéraire du Moyen Age*, XVIII (1950-1951), pp. 192-243. — J. REY PASTOR, *Los matemáticos españoles del siglo XVI* (Madrid, 1926).

(44) E. POULLE, *Le quadrant nouveau médiéval*, dans *Journal des savants* (1964), surtout pp. 152-167.

scientifique dont est née, au Portugal, au xve siècle, l'astronomie nautique des grandes découvertes maritimes (45).

Les historiens ont d'abord cru que les Portugais avaient reçu, comme une révélation, l'astronomie des universités germaniques par l'intermédiaire de Martin Behaim; d'autres érudits ont, ensuite, été obnubilés par la venue au Portugal du Juif converti Jacques de Majorque, comme si cet habile cartographe avait, dès 1420-1427, apporté avec lui, de Catalogne, une astronomie nautique déjà constituée. On a aussi exagéré l'influence exercée par les *Libros del saber de astronomía* d'Alphonse X dont la diffusion fut, en réalité, très limitée. Les tables alphonsines devaient être utilisées, même en Espagne, non dans leur version castillane originale dont, aujourd'hui encore, on ne connaît guère que les canons, mais dans l'adaptation latine assez différente, qui fit fortune à Paris; les canons latins attribués à Jean de Saxe furent même traduits en castillan.

On peut distinguer deux temps dans les efforts du Portugal médiéval pour assimiler l'astronomie espagnole et l'adapter à la navigation.

La première période va du début du xive siècle à l'année 1460. Le Portugal y acquiert, grâce à l'astrologie, une appréciable culture astronomique. Qu'il suffise de citer quelques faits : activité astronomiques déployée à Séville, en 1334, par Afonso Dinis, médecin d'Alphonse IV de Portugal; almanachs portugais du ms. 3 349 de la Bibl. Nac. de Madrid, avec références à Coimbra et à l'année 1339 (les plus importantes de ces tables dérivent de l'almanach arabe, établi à Tortose en 1306, dont il existe aussi des traductions latine, catalane et même castillane); adaptations judéo-portugaises (déb. xve s.) des traités astrologiques, en castillan, d'Ali aben Ragel et de Juan Gil; « Secret des secrets d'astrologie » de l'infant Henri le Navigateur, texte proprement astrologique

(45) G. Beaujouan, *Science livresque et art nautique au XVe siècle*, dans *Les aspects internationaux de la découverte océanique aux XVe et XVIe siècles: actes du Ve Colloque international d'histoire maritime* (Paris, 1966), pp. 61-85.

dont j'ai démontré (46) qu'il ne saurait être identifié avec la version portugaise du *Secretum secretorum* pseudo-aristotélicien; enseignement officiel du *quadrivium* à l'université de Lisbonne à partir de 1431, etc. (47).

C'est dans ce contexte intellectuel que, dès avant 1460, serait apparue, selon certains érudits, une forme embryonnaire d'astronomie nautique, notamment pour le repérage des Açores : ceci malgré l'absence de graduation en latitude sur les cartes marines de cette époque (48) et malgré le fait que l'étoile polaire décrivait alors, autour du pôle, un petit cercle d'environ trois degrés et demi de rayon. Dans un certain nombre de ports, on aurait marqué, sur le limbe même du quadrant, le point où tombait, pour chacun d'eux, le fil à plomb, lorsqu'on visait l'étoile polaire, les gardes étant dans une position donnée; ceci permettait de correctement se placer en latitude, lors des voyages ultérieurs de préférence à la même époque de l'année (49).

La date limite de 1460 est à la fois celle du décès de Henri le Navigateur et celle de l'essor des études astronomiques à l'université de Salamanque. Des tables ont été spécialement calculées à Salamanque, justement vers 1460, pour les coordonnées de Lisbonne (Tolède, cathédrale, ms. 98-27, fol. 123). Faut-il rappeler, aussi, le rôle important qu'ont joué, dans l'histoire des découvertes maritimes portugaises, les astronomes de Salamanque, Diego Ortiz de Calzadilla et Abraham Zacut. Pourtant, l'immense pas fait en avant, sous l'énergique et clairvoyante impulsion de Jean II de Portugal, ne tient pas,

(46) G. Beaujouan, *Fernand Colomb et le traité d'astrologie d'Henri le Navigateur*, dans *Romania*, LXXXII (1961), pp. 96-105.

(47) L. Albuquerque, *Introdução à história dos Descobrimentos* (Coimbra, 1962). — D. Leite, *História dos Descobrimentos*, org. V. Magalhães Godinho (Lisboa, 1959-1962).

(48) De telles cartes comporteraient, pour la navigation dans l'Atlantique, une sorte d'échelle des latitudes tacitement donnée, pour trois degrés, par la distance entre le cap Saint-Vincent et l'île Berlenga : R. A. Laguarda Trías, *La aportación científica de Mallorquines y Portugueses a la cartografía náutica en los siglos XIV al XVI* (Madrid, 1963).

(49) L. Mendonça de Albuquerque, *Sobre a observação de estrelas na náutica dos descobrimentos* (Coimbra, 1965).

comme on le croit souvent, aux progrès de l'astronomie. Il est simplement le résultat d'un remarquable effort d'organisation et de coordination (préparation d'un manuel élémentaire d'astronomie nautique, mise en service de grands astrolabes allégés de leur partie astrologique, relevé systématique des latitudes le long de la côte occidentale de l'Afrique, etc.) : les années 1483-1485 marquent, à cet égard, un tournant décisif.

Raisonnablement admissible dans le cadre de la cosmologie aristotélicienne, l'astrologie a donc joué un rôle utile. S'ils ne la critiquent pas aussi radicalement que Nicole Oresme, Henri de Hesse ou Jean Pic de la Mirandole, les auteurs espagnols des XIVe et XVe siècles manifestent généralement, à son égard, leur modération et leur bon sens (Lope de Barrientos, Alonso Chirino ou Martín de Córdoba par exemple) : ils adoptent, pour la plupart, une attitude assez semblable à celle de saint Thomas d'Aquin (50).

Mais, en Espagne comme ailleurs, l'astrologie servait de paravent à des pratiques plus vulgairement superstitieuses, par exemple lorsqu'elle s'associait à la géomancie (51), lorsque Arnaud de Villeneuve, Henri de Villena ou Jérôme Torella faisaient admettre les prétendues vertus des sceaux astrologiques, lorsque les éléments astronomiques de la nativité étaient remplacés par des jeux stériles sur les lettres du nom du nouveau-né (52), ou encore lorsque l'appel aux intelligences motrices des sphères célestes prenait un caractère franchement magique.

L'animisme universel d'Arnaud de Villeneuve, le lullisme et la cabale juive ont, évidemment, en se conjuguant, constitué une ambiance favorable aux sciences occultes.

(50) G. Beaujouan, dans *École pratique des Hautes Études, IVe section, Annuaire 1966-1967*, pp. 313-322.

(51) Par exemple la *Calatarrama* [château de sable] ou géomancie astrologique, en castillan, adaptée de l'hébreu, dans le ms. 5-2-27 de la Bibliothèque Colombine de Séville. Voir aussi A. Cardoner, *La geomancia y el antiguo arte de curar*, dans *Revista de dialectología y tradiciones populares*, XV (1959), pp. 313-326.

(52) *De les semblanses de tots los homens* (Séville, Colombine, ms. 5-5-26. — Cf. P. Bohigas, *Un incunable astrologic català*, dans *Miscellanea Pontsere* (Barcelona, 1961), pp. 77-81.

On pourrait ici multiplier les références. D'un côté l'épitaphe de Miguel Urrea, évêque de Tarazona (1303-1306) qui se disait « *artis necromanciae peritissimus* »; la *Cigonina* ou *Art de desfer maleficis* de Jaume Cigo, évêque de Lérida (1341-48) et de Tortose (1348-51); le traité d'Enrique de Villena sur le « mauvais œil », etc. De l'autre côté, les œuvres écrites, contre les superstitions, par l'inquisiteur Nicolas Eymeric ou les évêques Pedro Gómez Barroso, Lope de Barrientos et Pedro García. La lutte même contre les abus n'en atteste-t-elle pas l'importance? Mais si nombreux que soient les textes accumulés (législatifs, inquisitoriaux, pénitentiels ou littéraires), il est bien difficile de dire si les superstitions étaient, à la fin du Moyen Age, plus ou moins répandues dans la Péninsule Ibérique que dans le reste de l'Europe occidentale. Pourtant, du fait de traditions anciennes et en raison de l'influence que les Juifs y exerçaient plus profondément qu'ailleurs, l'Espagne apparaissait, au XVe siècle, comme la terre d'élection des sciences occultes.

Quand, par exemple, le chancelier Gerson évoque les livres du magicien Jean de Bar brûlés, sans doute avec leur possesseur, à Paris en 1398, il ajoute : « *quales reperiuntur adhuc in Hyspania sub titulo semmaforas* »; il y avait, en 1411-1413, dans la Librairie du Louvre, « un bien petit livre appellé « Seminafora », partie en latin et partie en espagnol... escript de lettre de Juifs ».

Lorsque Lope de Barrientos parle du *Raziel* qu'il n'a pas livré aux flammes, en 1434, avec les autres manuscrits dangereux ayant appartenu à Enrique de Villena, il précise : « *Este libro es más multiplicado en las partes de España que en las otras partes del mundo* ». Comment ne pas mentionner aussi l'incroyable succès remporté à Paris, en 1445, par le jeune Fernand de Cordoue qui passa, aux yeux de certains, non seulement pour un magicien, mais même pour un démon, voire pour l'Antéchrist?

On céderait cependant à la routine de la « légende noire » si l'on exagérait, tout à la fois, l'importance de cet occultisme

I

ibérique et l'acharnement de l'Église à en faire disparaître les manifestations. Une fois dépouillés des affabulations et des œuvres apocryphes attachées à leur nom, Henri de Villena et Fernand de Cordoue n'apparaissent plus guère que comme des humanistes compilateurs et pédants. La liste des auteurs cités par Enrique de Villena (53) donne une idée de sa bibliothèque qui jouirait probablement d'un moindre renom si elle n'avait pas été brûlée par un évêque.

D'une façon plus générale, il est difficile d'évaluer les dégâts causés, directement ou secondairement, par les deux inquisitions, celle du Moyen Age et celle des Rois Catholiques. Dans le manuscrit 624 de l'université de Valence, la maréchalerie de Manuel Diez de Calatayud a été expurgée de ses pratiques superstitieuses : un tel fait est exceptionnel.

La Catalogne est longtemps apparue comme s'étant, au XIVe siècle, particulièrement adonnée à l'alchimie : les noms d'Arnaud de Villeneuve, Raymond Lulle et Johannes de Rupescissa semblaient en fournir la preuve. En fait, les œuvres alchimiques attribuées aux deux premiers sont apocryphes; quant à Jean de Roquetaillade, les travaux de Mme BIGNAMI-ODIER (54) ont démontré qu'il était né à Marcolès dans le Cantal et que sa malheureuse existence s'était déroulée entre Aurillac, Toulouse et Avignon. On ne croit plus guère, non plus, que les écrits alchimiques, faussement attribués à Raymond Lulle, l'aient été par suite d'une confusion avec l'hérétique catalan Raymond de Tarrega (55). On se trouve donc en face d'une masse considérable de textes très difficiles à localiser et à dater.

Il n'en reste pas moins que, malgré l'opposition de Nicolas Eymeric et de Francesc Eiximenis, les rois d'Aragon se sont intéressés à l'alchimie, Jean Ier surtout. Ce dernier a protégé — et aidé en lui prêtant des livres — le carme

(53) E. COTARELO Y MORI, *Don Enrique de Villena, su vida y obras* (Madrid, 1896), pp. 151-175.
(54) J. BIGNAMI-ODIER, *Études sur Jean de Roquetaillade* (Paris, 1952).
(55) J.-M. COLL, *¿Ramón de Tarrega fué formalmente hereje?*, dans *Ilerda*, X-XI (1949), pp. 5-29.

Guillem Sedacer († 1382-83), auteur de la *Sedacina totius alchimiae* qu'étudie Mlle Pascale BARTHELEMY. Les archives révèlent d'autres noms comme ceux d'Angel de Francavila (1372), Bernat Uzinelles et Gabriel Mayol (1384), Duran Andreu et Bernat Tolvan (1386), du Juif Caracosa Samuel (1396) ou surtout du français Jacques Lustrach (1398-1400) dont les impostures finirent par impatienter Martin Ier (56).

On doit dire, à la décharge de Jean Ier, qu'il ne semble pas séduit par la phraséologie pseudo-mystique d'une certaine littérature alchimique, mais plutôt soucieux de ne pas laisser molester les expérimentateurs. Lorsque, comme le 20 avril 1391, il croit que des transmutations ont été réalisées, il s'intéresse non seulement à la densité et à la couleur du métal obtenu, mais aussi à la contre-épreuve que constitue la cémentation.

En Castille, le principal écrit alchimique est, aussi, apocryphe : il s'agit du *Tesoro* versifié attribué à Alphonse X le Savant : ce texte existe, en très curieux caractères cryptographiques, dans un manuscrit qui semble avoir appartenu à Enrique de Villena et avoir été déchiffré par lui (57). Également consacrée à l'alchimie, l'*Ymagen de la vida* comporte, dans le ms. 10 163 de la Bibl. Nac. de Madrid, de remarquables dessins représentant les fours et l'appareillage de distillation (58).

Avant d'aborder l'œuvre des médecins espagnols du bas Moyen Age, il est frappant de constater leur hardiesse en ce qui concerne les observations scientifiques sur le corps des condamnés.

Dès le milieu du XIVe siècle, Alexander Hispanus raconte une

(56) A. RUBIÓ Y LLUCH, *Documents*. — J. R. DE LUANCO, *La alquimia en España* (Barcelona, 1889-1897).

(57) Madrid, Bibl. nac., ms. reservado no 20; en clair dans le ms. 1795 de Salamanque. Cf. J. A. SÁNCHEZ PÉREZ, *Libro del tesoro falsamente atribuido a Alfonso el Sabio*, dans *Revista de filología española*, XIX (1932), pp. 158-180.

(58) J. RODRÍGUEZ MOURELO, *Manuscrito de alquimia del siglo XV perteneciente a la Biblioteca Nacional*, dans *Revista de archivos*, 3a *época*, III (1899), pp. 75-98.

curieuse fable : à la suite d'une orgie, un étudiant parisien serait mort dans le lit d'une femme; on lui aurait ouvert le crâne et on n'y aurait plus trouvé le cerveau que gros comme une noisette : ce qui prouverait bien que « *fornicatio valde ebriosa est evacuatio cerebri* » (59).

En 1378, l'infant Jean d'Aragon fait absorber par un Juif condamné à mort une forte quantité de poison, pour expérimenter sur lui un étrange antidote : de l'eau dans laquelle avait trempé un morceau de corne de licorne; d'abord foudroyé, le malheureux, après avoir vomi, se tire d'affaire, mais, cinq jours plus tard, il est pendu (60). Devenu roi, ce même Jean Ier concède, le 8 juin 1391, pour la dissection, à la faculté de médecine de Lérida, un cadavre tous les trois ans. Détail curieux, le roi prescrit expressément que le condamné soit étouffé par immersion dans l'eau, afin de ne pas altérer les relations anatomiques. Lorsque, peu après 1400, Antoni Ricart cherche à déterminer la masse sanguine, il propose à Martin Ier de faire décapiter au moins un condamné, en le pendant par les pieds, en le frappant par derrière et en recueillant, pour la peser, la totalité de son sang dans un récipient (61).

Si, à la suite d'Arnaud de Villeneuve, les maîtres d'origine ibérique qui s'illustrèrent à Montpellier, et certains professeurs de Lérida, comme Antoni Ricart lui-même, représentaient la tradition galénique universitaire, il se manifesta aussi, à l'intérieur de l'Espagne, une assez vive résistance à l'excessive sophistication de la médecine. Un tel antidogmatisme transparaît dans le traité de déontologie rédigé, en 1381,

(59) K. Sudhoff, *Alexander Hispanus*, dans *Archiv für Geschichte der Medizin*, XXIX (1936), pp. 292-312 et XXX (1937), pp. 1-15, surtout p. 9. Les deux manuscrits conservés en Espagne ont, l'un et l'autre, été rapportés d'Allemagne par Fernand Colomb en 1531 (Madrid, Bibl. nac. 8 769 et Séville, Colombine, ms. 82-1-12). Le chanoine Gabriel s'est demandé si cet Alexander Hispanus n'était pas un Alexander Hungarus.

(60) J. M. Roca, *Maestre Guillem Colteller, metge dels reys d'Aragó Pere III y Johan I* (Barcelona, 1922), pp. 49-51.

(61) J.-M. Dureau-Lapeyssonnie, *L'œuvre d'Antoine Ricart*, pp. 246, 313 et 314.

par Estéfano, puis dans le *Menor daño de la medicina* et l'*Espejo* d'Alonso Chirino. Ces deux auteurs condamnent l'abus des médicaments, surtout des laxatifs; ils recommandent de s'abstenir dans le doute, de laisser faire la nature et de donner la primauté au régime. Accusant ses confrères d'avoir causé la mort de Henri III de Castille, Chirino fait même des réserves à l'encontre de Galien, car « les anciens ne nous ont donné que les semences des sciences, non la science elle-même;... la nature comporte beaucoup de choses encore cachées à notre jugement... Ne vous fiez donc, ni aux bons médecins, ni aux mauvais, ni aux femmes! »

Ce scepticisme à l'égard du pédantisme des écoles semble avoir été encouragé par la modestie des universités ibériques, par la concurrence entre Juifs et Chrétiens et par l'absence, en Espagne, de cette haineuse opposition entre médecins et chirurgiens qui a si lourdement pesé sur la médecine parisienne de la même époque. Bien que, selon Chirino, « les chirurgiens soient encore pires que les médecins, si cela est possible », certains praticiens s'intitulent indifféremment médecins ou chirugiens. La formation simultanément livresque et pratique, sous la direction d'un clinicien réputé, ne devait pas être fréquente seulement chez les Juifs, mais aussi chez les Chrétiens. Dans les hôpitaux du monastère de Guadalupe, dès 1463, fray Martín de Arjona préparait trois jeunes « apprentis ». Cette « école de Guadalupe » eut un tel succès que ses membres s'imposèrent comme médecins des Rois Catholiques et que, sous Charles Quint, elle devint un centre de perfectionnement où des docteurs, dûment sortis des facultés, vinrent faire des stages. La chirurgie, en vers castillans, de Diego el Cobo (1412) fournit un exemple caractéristique des notions livresques, sans doute apprises par cœur, qui servaient de base à cette formation artisanale (62).

L'origine extra-universitaire d'une fraction du personnel sanitaire a, pour contrepartie, l'existence de jurys médicaux,

(62) G. Beaujouan, *La bibliothèque et l'école médicale du monastère de Guadalupe à l'aube de la Renaissance*, dans *Médecine humaine et vétérinaire à la fin du Moyen Age* (Genève-Paris, 1966), pp. 365-468.

municipaux ou royaux. On connaît, à partir de 1329, les « examinateurs » de Valence. Le protomédicat royal fonctionnait bien avant que Ricart ne porte, sous Alphonse V d'Aragon, le titre de *protophysicus*, et Alonso Chirino, en 1422, celui d' « *alcalde examinador mayor de los físicos y cirujanos del reino* ». La pragmatique des Rois Catholiques du 30 mars 1477 ne fait ainsi que confirmer une tradition assez ancienne.

Les orientations que commande ce cadre historique se trouvent effectivement reflétées par les manuscrits copiés en Espagne, à la fin du Moyen Age : peu de commentaires scolastiques; goût de la lexicographie médicale (les Castro de Tolède) et surtout botanique; traductions en langues vulgaires des grands traités latins de chirurgie, nombreux régimes destinés à de hauts personnages ou, ce qui est beaucoup plus remarquable, aux habitants d'une région déterminée (la médecine royale, en arabe, pour la Castille et le traité de Jean d'Avignon pour Séville) (63).

Lorsque la Grande Peste atteint l'Europe occidentale, Ibn Khātimah d'Almería donne, en 1349, l'une des meilleures descriptions du processus de la contagion; pourtant il rejette, par soumission à la théologie islamique traditionnelle, la théorie de l'infection au profit de celle de la corruption générale de l'air. Son ami Ibn al Khaṭīb de Grenade observe, lui aussi, avec clairvoyance, la transmission de la maladie et, répudiant, en cette matière, tout préjugé religieux, il se rallie à l'évidence de la contagion.

Curieux sont aussi le petit traité composé à Montpellier par Alphonse de Cordoue et surtout le *Regimen de preservacio a epidemia o pestilencia e mortaldats* écrit à Lérida, dès avril 1348, par Jacme d'Agramunt. Le maître de Lérida ne peut guère que donner des conseils d'hygiène qui, pour être judi-

(63) Il faut toujours consulter A. Hernández Morejón, *Historia bibliográfica de la medicina española*, vol. I et II (Madrid, 1842-1843). — Utiles orientations bibliographiques dans L. S. Granjel et M.-T. Santander Rodríguez, *Indice de médicos españoles* (Salamanca, 1962) et L. S. Granjel, *Bibliografía histórica de la medicina española* (Salamanca, 1965).

cieux, ne sont pas à la hauteur du péril. On connaît l'intérêt des descriptions de la syphilis que publieront les médecins espagnols de la fin du XVe siècle et du début du XVIe.

Comment ne pas évoquer aussi le problème de l'assistance psychiatrique? L'*Hospital dels ignoscents, folls et orats* fondé à Valence, en 1409, serait le plus ancien établissement de ce genre ayant effectivement fonctionné de façon durable (64). L'hôpital créé à Saragosse, en 1425, comportait également un service destiné aux aliénés : on sait l'influence que ses méthodes exercèrent, à la fin du XVIIIe siècle, sur l'aliéniste français Philippe Pinel (65).

De même que la médecine, l'art vétérinaire se trouve très richement représenté dans les manuscrits espagnols de la fin du Moyen Age. En ce qui concerne l'hippiatrie, il suffit de citer, en renvoyant pour plus de détails au récent travail de Mme POULLE-DRIEUX (66), les traductions de Giordano Ruffo en catalan, le *Libro de los caballos*, les traités de l'infant don Fadrique, de fray Bernaldo Portugués, Johan Alvares de Salamiellas, Manuel Diez de Calatayud et Salvador Vila.

Détail paradoxal : si le mot espagnol désignant l'hippiatre (*albeitar*) est d'origine arabe, le contenu des traités d'*albeitería* semble dériver, surtout, de la maréchalerie italienne (Giordano Ruffo, Teodorico Borgognoni et Laurenzo Rusio).

Après avoir, en 1477, organisé, pour les médecins, le jury du « protomédicat », les Rois Catholiques fondèrent, par leur pragmatique du 13 avril 1500, le *tribunal del protoalbeiterato* (67). Mais, bien avant, il existait, comme pour la médecine et la chirurgie, des examinateurs devant lesquels comparaissaient les candidats vétérinaires. On conserve — et cela, je crois, est propre à l'Espagne médiévale — des sortes de

(64) F. DOMINGO SIMÓ et J. CALATAYUD BAYA, *El primer hospital psiquiatrico del mundo* (Valencia, 1959).

(65) A. BAQUERO, *Bosquejo histórico del Hospital real y general de Nuestra Señora de Gracia de Zaragoza* (Zaragoza, 1952).

(66) Y. POULLE-DRIEUX, *L'hippiatrie dans l'Occident latin du XIIIe au XVe siècle*, dans *Médecine humaine et vétérinaire à la fin du Moyen Age*, dir. G. BEAUJOUAN, pp. 9-168.

(67) C. SANZ EGAÑA, *Historia de la veterinaria española* (Madrid, 1941).

catéchismes hippiatriques dans lesquels se trouvent consignés des modèles de dialogues entre le candidat et le maître qui l'interroge (68).

Il faudrait, pour finir, reparler des célèbres traités castillans relatifs à la chasse et revenir sur la tradition géoponique hispano-arabe qui se maintient aux XIVe et XVe siècles, à côté d'un renouveau d'intérêt pour l'agriculture de Palladius.

***

CONCLUSION

Par les chefs-d'œuvre de la cartographie majorquine et par la culture astronomique qui rend possible la naissance de l'astronomie nautique, l'Espagne des XIVe et XVe siècles semble se préparer à la destinée que lui vaudra la découverte de l'Amérique.

En prenant conscience de l'insuffisance des théories alors en vogue et en faisant preuve d'un certain scepticisme à l'égard du dogmatisme galénique, les meilleurs de ses médecins agissent raisonnablement, s'ils ne font pas progresser la science.

Sans, comme Américo Castro, en exagérer les conséquences, il faut reconnaître l'importance de la coexistence entre Juifs et Chrétiens, mais il n'y a pas eu, en matière scientifique, abdication des seconds au profit des premiers. La concurrence entre membres des deux communautés a, au contraire, souvent développé, dans la littérature scientifique ibérique, ce bon sens pratique, cette préoccupation des résultats immédiats qui en sont l'un des aspects caractéristiques.

L'Espagne a, en revanche, peu connu les jongleries intellectuelles par lesquelles la scolastique élabora, sans grand

(68) Y. Poulle-Drieux, *op. cit.*, p. 117, note 10.

contact avec la réalité, certains des concepts qui sont à la base de la science classique.

On peut se demander, en rêvant, si les différences de comportement que l'on observe ainsi, dès le XIVe siècle, entre Français et Espagnols par exemple, n'ont pas subsisté de façon durable, car il est bien vrai, comme le dit M. GILSON, que, « pour toute pensée occidentale, ignorer son Moyen Age, c'est s'ignorer soi-même ».

II

LA MEDICINA Y LA CIRUGIA EN EL MONASTERIO DE GUADALUPE (*)

¿Hace falta recordar la antigua y devota leyenda de Nuestra Señora de Guadalupe?[1]. De acuerdo con ella, su imagen, de madera, obra del Evangelista San Lucas, fue entregada por el Papa Gregorio el Grande a San Leandro, Arzobispo de Sevilla. En el siglo VIII los fieles la sustrajeron de las profanaciones de los sarracenos, enterrándola secretamente en un hermoso valle de la provincia de Cáceres. Un piadoso gañán la encontró milagrosamente cerca del río de Guada-

(*) Traducido por José M. López Piñero (Valencia).

1 Los dos libros fundamentales son: Rubio (Fray Germán): *Historia de Nuestra Señora de Guadalupe*, Barcelona, 1926, y Alvarez (Fray Arturo): *Guadalupe: arte, historia y devoción mariana*, Madrid, Ed. Studium, 1964. Entre las historias antiguas recordaremos: Diego de Ecija: *Libro de la invención de esta Santa Imagen de Guadalupe y de la erección y fundación de este monasterio*... Ed. A. Barrado, Cáceres, 1953; Talavera (Gabriel de): *Historia de Nuestra Señora de Guadalupe*, Toledo, 1597; San José (Francisco de): *Historia universal de la primitiva y milagrosa imagen de Nuestra Señora de Guadalupe*, Madrid, 1743. Se encuentran también materiales interesantes (sobre todo iconográficos) en varias guías destinadas a los turistas, en especial en las de H. Crespo Gallego (Madrid, 1928), I. Acemel y G. Rubio (Barcelona, 1927), C. Callejo (que incluye una útil bibliografia, Madrid, 1958), y sobre todo en la del actual archivero del monasterio, el P. A. Alvarez (Sevilla, 1961). Sobre el siglo XV y el criptojudaismo en Guadalupe, v. los recientes artículos de Sicroff (Albert A.): "The jeronymite monastery of Guadalupe in 14th and 15th century Spain." *Collected studies in honor of Americo Castro's eightieth year* (Oxford, 1965), 397-422; "Clandestine judaism in the hieronymite monastery of Nuestra Señora de Guadalupe." *Studies in honor of M. J. Bernardette: essays in hispanic and sephardic culture*" (New York, 1965), 89-125; "El caso del judaizante fray Diego de Marchena". *Homenaje a Rodríguez Moñino* (Madrid, 1966), t. II, págs. 227-233.

lupe (en árabe, "río escondido"). Alfonso XI de Castilla le prestó muy pronto una gran devoción, especialmente cuando creyó deber a su intercesión la decisiva victoria del Salado (1340). La humilde ermita primitiva se transformó en un prestigioso santuario, sobre todo cuando el 22 de octubre de 1383 lo ocupó la Orden, entonces recién fundada, de los Jerónimos.

I. *Los hospitales.*

La vocación médica y quirúrgica de Guadalupe se desarrolló paulatinamente [2]. Apenas se había construido para la Virgen "una casilla de piedra seca en manera de chozo, cubierto de ramos y corchos y ya acu-

---

[2] La bibliografía sobre los hospitales y la escuela médica de Guadalupe es bastante abundante, pero muchos trabajos no hacen sino repetir la información de G. Rubio: *Historia,* págs. 300-301 y 312-330. Recordaremos: Pérez Giménez (Nicolas): *Escuela de medicina del monasterio de Guadalupe";,* Badajoz, 1895; López Díaz (Blas): "La escuela de medicina de Guadalupe"; *Monasterio de Guadalupe,* III (1918), 13-15, 57-58, 73-75, 100-101, 138-141 y 159-162. Utilizó documentación original, entoncés inédita, Esteban Rojas, Tomás: *Hospitales y escuelas de medicina de Guadalupe,* Logrosán, Madrid, 1933 (ejemplar en la Facultad de Medicina de Madrid). Información muy útil acerca de las biografías de los médicos de Guadalupe, en Mañes Retana (trabajo citado en la nota 28). Poco original es el trabajo de Pereyra, Carlos: "La medicina y farmacia en Guadalupe", *Revista de Estudios Hispánicos,* I (1935), núm. 2, págs. 173-178. Sánchez G. Mora (Arturo) y Revuelta Ramírez (Juan): "Historia del Monasterio de Guadalupe y de su escuela de medicina", *Trabajos de la Cátedra de Historia Crítica de la Medicina,* III (1934), págs. 213-234, añaden muy poco a la exposición de G. Rubio, salvo en lo que concierne a la obra quirúrgica de Francisco de Arceo. Escribano García (Víctor): *La cirugía y los cirujanos españoles del siglo XVI,* vol. III, Granada, 1939, págs. 32-41. En 1951 se convocó un concurso para premiar al mejor artículo sobre la Escuela de Medicina de Guadalupe, siendo publicados los trabajos ganadores por el Colegio de Médicos de Cáceres, en 1952: sus autores fueron Enrique Silveira Pereira y Diego Avila Talavera. Esteban Ramos (Vidal): "Escuelas de Medicina y Cirugía en Guadalupe", *Monasterio de Guadalupe* (marzo-abril 1960), págs. 34-37. El 14 de mayo de 1963, el P. Arturo Alvarez, archivero del Monasterio, pronunció una conferencia muy notable sobre este tema en el Colegio de Farmacéuticos de Madrid. Tengo que agradecerle que me dejara consultar las fichas que preparó con dicho motivo. Acerca de la Farmacia, véase la obra de G. Vegas Fabián: *La botica del Real Monasterio de Guadalupe,* Madrid, 1963.

dían numerosos enfermos implorando su curación [3]. Fue necesario que tuvieran un lugar donde acogerse, que fue sin duda el hospital del que hay testimonios a partir de 1329 y mencionado varias veces en los privilegios de 25 de diciembre de 1340 y de 10 de enero de 1342 [4].

En los textos de los siglos XIV y XV la palabra hospital significa simplemente un local en el que, por hospitalidad y por caridad, existen camas para dormir y una mesa para comer. El hospital puede albergar peregrinos, pobres, ancianos, enfermos o empleados del monasterio. Algunos de los "hospitales" de Guadalupe no tuvieron jamás carácter médico, como, por ejemplo, el de Pero Diente (llamado también de María Andrés [5]) o el llamado "del Obispo" en honor de su bienhechor, Diego de Muros, Obispo de Canarias [6]. En 1435-37 las donaciones de Fray Juan Ximénez de Córdoba (en el mundo un rico herrero) permitieron fundar un hospital nuevo reservado a las mujeres [7].

A mediados del siglo XV había en Guadalupe tres hospitales de carácter médico: el de hombres, el de mujeres y la enfermería para los religiosos enfermos. En 1442, el monasterio (que albergaba más de ciento veinte frailes) era un centro hospitalario famoso al que acudían pacientes de todas partes para consultar a los monjes, algunos de los cuales parece que eran auténticos especialistas. Estos últimos llegaron

---

3 Según la "leyenda antigua" de Guadalupe: G. Rubio, *Historia*, págs. 13-22. Hay que tener en cuenta las observaciones de Arcángel Barrado Manzano: "Crónica del Monasterio de Guadalupe, escrita por el padre fray Alonso de la Rambla († 1484)", *Revista de Estudios Extremeños*, XI (1955), págs. 273-295.

4 Textos en la revista *Guadalupe*, III (1909), 169, págs. 228-230.

5 Testamento de María Andrés, del 7 de agosto de 1422: Arch. de Guad., leg. 53; Madrid, Arch. hist. Nac., clero, cod. 111 B, fol. 476, en el que se encuentra una buena caracterización de lo que era dicho hospital: "El dicho hospital hera una casa de un hombre que se llamava Pero Diente y diola a Sancha González, madre de Mari Andrés, en que morase, y acogía algunas vezes por Dios a algunos pobres, y lo mismo hizo después su hija María Andrés, y quando murió el dicho Pero Diente mandó su hazienda al monasterio, y después (en 1428) fray Juan cirujano, frayle deste monasterio, hizo las casas que agora están para en que morasen los servientes casados."

6 Arch. de Guad., leg. 53 y cod. 74, fol. 43 y 68 v.

7 Este hospital me parece distinto del de Pero Diente, contrariamente a lo que que parece sugerir la reciente clasificación del archivo: Arch. de Guad., leg. 53: Madrid, Arch. hist. nac. clero, cod. 111 B, fols. 465-466 v.

a sentir escrúpulos de conciencia: la súplica que a este respecto dirigieron al Papa Eugenio IV es extraordinariamente elocuente [8]:

... apud illud monasterium quedam notabilia hospitalia pro pauperum et languentium receptione et medicatione, ac edificia domorum et laycorum habitatione(s) etiam pro peregrinorum hospitalitate in numero copioso constructe sunt, ac temporis successu et in convicinis terris non exiguus crevit populus, et in eodem monasterio ultra centum viginti continuo resident fratres. Sed, quia tam fratres ipsi quam alii eorum hospitalium ac populi gentes sepe gravantur languoribus, et plerisque pro suorum languorum remedio diversi undique ad eos confluunt, ab hujus fratribus, quorum aliqui in medicine et cirurgie artibus sunt periti, consilia petituri, aliquibus imparciendis ipsi fratres, cum credatur eis esse prohibitum medicinam et cirugiam studere et practicare, sepe retrahi conantur, timentes eorum conscientiis scrupulum generari propter ordinationes ecclesiaticas.

Cum autem, Pater Beatissime, seculares infra duas dietas abinde non reperiantur medici quibus in hiis comode juvari possint, et ideo damna illis veniunt et evenire possunt non modica, ac ex exercitio pratice medicine et cirugie predictorum iidem fratres nullum temporales sed tantum a premiorum Largitore celeste lucrum expectent, nec particulare utile acquirere sed commune ad munificentiam Altissimi, et regularis ibi vigeat observantia, et communia queque bona sint omnibus: supplicatur igitur Sanctitati vestre pro prioris et conventus eiusdem monasterii parte humiliter quatinus eis pauperibus et populo huismodi in hiis pie subvenientes ipsis, ut fratres iusden monasterii qui erunt pro tempore et ante eorum introitum in ipsis ordine et monasterio in huiusmadi medicine et cirurgie facultatibus docti erunt, illas postquam ordinem ipsum profitebuntur, studere et practicare in dictis monasterio et hospitalibus quando et quotiens et in quibusvis passionibus ac circa personas quibus opus erit, juxta eorum prioris et superioris arbitrio ac de eorun centi omni modo, tamenet indulgere et cum illis super hoc quatenus opus sit dispensare in gratis et Dei solius intuitu et caritate, libere et licite possint concedere foro conscientie."

---

[8] No se conserva el original de esta súplica (con la concesión pontificia). Se conoce por copias auténticas del 19 de marzo de 1443 (Arch. de Guad., leg. 55 (dos ejemplares) y carpeta 3).

[9] No había médicos seglares dentro de un radio de dos "dietas", es decir, de dos jornadas de diez leguas cada una.

El 13 de julio de 1442 *(3 idus julii)*, Eugenio IV concedió el favor solicitado [10]: autorizó a los frailes de Guadalupe (al menos a los que habían adquirido alguna formación médica antes de profesar) a estudiar y a ejercer gratuitamente la Medicina y la Cirugía, aunque excluía de esta tolerancia a los monjes ordenados *in sacris*. Al lado de los religiosos que habían recibido el sacerdocio había, en efecto, en los monasterios jerónimos del siglo XV un gran número de "hermanos legos", llamados también "de corona". Sin dejar de vivir en olor de santidad, beneficiaban a su comunidad con sus conocimientos técnicos especializados. A ellos precisamente se limitaba la autorización pontifica. Renovado el 31 de marzo de 1443 [11], el rescripto de Eugenio IV fue ampliado el 2 de agosto de 1451 por Nicolás V, que suprimió la condición de haber realizado ya estudios médicos antes de entrar en la Orden o el monasterio [12].

Doce años más tarde, en 1463-64, los usos y costumbres de la comunidad fueron recogidos por escrito en un "libro de los oficios" que no parece haberse conservado en su totalidad. El cuaderno de la "mayordomía" [13] proporciona informes breves, pero precisos, acerca de la organización hospitalaria de Guadalupe. Buena mesa, buenas camas, limpieza, personal sanitario "que de mal doliente faga bueno", tales eran las condiciones que convenían al hospital [14]. Entonces se pagaba a un médico segular (15.000 madavedíes) y a dos cirujanos (3.000 a cada uno) o sea un total de 21.000 maravedíes. Además del médico, el hospital principal (el de hombres) tenía veinte empleados, de los cuales

10 "Concessum ut petitur pro fratribus et infirmis dictorum hospitalium per non existentes in sacris."

11 Madrid, Arch. hist. nac., clero, cod. 111 B, fol. 23.

12 *Ibid.*, fol. 28-29. Garcia a Toledo: *Compendium omnium privilegiorum et gratiarum Summ. Pont. quibus fratres ordinis Sancti Hieronymi Hispaniae guadent*, Madrid, 1593, págs. 272-273. "Nicolaus quintus, pontificatus sui anno V, 4 non. Augusti, praedictam concessionem Eugenii IIII ampliavit et extendit ad hoc quod conversi dicti monasterii et experti his artibus ex doctrina vel exercitio, tam ante ingressum religionis, quam etiam post..."

13 Arch. de Guad., cod. 99, fol. 43 v-80: "Este año de mil e quatrocientos e sesenta e dos e sesenta e tres que hera prior fray Gonzalo de Madrid e subcedio el año de LXIIII adelante fray Rodrigo de Salamanca."

14 Arch. de Guad., cod. 99, fol. 44 (margen): "Ordenación que conviene a ospital bien regido: I, buena mesa, buena cama e la limpieza; II, buen físico que conosca los pacientes; III, buen ministro e servidores caritativos, e tales serán que de mal doliente fagan bueno."

cuatro eran enfermeros y tres aprendices de cirugía, desempeñando uno de estos últimos la función de boticario [15]. La enfermería destinada a los religiosos enfermos constituía un servicio aparte. Estaba dirigida por un fraile enfermero ayudado por otros cinco (dos cirujanos o médicos, un boticario, un auxiliar menos especializado y el "refilotero", encargado, como su nombre indica, del refectorio [16]).

A partir de los años 1494-1495,

> "Fue una pestilencia no vista jamás
> En metro, ni en prosa, ni en ciencia, ni estoria,
> Muy mala y perversa, y cruel sin compás,
> Muy contagiosa y muy sucia en demás..." [17].

Esta pestilencia —la misma que Fracastoro llamaría sífilis en 1521— era conocida entonces en España con el nombre de "bubas" *(boas, buas, bovas, buvas)*, "las contagiosas y malditas bubas", como decía en 1498 Francisco López de Villalobos. No nos corresponde decidir si la epidemia fue traida de Santo Domingo por los compañeros de Cristóbal Colón o si existía ya, en forma endémica, en la Europa bajomedieval. Lo seguro es su virulencia. Los monjes de Guadalupe participaron muy pronto en la lucha contra la terrible enfermedad y organizaron, el 31 de diciembre de 1497, una sala especial para los sifi-

---

[15] *Ibíd.*, fol. 44: "Están aquí, en el hospital, XX hombres para los servicios del, e en el hospital de las mugeres XXV mugeres para amasar e lavar lo de casa, que son XLV personas, e, este mes un tiempo con otro, V pobres e cinco huéspedes, que son X... Los XX hombres susopuestos sirven de esta manera: un azemilero, dos cozineros, un dispensero, un refitolero, quatro enfermeros, un sastre, uno tiene cargo de las ayudas, cinco ortolanos, uno que sirve a los pobres, tres moçuelos aprendizes de la cirugía, el uno es boticario, e asy es fenchido el número de los veynte hombres. Están allende V viejos, un abañir (albañil) e un moço que le sirve."

[16] *Ibid.*, fol. 46 v: "Enfermería: en este ofiçio está un frayle que lo rige allende de otros que son a nos menester, e está aquí un moço en la cozina, e gastanse en medeçinas e en otras cosas para los enfermos XXM; e allende del frayle enfermero están aquí otros cinco frayles, e los dos son cirujanos e físicos, e el otro es botycario, e el otro echales ayudas e tiene cargo de la huerta e de los viejos e de los letuarios, e el otro es refitolero: asy que syrven aquí cinco frayles, e con el enfermero son seys."

[17] Francisco López de Villalobos: *El sumario de la medicina con tratado sobre las pestíferas buvas*. Ed. E. García del Real (Madrid, 1948), pág. 402 (ed. Princeps. Salamanca, 1498).

líticos [18]. En un antiguo inventario, que algunos creen, por razones paleográficas, anterior al descubrimiento de América [19], se alude a una "caça grande en que hazemos los unguentos de las bubas". Igualmente, en una relación del personal hospitalario de Guadalupe a comienzos del siglo XVI se precisa que "para la enfermería de las bubas son menester tres enfermeros al tiempo de las unciones y en el otro tiempo dos" [20].

La provisión de medicamentos estaba facilitada por las condiciones naturales extraordinariamente favorables para el cultivo de simples [21]. Desgraciadamente, las medicinas se conservaban mal en la "botica" antigua [22], por lo que se decidió el 13 de mayo de 1502 [23] la instalación de la famosa farmacia, que más tarde describió el P. Gabriel de Talavera con legítimo entusiasmo [24].

Los servicios médicos de Guadalupe fueron en parte reformados y

---

18 Arch. de Guad., cod. 74, fol. 1: "Si les plazia que para los enfermos de las buas se pusyese en un ospital ciertas camas a parte e les proveyesen de lo necesario y conçerdose (sic) que se pusyesen doze camas o treze o las que fuesen menester en un ospital o lugar que a nuestro padre paresciere y que pongan en él personas diligentes que los syrvan y que les provehan de casa e del ospital, de físicos e medicinas e otras cosas necesarias; e señalose el hospital de la pasyón donde se hazen las dichas cosas."

19 Arch. de Guad., leg. 53. En realidad este inventario es posterior a 1499 y quizás a 1502.

20 Arch. de Guad., leg. 53. G. Rubio, *Historia*, pág. 314, núm. 486.

21 Gonzalo Vegas Fabián: *La botica del Real Monasterio de Guadalupe*, Madrid, 1963. Publicación póstuma de una tesis de 1946; documentación original, pero incompleta.

22 En los antiguos textos de Guadalupe la palabra "botica" se aplica también en ocasiones a simples tiendas de pueblo, aunque una de ellas era una farmacia independiente de la del monasterio. El 22 de enero de 1501, Diego "el boticario" pide la limosna de 6.000 maravedíes de medicinas que le habían sido prestadas cuando montó su "botica", en recompensa de sus buenos servicios cuando trabajaba para los monjes (Arch. de Guad., cod. 74, fol. 19).

23 "... se mandó hazer la botica para las medicinas del boticario porque la que estava de antes dañava las mediçinas." Arch. de Guad., cod. 74, fol. 29 v.

24 G. de Talavera: *Historia de Ntra. Sra. de Guadalupe* (Toledo, 1597), fol. 197 v.-198: "Ay en esta enfermería, por la parte que cae a los huertos una célebre y famosa botica, tan grande, tan limpia y bien acabada, tan abundante de medicinas y muchedumbre de vasos que no creo tiene semejante officina toda España. Es tanto el cuydado que se tiene que no huela a lo que es, siendo las medicinas perefectíssimas, que quitan aquel común enfado y aborrecimiento que suelen tener los enfermos."

modernizados gracias a la construcción del "claustro gótico" y de sus dependencias, decidida en 1511 [25] y realizada tras innumerables rodeos desde 1524 a 1533... [26], aunque con ello nos salimos de los límites cronológicos del presente trabajo.

II. *Los médicos y cirujanos.*

Como hemos dicho [27], en 1463 la Medicina y la Cirugía eran ejercidas en Guadalupe por hermanos legos (de acuerdo con los rescriptos pontificios antes citados) y por seglares a sueldo. La dirección de la enfermería y la del hospital principal correspondía a religiosos ("enfermero" y "hospitalero").

Conocemos, al menos de nombre, a varios hermanos legos que se ocupaban de esta forma en consolar los sufrimientos físicos de los enfermos de Guadalupe [28]:

— *Fray Juan, enfermero, lego,* † 1398.

— *Fray Juan, cirujano, lego,* † 1402 (desconozco si hay que identificarlo con el Fray Juan, "el cuxuelo de Xerez", muerto en 1402 (según el P. Rubio) o el fallecido en 1408 (según Mañes Retana).

— *Fray Diego, el enfermero, lego, el que fue pobre ermitaño,* † 1415.

— *Fray Pedro, el cirujano, lego, de Guadalcanal,* † 1415.

— *Fray Gonzalo, el físico, que fue de Llerena,* † 1415.

— *Fray Juan, el hospitalero,* citado en documentos hasta 1428.

— *Fray Alonso de Villagarcía, lego, que tenía los hospitales.* † 1432.

— *Fray Diego, cirujano, lego,* † 1432 en Montamarta.

— *Fray Rodrigo de Córdoba, cirujano, lego,* (hijo de un cirujano famoso llamado Ruy González), † 1447.

---

[25] Arch. de Guard., cod. 74 (24 de enero de 1511).

[26] Arch. hist. nac., clero, leg. 1424 y proyectos 9 a 46.

[27] *Vid. supra*

[28] Esta lista se ha confeccionado según la "matrícula de los finados" del manuscrito de El Escorial a IV 10, fol. 97 ss., completándola con datos de Mañes Retana, José: "Médicos y cirujanos de la escuela de medicina y hospitales de Guadalupe durante la dominación Jerónima", *Medicina Latina,* VII (1934), 284-294, 370-388, 430-440, que incluye numerosas indicaciones biográficas recogidas de primera mano en los archivos antes de la guerra civil.

— *Fray Juan de Sevilla el Viejo, enfermero,* † 1454 (puede ser el que aparece como *Fray Jerónimo de Sevilla, lego, enfermero,* en la necrología).

— *Fray Alonso de Talavera, lego, ospitalero,* † 1467.

— *Fray Martín de Arjona, lego, cirujano,* † 1472 [29].

— *Fray Alonso de Béjar, cirujano, lego,* † 1480.

— *Fray Juan de Mondragón, cirujano, lego,* † 1486.

— *Fray Hernando de Bribiesca, lego, enfermero,* † 1497 [30].

— *Fray Luis de Madrid, lego, gran cirujano,* † 1525. En 1486 era *boticario* [31]. Desde 1494 gozaba ya de tal celebridad que se le hubo de prohibir ausentarse para atender a enfermos fuera de Guadalupe. En 1503, Isabel la Católica lo envió para que asistiera a su hija María, reina de Portugal, que sufría dolores de cabeza [32].

— *Fray Juan de Triana, lego,* que fue *ospitalero,* † 1530.

— *Fray Juan de Yllescas, lego,* fue *ospitalero* y *boticario mayor,* † 1537.

Esta lista no es, ni mucho menos, completa. Si se exceptúa a "Fray Gonzalo, el físico", que era, sin duda, médico antes de profesar, resulta claro que los hermanos legos eran "hospitaleros", cirujanos o enfermeros. Nada demuestra que poseían una formación médica de tipo universitario.

Luis de Madrid fue el último gran cirujano religioso de Guadalupe. En 1510 la Orden de San Jerónimo decidió que los hermanos legos aceptados con destino a los servicios domésticos no tuvieran derecho "a la corona" [33]. Los legos, hasta dicho momento apenas inferiores a los presbíteros, corrían el riesgo de no ser más que simples servidores. El

---

29 V. la nota núm. 43.

30 "Fray Hernando de Bribiesca, lego y enfermero, fue varón de mucha caridad con los enfermos y así los tratava como madre a hijos que mucho ama.". Escorial, ms. a IV 10, fol. 140.

31 Madrid, Arch. hist. nac., clero, leg. 1423, testimonio contra Fray Agustín (1486).

32 C. Pereyra: *loc. cit.* en *Rev. de Est. Hispánicos,* I (1935), núm. 2, páginas 173-178.

33 "La longura de los cabellos de la corona no sea allende de dos dedos ni llegue a la oreja. E los frayles que fuesen recebidos para legos no traygan corona." *Constituciones de los frayles de la orden del glorioso... San Hieronymo* (Madrid, 1597), pág. 39. J. de Sigüenza: *Historia de la orden de San Jerónimo,* t. II (Ed. Madrid, 1909), pág. 91.

golpe, aunque puramente moral, fue encajado muy duramente. Una especie de revuelta estalló en Guadalupe [34] encabezada por el farmacéutico Fray Eugenio "el boticario", apoyado por el enfermero, el cocinero y, menos firmemente, por el mismo Fray Luis de Madrid. Con grave desobediencia e insolencia se quemó una carta que contenía las instrucciones del general de los jerónimos en el hornillo de la farmacia [35], que servía normalmente para preparar los medicamentos. Ello ocasionó severos castigos que restablecieron el orden [36]. Este fue el final de un lento proceso que tendía a recurrir cada vez más a los médicos y cirujanos seglares.

Entre los cirujanos laicos que se mencionan en los archivos citaremos a Alonso Rodríguez (1446), Alfonso González (1430-1470), Juan López de Córdoba (1434-1452), maestre Pero y Juan de Aspa (1476), maestre Rodrigo (1476-1487), etc. Mayor atención merecen los médicos, aunque su función exacta no aparece bien delimitada: maestre *Alfonso el físico* (1392-1407), anteriormente médico en Tala-

---

[34] Esta revuelta estuvo al principio favorecida por la ausencia del prior y la blandura del vicario, así como porque "los viejos que le aconsejavan callavan porque tenían necessydad del enfermero e boticario e el cozinero" (Arch. de Guad., reg. 74, fol. 78).

[35] *Ibid.*, fol. 79 v.: "Fray Eugenio desque la tuvo en sus manos dize que la tornó a leer y, acabada de leer en lo baxo de la botica, cabo un hornilla que tenían encendida para hazer sus medicinas, echó la carta en la hornilla y, segund dizen, la quemó." Es de notar la arrogancia con la que Fray Eugenio rehusó pedir perdón: "Fray Eugenio dixo que no era menester absolución, que ya estaba absuelto dos o tres vezes con la bula de la cruzada..."

[36] *Ibid.*, fol. 94 (capítulo del 15 de junio de 1512): "Primeramente demando su Rª si suplicarian a nuestro Padre el General por el padre fray Eugenio de Toledo para que le quisiese tornar a su casa, el qual avía sydo desterrado desta casa por averse hecho principal caudillo y cabeça de los que contradixeron los estatutos del capítulo general que los legos no traxesen corona, y, por sus desconçiertos y conjuraciones al tiempo de la visitación, avían sido castigados, unos encarcelados y disciplinados, y otros desterrados entre los quales fue el dicho fray Eugenio; él estava tan enfermo en Talavera que apenas tenía esperança que viviría porque echava sangre por la boca y otras enfermedades que tenía y que ya estava apartado de la intención primera, y el convento todo con mucha voluntad, acordó y suplicó a nuestro Reverendo Padre el General que nos lo mandasse tornar a esta casa, porque todos y los más le tenían voluntad por la caridad que tuvo en la botica y por los servicios que hizo a todos: y fue enviada la carta a nuestro Padre el General, fray Miguel de Ocaña, pero respondió que non le plazía, dando su escusa y razones: ya se non vino por esta vez."

vera de la Reina; el bachiller Alfonso Alvarez de Ocampo (hacia 1445); el doctor Fernando Díaz, de Medina (1462-1466); Nicolás García (al servicio de los frailes desde 1451); el doctor portugués Velloso (1470-1472), etc.

Devota de la Virgen, Isabel la Católica residió varias veces en el paraíso que para ella era el monasterio jerónimo. Era lógico, por tanto, que se llevara de allí varios médicos para ella y su familia.

Sin contar al cirujano Fray Luis de Madrid, del que ya hemos hablado, resulta obligado citar:

— El "doctor maestre Juan de Guadalupe", que estuvo al servicio de los Reyes Católicos desde 1483, especialmente al de su hijo el príncipe don Juan († 1497). Era miembro del Tribunal del Real Protomedicato de Castilla [37].

— Alfonso Fernández de Guadalupe, otro examinador del Protomedicato.

— Quizá el "bachiller Fernando Guadalupe", "físico" de la reina desde 1490 y también cirujano a partir de 1508 [38].

— El doctor Nicolás de Soto, que, tras servir en Guadalupe desde 1478 a 1483, fue médico de la familia real desde 1487 a 1504.

— El doctor Juan de la Parra [39], procedente de Guadalupe, donde ejerció desde 1480 a 1488, llegó a ser médico de la reina en 1504. Casó a su hija con otro médico de Guadalupe, el doctor Ceballos, y fue más tarde, gracias a la protección de Carlos V, obispo de Almería.

La actividad de estos personajes no hizo sino reforzar los lazos de afecto que unían la Corte al monasterio. Este adquirió un innegable prestigio científico en la misma época en la que Cristóbal Colón y los conquistadores procedentes de Extremadura asociaron la Virgen de Guadalupe a la epopeya americana.

---

37 R. Roldán y Guerrero: "Los orígenes del Tribunal del Real Protomedicato de Castilla", *Archivos Iberoamericanos de Historia de la Medicina*, XII (1960), páginas 249-254.

38 M. C. Solana Villamor: *Cargos de la Casa y Corte de los Reyes Católicos*, tomo II de los *Cuadernos de la Cátedra de Paleografía y Diplomática* (Valladolid, 1962). Cirujanos (pág. 41) y médicos (págs. 70-74), según libros de contabilidad de los archivos de Simancas. Fernando Guadalupe, pág. 71.

39 Alonso Cortés, Narciso: "Dos médicos de los Reyes Católicos", *Hispania*, XI (1951), págs. 607-657 (sobre Juan de la Parra, pág. 629 ss.).

III. *La Escuela de Medicina.*

Basta con lo dicho para tener conciencia de la excepcional importancia médica del monasterio a comienzos del Renacimiento. Se plantea ahora, sin embargo, la cuestión que constituye el objeto del presente trabajo: ¿hubo desde finales de la Edad Media una "escuela médica de Guadalupe? Y si la hubo ¿qué tenemos que entender por "escuela"?

Recordemos que en 1841, Chinchilla [40] afirmó frente a Hernández Morejón [41] que nunca existió en Guadalupe verdadera enseñanza de las ciencias médicas. Esta opinión extrema ha sido combatida por casi todos los historiadores del monasterio, que han invocado los hechos que resumimos a continuación.

Desde mediados del siglo XV los papas autorizaron a los hermanos legos no solamente a ejercer, sino también a *estudiar* la Medicina y la Cirugía [42]. Se sabe, por otra parte, que el cirujano Fray Martín de Arjona († 1472) formaba con éxito a jóvenes en la práctica de su arte [43]. En efecto, tal como hemos visto, había en 1463 en el Hospital de Hombres "tres moçuelos aprendizes de la cirugía, el uno es boticario". En 1546 el número de tales aprendices de cirujano era sólo de cuatro, tal como lo atestigua Gaspar Barreiros: "Guadalupe tiene dos colegios, uno de gramática y otro de cirugía. Los colegiales de gramática son cuarenta y dos..., los de cirugía son cuatro y se hacen "buenos letrados" en esta facultad porque, aparte de sus lecciones y conferencias de letras, adquieren mucha práctica en las curas del hospital, donde siempre hay heridos y enfermos de diversas enfermeda-

---

40 Chinchilla, Anastasio: *Anales históricos de la medicina...*, vol. III, *Historia de la medicina española,* tomo I (Valencia, 1841), pág. 422.

41 Hernández Morejón, Antonio: *Historia bibliográfica de la medicina española,* tomo II (Madrid, 1843), pág. 25 ss.

42 *Vid. supra.*

43 B. López Díaz, en *La médecine pratique,* 2.e époque, XXIX.e année, num. 36 (marzo de 1922), pág. 104. Escorial, ms. a IV 10, fol. 118 v. (LXXXIII v.): "Fray Martín de Arjona fue buen religioso y hombre de muy sano entendimiento y buen oficial en la cirugía. Tuvo siempre mucho cuydado de criar bien y en buenas costumbres y en el temor de Dios a los moços que tenía, nunca mostrándoles el rostro con sueño más grave y áspero, amotrándoles bien el ofiçio de su arte."

des" [44]. De esta forma, los hospitales de Guadalupe llegaron a constituir durante el siglo XVI un centro de perfeccionamiento para los prácticos ya provistos de título [45]. Una estancia de este género es la que realizaba en el monasterio el médico de Burgos, Francisco Arias López, cuando falleció en enero de 1551: "estava aquí tomando experiençia".

Lo legendario ha dominado el tema de las disecciones realizadas en Guadalupe, a las que algunos autores, sin prueba ninguna, atribuyen un origen muy antiguo. En realidad, los textos son relativamente evasivos. El Padre Gabriel de Talavera habla claramente, en 1579, de las "anotomías que pueden hazer los cirujanos por indulto de Su Santidad" [46], pero no se ha podido encontrar nunca el texto (ni siquiera la referencia o la fecha) de este pretendido privilegio pontificio [47]. En su comentario a la *Historia Natural,* de Plinio (lib. VIII, cap. 33), el gran naturalista Francisco Hernández († 1578) cuenta cómo en su juventud, siendo médico del monasterio de Guadalupe, disecó un camaleón [48]. En una célebre carta de la misma época, Eugenio de Salazar describe a unos marinos comiendo carne y manejando el cuchillo con la misma destreza que "si toda su vida hubiesen andado a la práctica de

---

[44] Barreiros, Gaspar: *Chorographia de algums lugares que stam em um caminho que fez G. B. ó anno de MDXXXVI, comencando na cidade de Badajoz em Castella te á milam em Italia* (Coimbra, 1561), fol. 38 v.

[45] López Díaz, Blas: "Centro de ampliación de estudios médicos de Guadalupe", *Revista del Centro de Estudios Extremeños,* I (1927), págs. 237-242.

[46] G. de Talavera: *Historia de Nuestra Señora de Guadalupe* (Toledo, 1597), habla así del primer cirujano (fol. 22 v.): "Lee esta la facultad, y lo mismo haze el doctor en medicina. A estas lecciones acuden con gran provecho, por la experiencia ordinaria que se haze de lo que se enseña y anatomías (sic) que pueden hazer los cirujanos por indulto de Su Santidad."

[47] Evidentemente, no se trata de los privilegios de Eugenio IV y de Nicolás V, antes citados (nota 8).

[48] Madrid, Bibli. Nac., ms. 2864, fol. 213 v.: Acuérdome haver visto uno en Guadalupe, siendo médico de aquel monasterio y ospital, en poder de un fraile, qual Plino lo pinta; y después de muerto, le anatomizamos yo y algunos médicos que estavan allí asistiendo a la prática de la medicina, chirurgia y dissenctión (sic), y entre otras cosas miramos, no sin grande maravilla, una sarta de huevos que tenía tan larga que estoy maravillado cómo pudo caber en un animal tan pequeño." Texto igualmente citado, según otro manuscrito, por el P. Barreiro: "El testamento del Dr. Francisco Hernández", *Boletín de la Real Academia de la Historia,* XCIV (1929), págs. 475-497) (especialmente pág. 478, n. 1).

la anatomía en Guadalupe o en Valencia" [49]. En cuanto al esqueleto que cita a partir de 1559, tenía como función principal incitar a los visitantes a la meditación y a la caridad, siendo ésta la explicación de las llamadas "limosnas de los husos" o "del esqueleto" que el Padre Arturo Alvarez ha encontrado en las cuentas de los siglos XVI y XVII [50].

En resumen, desde 1463 había sin duda en Guadalupe si no una escuela de medicina, al menos un centro de aprendizaje de cirugía. Esta comprobación es importante, pues contradice la opinión generalmente admitida según la cual "el hospital-escuela sería una innovación del siglo XVI" y la enseñanza clínica hospitalaria habría aparecido por vez primera hacia 1543, en Padua, donde Giovanni Battista da Monte reunía a sus alumnos en el Hospital de San Francesco [51].

No nos apresuremos, sin embargo, a proclamar la prioridad de Guadalupe, pues el problema se plantea allí en otros términos. No se trata de saber si los profesores formaban a sus alumnos en el hospital, sino, por el contrario, determinar si los prácticos del monasterio supieron asociar una enseñanza teórica suficiente a la experiencia adquirida a la cabecera de los enfermos.

No se ha realizado todavía ningún intento de responder a esta cuestión, que parece aclarar de forma muy limitada la documentación existente. Por otra parte, los médicos de Guadalupe escribieron muy poco y las escasas obras conocidas son bastante tardías.

A este respecto, resulta obligado pensar en primer término en Francisco de Arceo (nacido en 1493), que, tras estudiar en la Universidad de Alcalá de Henares, fue hacia 1516, y sin duda por poco tiempo, cirujano y segundo médico de Guadalupe. Se instaló más tarde en

---

49 "... cogen entre manos los pobres huesos, y así los van desforneciendo de sus nervios y cuerdas, como si toda su vida hubiesen andado a la prática de la anatomía en Guadalupe o en Valencia." *Epistolario español*, Ed. E. de Ochoa, tomo II (Madrid, 1870), *Bibl. de aut. esp.*, vol. 62, pág. 294.

50 Arch. de Guad., leg. 145.

51 Una revisión de conjunto reciente, de Wickersheimer, Ernest: "La clinique de l'Hopital de Strasbourg au XVIIIe siècle: notes précédées d'un apercu sur l'introduction de l'enseignement clinique dans le programme des études médicales", *Archives internationales d'histoire des sciences*, XVI (1963), págs. 257-276 (especialmente págs. 257-58). Wickersheimer niega que se hubiera dado enseñanza médica en el hospital de Viena (Austria) durante el siglo XV. Asimismo es esceptico en lo que respecta a las lecciones, hacia 1540, en el Ospedale della Morte de Bolonia.

Llerena y recogió en su *De recta vulnerum curatione* (Amberes, 1574) los resultados de su experiencia clínica desde 1530. Hay que recordar también la obra de Benedicto Bustamante de Paz, procedente de Bolonia y muerto en Guadalupe en 1555. También Pedro Cachapero de Arévalo ejerció treinta y seis años en los hospitales de Guadalupe y escribió la historia clínica de una excrecencia "córnea" (según él, cancerosa) del muslo, pasando después a Sevilla, donde llegó a ser uno de los familiares de la Inquisición [52]. Antes nos hemos referido ya al gran biólogo Francisco Hernández y a las disecciones que practicó [53]. En cuanto a Pedro Gago de Vadillo cuenta cómo practicó la cirugía en Guadalupe bajo la dirección del doctor Agustín Ollés [54]. El doctor Juan Sorapán de Rieros publicó en 1616, en Granada, su célebre *Medicina española contenida en proverbios vulgares de nuestra lengua* [55]. Más interesantes son para la historia de la enseñanza médica el *Compendio chirúrgico útil y provechoso a sus profesores escrito por el doctor D. Diego Antonio de Robledo (y Méndez), médico principal de la Real Casa de Nuestra Señora de Guadalupe y regente de la cáthedra de cirugía de sus reales hospitales* [56], y también la *Medicina práctica de Guadalupe*, del doctor Francisco Sanz de Dios y Guadalupe (Madrid, 1730) [57], e incluso la *Disertación de las virtudes medicinales de la fuente del Loro, nuevamente descubierta en las sierras de Guadalupe*, del doctor Francisco Forner y Segarra (Madrid, 1780). Durante el siglo XIX resulta necesario citar al doctor M. J. Guillén, autor de un estudio sobre la viruela (1817), y al último médico de los jerónimos, el doctor R. V. Sacristán Nieto, al que acaba de ser dedicada una tesis [58].

---

52 A. Hernández Morejón: *Historia bibliográfica de la medicina española*, tomo IV (Madrid, 1846), págs. 251-252.

53 *Vid supra*, nota 48.

54 Gago de Vadillo, Pedro: *Discurso de la verdadera cirugía* (Madrid, 1632): "Al lector: ... Aviendo por largo tiempo (más de quarenta años) considerado atentatamente con la experiencia que tengo curando cirugía desde el Hospital de Guadalupe en España, en tiempo del doctor Agustín Ollés, mi maestro..."

55 V. la introducción de A. Castillo de Lucas a su edición (Madrid, 1949).

56 Varias ediciones a partir de 1686. He consultado la cuarta (Madrid, 1703).

57 J. F. Prieto Aguirre: "La obra de Francisco Sanz de Dios y Guadalupe", *Medicina Española*, núm. 248 (noviembre de 1949).

58 Tesis presentada en Salamanca, el 4 de diciembre de 1964, por el Dr. Villaverde: *El doctor Sacristán, último médico de los jerónimos de Guadalupe.*

Estas pocas obras no permiten evidentemente apreciar el nivel intelectual de los médicos de Guadalupe en los comienzos del siglo XVI. Para poderlo hacer es necesario buscar y localizar los libros en los que estudiaron prácticos y alumnos. La escuela médica de Guadalupe no puede, por tanto, ser juzgada sin una investigación previa de su antigua biblioteca [59].

---

59 V. Guy Beaujouan: "La Bibliothèque et l'école médicale du monastère a l'aube de la Renaissance", págs. 365-468 del libro *Médecine humaine et vétérinaire à a fin du Moyen Age* (Genève, ed. Droz y Paris, libr. Minard, 1966) [Centre de recherches d'histoire et philologie de la IVe Section de l'Ecole Pratique des Hautes Etudes]. Con el amable permiso de los editores, vuelvo a utilizar en el presente artículo, parte de mi anterior trabajo redactado en francés.

III

Manuscrits scientifiques médiévaux de la Bibliothèque Colombine de Séville

L'auteur de la présente communication poursuit, depuis 1950, la prospection systématique des manuscrits scientifiques médiévaux conservés en Espagne. Ce travail doit se matérialiser par une série de volumes dont le premier, relatif à Salamanque, vient de paraître [1]. Le second portera sur Séville : en voici dès maintenant les grandes lignes.

La Bibliothèque Colombine de Séville abrite deux sortes de manuscrits : les uns appartiennent en propre au chapitre de la cathédrale, ils occupent actuellement les armoires 82 à 85; les autres, jadis possédés par Fernand Colomb (1488-1539), n'ont été que déposés, sous certaines conditions, en 1552 (ils sont rangés dans les travées 5 et 7) [2]. Mais la répartition entre ces deux groupes est souvent arbitraire : les anciens inventaires le prouvent. Réduite à elle-même, la section capitulaire est naturellement la moins riche en textes rares susceptibles d'intéresser les historiens des sciences.

Inutile de présenter ici Fernand Colomb, le fils puîné et bâtard du découvreur de l'Amérique. A sa mort, en 1539, il possédait plus de 15 381 livres et plaquettes reliés en quelque 12 119 volumes. En rassemblant ces ouvrages, il ne voulait pas être un esthète bibliophile mais plutôt une sorte de documentaliste soucieux de donner à l'Espagne un véritable centre de recherche. Passion de la bibliographie, vocation encyclopédique, spécialisation dans le domaine cosmographique et géographique, goût des voyages, prédilection marquée pour l'Italie: autant d'aspects de sa personnalité que reflètent l'organisation et la composition même de sa bibliothèque. Les manuscrits datent pour la plupart du xve siècle, presque pas de doubles : peu de volumes somptueux, mais de modestes cahiers contenant des textes utiles.

La moitié, peut-être même les deux tiers des collections de Fernand Colomb ont aujourd'hui disparu. Mais, même dans le cas de manuscrits perdus et de textes par ailleurs inconnus, les anciens répertoires offrent des possibilités encore inexploitées: nous pensons du moins l'avoir montré à propos du traité d'astrologie attribué à l'infant portugais Henri le Navigateur [3].

Fernand Colomb aimait indiquer sur ses livres où, quand et à quel prix il les avait achetés. Lorsque ces précisions font défaut, elles peuvent souvent être reconstituées en utilisant la concordance (que nous avons récemment publiée) entre l'itinéraire de Fernand Colomb et les anciens numéros d'enregistrement [4]. Il est ainsi loisible de voyager en pensée avec Fernand Colomb et de fouiller, en sa compagnie, les étalages des bouquinistes. Ce faisant, on voit s'esquisser, d'après le marché du livre d'occasion, la physionomie intellectuelle des principales villes de l'Europe au début du XVIe siècle.

Nous avons examiné à la Bibliothèque Colombine plus de 500 textes scientifiques dans environ 120 manuscrits. Citons-en quelques-uns, à titre d'exemples, dans un ordre grosso-modo géographique.

Les textes en espagnol sont naturellement nombreux : *Invencionario* d'Alfonso de Toledo (85-5-7). — *Vision deleytable de la Filosofia e artes liberales* par Alfonso de la Torre (7-4-18). — Traduction de la Sphère de Sacrobosco et de l'Almanach de Zacut avec la troisième partie du *Lybro de Magyka* de Juan Gil [copié en caractères hébraïques dans le ms. Oxford Bodl. Laud. or. 282] (5-2-32). — Traités astrologiques de Zacut publiés, en 1927, par J. de Carvalho (5-2-21). — Notes d'astrologie et de comput (5-1-34). — *Calatarrama* ou géomancie astrologique traduite de l'hébreu (5-2-27). — *Sinonima de los nombres de las medicinas griegos, latynos e abraycos* (7-6-26). — *Erbolaryo* [Macer] (7-6-27). — Régime destiné à Fernando [ou Pedro] Diaz de Toledo (7-6-28). — *Tesoro de la medicina* assez désordonné (5-1-17).

Quelques écrits scientifiques en catalan : questions sur la sphère par Bernard de Trillia (5-1-9). — *De les semblanses de tots los homens*, divination astrologique d'après les lettres du nom (5-5-26). — Traité d'hippiatrie de Manuel Diaz avec des illustrations (5-4-46). — Recettes, pouls, urines, vertus des herbes, *Practica* de J. Platearius (7-4-27).

Outre de tels textes d'intérêt surtout philologique, il faut noter, parmi les manuscrits latins acquis en Espagne, des œuvres de Raymond Lulle dont une *Nova geometria* (7-6-41) et des extraits astrologiques de Michel Scot avec figurations en couleurs des constellations (7-7-1).

Au cours du séjour qu'il fit à Lyon de juillet 1535 à février 1536, Fernand Colomb a acheté près de 1250 volumes, la plupart imprimés. Les livres acquis le même jour ont parfois une provenance identique. Deux manuscrits (5-1-45 et 5-2-35) sont de la main du médecin Johannes de Bursalia (de Borsele en Zélande?) dont on suit, au fil des textes copiés, les études à Paris et à Montpellier (1452-1457), puis l'installation à Lyon.

Autre médecin lyonnais : Antoine de Tolède. Parmi les manuscrits lui ayant appartenu, des *reportata phisicalia* de Jacques Almain datant de 1505 (7-6-12) et surtout les trois volumes (5-7-16, 17 et 18) de l'encyclopédie médicale compilée, sans doute vers 1453, par le Jacobus Angeli qui fut, de 1433 à 1455, chancelier de l'Université de médecine de Montpellier. Ce Jacobus Angeli, souvent confondu avec divers homonymes contemporains, semble être né en 1390 à Colberg en Poméranie et avoir aussi porté le nom de Rothschild (de Rubeo Scuto).

Mentionnons seulement un excellent manuscrit médical d'origine allemande (82-1-12) : nous avons hâte de passer en Italie, car c'est de là que viennent les meilleures pièces de la Colombine en ce qui concerne la science médiévale.

Tout d'abord quelques manuscrits en italien : arithmétique pratique et algèbre (7-3-2). — Recettes (7-2-24). — *Cirogia delli cavalli* selon Giordano Ruffo (5-2-19). — Voyages de Marco Polo et de Niccoló de' Conti (7-5-8). — Livres III et IV de l'*Acerba* de Cecco d'Ascoli (7-1-50). — *Mettaura d'Aristotile chiosata per Santo Tomaso* (5-2-37). — Extraits du *Colliget* d'Averroès avec physiognomonie et chiromancie (7-6-23).

Les textes latins acquis à Milan et à Padoue sont suffisamment nombreux pour donner un fidèle reflet de la scolastique médicale italienne.

Parmi les 600 volumes environ que Fernand Colomb a achetés à Milan en février - mars 1531, des manuscrits latins caractéristiques de l'ambiance qui régnait, au XVe siècle, à l'Université de Pavie : *Questiones de velocitate motus alterationis* de Giovanni da Casale avec le *De latitudinibus formarum* pseudo-oresmien généralement attribué à Jacobus de Sancto Martino (5-1-10). — 52 extraits d'œuvres philosophiques et médicales, puis des textes de Tommaso del Garbo (5-5-21). — Commentaire de Johannes de Vitudono sur le *Canon* d'Avicenne (7-6-31). — Traités de chirurgie (7-5-43 et 5-5-20, fol. 90-96). — Commentaire et questions sur la Sphère par Thémon dit le Juif, traités d'optique, écrits médicaux d'un certain Stephanus de Osua (82-1-18).

Lors d'un premier séjour à Padoue (octobre-novembre 1521), Fernand Colomb avait acquis les ouvrages décrits dans son *Registrum A* sous les n°s 2321 à 2562 : ces livres furent malheureusement perdus, la caraque qui les transportait en Espagne ayant fait naufrage. Fernand Colomb revint à Padoue, dix ans plus tard, et, du 4 au 15 avril 1531, il y acheta près de 300 volumes (dont une proportion de manuscrits scientifiques relativement élevée puisque 17 d'entre eux sont encore conservés). Citons, un peu au hasard : *Compendium philosophie* copié en 1302 (7-3-40) — Questions de l'averroïste Jean de Jandun (7-7-19). — Démonstrations sur la théorie des planètes avec épître dédicatoire de Pierre de Modène à ce même Jean de Jandun (5-5-14). — Questions de Blaise de Parme sur la *Sphère* de Sacrobosco datées du 6 juin 1384 (7-4-9). — *Astronomia* de Raymond Lulle (5-1-28). — Fragment d'un traité d'équatoire d'après Campanus de Novare (5-1-25). — Nativité d'Henri Bate de Malines (5-1-38). — Questions de Jean Marbres dit le chanoine sur la *Physique* d'Aristote (5-1-19). — Questions de Richard Kilvington sur le *De generatione*, de William Collingham sur la Physique et d'Albertinus de Rainaldis de Plaisance sur le vide; question d'après Thomas Bradwardine *de proportione velocitatum in motibus ;* trois œuvres de Nicole Oresme (Sphère, questions sur Euclide et *De proportionibus proportionum) ; De latitudinibus formarum* pseudo-oresmien questions logiques de Johannes de Wesalia etc... etc... (7-7-13). — Conclusions sur les *Sophismata* de William Heytesbury et deux petits *De motu* attribués à Richard Swineshead avec des textes de Messinus, Gaétan de Thiène, Barthélémy de Mantoue, Roger Royseth etc. (7-7-29). — *Recollectiones super libro Tegni* selon Giovanni da Santa Sofia (7-7-18). — *Medicinales resolutiones* sur ce même écrit de Galien d'après Jacques de Forli (7-5-42). — Commentaire sur la chirurgie de Galien (5-5-38). — *Consilium* de Gentile da Foligno *pro fluxu lacrimarum* avec des œuvres de Maïmonide (7-4-28). — Opuscules médicaux de Maffeo da Lodi, Niccoló da Santa Sofia, Niccoló da Rido, Benedetto da Sarzana, etc. (7-4-25).

Les volumes enregistrés par Fernand Colomb sous les n°s 10533 à 10773 semblent avoir été achetés, eux aussi, en 1531 sur le territoire de la République de Venise. On remarque des copies de recueils alors archaïques (5-2-16 et 7-6-29). Parmi les textes astrologiques relativement nombreux, le *De judiciis astronomicis* de Ludovicus Rigius (5-6-22) et les *Canones astrologie* de Johannes de Calderia dans une copie apparemment plus complète que celle étudiée par L. Thorndike (5-1-46).

Indiquons enfin, parmi des manuscrits d'origines diverses, les *Problemata* traduits par Georges de Trébizonde (83-2-7). — Deux cahiers du médecin Giovanni dall' Aquila (83-2-18 et 25). — Des questions sur la Physique, les unes par Johannes Serps [John Sharpe] (7-6-17), les autres (très importantes et jusqu'ici inconnues) par Nicole Oresme (7-6-30).

Puissent ces quelques échantillons suggérer la richesse de la Bibliothèque Colombine [5] et le tout spécial intérêt que présentent ses fonds pour suivre, dans l'Italie du xve siècle, avec la symbiose de la philosophie naturelle et de la médecine, les destinées de la science scolastique façonnée, à Paris et à Oxford, par les prétendus précurseurs de Galilée!

References and Notes

[1] Beaujouan G., *Manuscrits scientifiques médiévaux de l'Université de Salamanque et de ses "colegios mayores"*: vol. XXXII de la *Bibliothèque de l'École des Hautes études hispaniques* (éd. Féret, 9 rue de Grassi à Bordeaux).

[2] Dans les cotes actuelles (ex. 83-2-21), le premier nombre désigne le n° de l'armoire ou de la travée, le second la tablette, le troisième le volume.

[3] Beaujouan G., *Fernand Colomb et le traité d'astrologie d'Henri le Navigateur* dans *Romania*, LXXXII (1961), fasc. 1, p. 96-105.

[4] Beaujouan G., *Fernand Colomb et l'Europe intellectuelle de son temps* dans *Journal des Savants* (oct.-déc. 1960), p. 145-159.

[5] Sans parler des fameux autographes de Christophe Colomb.

IV

MANUSCRITS SCIENTIFIQUES MÉDIÉVAUX DE LA CATHÉDRALE DE SÉGOVIE

Nous avons déjà entretenu deux précédents congrès de notre prospection systématique des manuscrits scientifiques médiévaux conservés en Espagne. Un volume sur Salamanque a été publié[1]; un autre le sera prochainement sur Séville[2] et, d'ici à deux ou trois ans, un index provisoire couvrira l'ensemble de nos dépouillements dans toutes les bibliothèques espagnoles possédant, à notre connaissance, des manuscrits du moyen âge. Bien sûr, notre objectif n'est pas seulement bibliographique et nous continuons, sur la science ibérique des XIVe et XVe siècles, des travaux plus personnels. Nous nous efforçons aussi de faire exploiter certaines de nos trouvailles d'au-delà des Pyrénées par les membres du séminaire d'histoire de la science médiévale que nous dirigeons à la IVe section de l'Ecole pratique des Hautes études à la Sorbonne. C'est ainsi que nous faisons paraître, en 1966, avec Mme Poulle-Drieux et Mme Dureau-Lapeyssonnie, un volume intitulé *Médecine humaine et vétérinaire à la fin du moyen âge*[3]. On y trouvera une importante documentation inédite sur les manuscrits d'hippiatrie, sur la médecine catalane des XIVe — XVe siècles et sur l'école médicale du monastère de Guadalupe en Estrémadure.

La cathédrale de Ségovie fait, à titre d'exemple, plus particulièrement l'objet de la présente communication[4]: bien que détruite en 1520, lors de la révolte des *comuneros*, et reconstruite sur un autre emplacement, à partir de 1525, elle conserve cependant une partie de ses manuscrits du moyen âge. Se trouvant présentement en cours d'inventaire, grâce

[1] G. Beaujouan, *Manuscrits scientifiques médiévaux de l'université de Salamanque et de ses «colegios mayores»*, Bordeaux 1962.

[2] G. Beaujouan, *Manuscrits scientifiques médiévaux de la Bibliothèque Colombine de Séville*, dans *Actes du Xe congrès international d'histoire des sciences (Ithaca, 26 VIII — 2 IX 1962)*, pp. 631-634.

[3] Aux éditions Droz, 11 rue Massot à Genève.

[4] C. Valvrde del barrio, *Catálogo de incunables y libros raros de la S. I. catedral de Segovia*, Segovia, 1929, et *Códices, incunables y manuscritos bíblicos en la catedral de Segovia* dans «Cultura bíblica», t. X, n°s 109-110, Segovia 1953, pp. 173-176.

aux soins de l'actuel chanoine-archiviste D. Hilario Sanz y Sanz que nous tenons à remercier chaleureusement de sa gentillesse, ces précieux volumes portent seulement des cotes provisoires; ils ne semblent pas avoir encore attiré l'attention des historiens des sciences.

On ne peut ici que mentionner, pour mémoire, des notes de comput dans une bible du début du XIIIe siècle. Une *Pharsale* de Lucain comportant de curieuses figures géographiques et astrologiques [ms. 50]. Des *auctoritates et sententiae* extraites, entre autres, des *libri naturales* d'Aristote et d'Averroès [ms. 103]. Des *questiones de anima de ultima lectura magistri Johannis Buridani* [ms. 44] non recensées dans la liste des manuscrits de Buridan publiée par E. Faral[5]. Un *tractatus septiformis de moralitatibus rerum, scilicet corporum celestium, elementorum, animalium, avium, piscium, arborum sive plantarum et herbarum, lapidum preciosorum*[6] [ms. 116] qu'on retrouve dans plusieurs autres bibliothèques espagnoles (Burgo de Osma 123; Tortose, cathédrale 157; Tarragone, Bibl. prov. 118, etc.).

La littérature médicale est représentée par deux manuscrits du XVe siècle, l'un en latin, l'autre en espagnol. Le premier [ms. 40] renferme un anonyme *tractatus medicinae* apparemment postérieur à la grande peste de 1348, mais dont les premiers mots ne se trouvent pas dans le *Catalogue of Incipits* de L. Thorndike: «Interrogatus Galienus in quibus habet esse terapeutica, ait in eis morbis quorum malitia potentior... Res quibus pondera mesurantur sunt grana tritici...». Le second, [ms. 108], entièrement en castillan, contient, après des explications sur la sphère dite d'Apulée, un traité sur les urines fortement influencé par Gilles de Corbeil et Bernard de Gordon.

Les manuscrits astronomiques et astrologiques de Ségovie méritent d'occuper, dans la présente communication, une place privilégiée.

On y découvre [ms. 110] des *tabulae astrologicae* dont la *radix* est, pour la plupart, des mouvements planétaires, l'année 1473 (cette date semblant, du reste, celle du manuscrit). Ces tables avaient une destination essentiellement astrologique comme l'indiquent bien (fol. 86 — 93^{v}) des *significationes planetarum* apparentées à celles de Messahalla. Le caractère un peu ésotérique de ce volume se reconnaît au fait que les années y sont indiquées en soi-disant chiffres grecs ou chaldéens[7]:

---

[5] «Archives d'histoire doctrinale et littéraire du moyen âge», XV (1946), pp. 25-30.

[6] J. Th. Welter, *L'«exemplum» dans la littérature religieuse et didactique du moyen âge*, (Paris 1927), p. 339.

[7] G. Beaujouan, *Les soi-disant chiffres grecs ou chaldéens* dans «Revue d'histoire des sciences», III (1950), pp. 170-174 et L. Thorndike dans «Isis», XXXII (1940), pp. 301-303 et XLI (1950), p. 196.

[1473] [1475] [1523]

Le ms. 84 semble provenir de l'actuelle Belgique: il s'ouvre sur le *De inquisitione nativitatis incerte*, recherches de Henri Bate de Malines sur sa propre nativité dont on ne connaissait jusqu'ici que deux exemplaires (Paris, B. N. lat. 7324 et 10270), mais dont nous avons déjà signalé une autre copie dans le ms. 5-1-38 de la Bibliothèque Colombine de Séville. Viennent ensuite un jugement astrologique d'Antonius de Murellis de Camerino sur l'année 1432, un traité sur la composition du cylindre ou horloge des voyageurs, le *De mutationibus aeris de Firmin de Beauval* et, après d'autres textes astrologiques (notamment de Messahalla), le *De directionibus* qu'Eustachius de Eldris écrivit en 1390 (cf. Paris, B. N., lat. 7279, fol. 1-4) et des tables astronomiques plus spécialement consacrées à la latitude des planètes.

Restent à présenter, pour finir, deux manuscrits, en castillan, qui semblent, le second surtout, particulièrement précieux.

Le ms. 100 est entièrement de la main du Valencien Johan de Mora qui l'acheva, à Zamora, le 17 septembre 1432. On y trouve une version castillane inconnue de *l'Astronomia* de Raymond Lulle et une traduction, également en espagnol, de plusieurs ouvrages astrologiques d'Abraham ibn Ezra qu'il faudrait comparer avec celle, à première vue différente et plus tardive, que nous avons déjà rencontrée dans le ms. 2138 de l'Université de Salamanque (*«Comienço de la sabidoria»*, *libros «de las razones»*, *«de los nacimientos»* et *«del mundo»*). Le volume se clôt sur l'*«introductoire»* astrologique d'al-Qabīṣī prétendument traduit d'arabe en castillan par Pero Ferrandes, à Séville, en 1333 (1371 de l'ère d'Espagne).

Gerold Hilty a excellemment publié, en 1954, le *Libro conplido en los iudizios de las estrellas* de Aly aben Ragel traduit de l'arabe, à partir du 12 mars 1254, par Yehuda ben Moshé ha-Kohen[8]. Mais il n'a pu éditer que les cinq premiers livres, les trois derniers étant seulement connus par la version latine d'Aegidius de Tebaldis et, mieux, par la transcription judéo-portugaise, en caractères hébraïques, du ms. Oxford, Bodleienne, Laud. or. 310. Le manuscrit 115 de Ségovie nous offre le livre VIII, considéré comme perdu, du texte castillan. Vient ensuite, également traduit pour Alphonse X par Yehuda ben Moshé ha-Kohen, le *Libro de las cruzes*

[8] Publ. de la Real Academia Espanola (Madrid, 1954); cf. «Al-Andalus», XX (1955), pp. 1-74; G. Hilty, *Zur judenportugiesischen Übersetzung des Libro conplido* dans «Vox romanica», XVI (1957), pp. 297-325; XVII (1958), pp. 129-157 et 220-259.

que MM. Lloyd A. Kasten et Lawrence B. Kiddle ont publié, en 1961, sans connaître, non plus, la copie de Ségovie. Suit, toujours en castillan[9] l'almanach arabe de Tortose pour l'année-racine 1307 dont il existe, par ailleurs, des versions latine[10] catalane et portugaise[11]. Cette dernière, jadis confondue avec les tables alphonsines, jouit d'une grande notoriété parmi les historiens ibériques de grandes découvertes maritimes.

Le ms. 115 continue avec l'*Introductorio* d'al-Qabīṣī (comme dans le ms. 100, mais sans nom de traducteur) et le livre de «*maestre Yuçuf Benacomed sobre cercunferençia de moto*»: il s'agit vraisemblablement d'un astronome de la fin du XIIe siècle, Yūsuf ibn-al-Kammād, surtout connu par le ms. latin 10023 de la Bibl. nac. de Madrid[12].

Le ms. 115 renferme encore des tables destinées à trouver les conjonctions vraies de la Lune (pour la période 1431-1460 et pour une longitude de 25° 40' donnée comme celle de Séville, Jerez de la Frontera et Salamanque), des listes de coordonnées géographiques et des notes météorologiques voire maritimes (rose des vents, marées). Ce très intéressant volume semble originaire de Séville et datable des environs de 1430.

De l'examen trop rapide de ce groupe de manuscrits réunis, somme toute assez fortuitement, à Ségovie, il serait évidemment téméraire de chercher à dégager des conclusions générales. Qu'il nous soit permis cependant d'insister sur l'importance, souvent sous-estimée, des textes scientifiques médiévaux rédigés en castillan. C'est d'eux, d'abord, que dérivent parfois les versions latines des traités arabes, mais surtout c'est par eux que nous apprécierons mieux l'influence des Juifs sur la science chrétienne, c'est grâce à eux que nous parviendrons à réellement comprendre l'ambiance dans laquelle est née l'astronomie nautique de grandes découvertes maritimes.

---

9 Autre version castillane de cet almanach dans le ms. Salamanque, Université 2138, fol. 300-304.

10 J. M. Millás Vallicrosa, *Estudios sobre historia de la ciencia española*, (Barcelona 1949), pp. 387-397 et *Estudios sobre Azarquiel* (Madrid – Granada 1943-1950), pp. 395-405.

11 L. Mendonça de Albuquerque, *Os almanaques portugueses de Madrid* (Coimbra 1961).

12 M. Millás Vallicrosa, *Las traducciones orientales en los manuscritos de la biblioteca catedral de Toledo* (Madrid 1942), pp. 231-247.

V

MANUSCRITS MÉDICAUX DU MOYEN ÂGE CONSERVÉS EN ESPAGNE

C'est à la Casa Velázquez, en 1950-52 (comme membre de l'École des Hautes Études Hispaniques alors dirigée par le regretté Yves Renouard) que j'ai entrepris une prospection systématique de tous les manuscrits scientifiques médiévaux conservés en Espagne. Poursuivies depuis lors à un rythme malheureusement irrégulier, mais activement reprises de 1959 à 1963, grâce au C. N. R. S., la détection et la description des manuscrits sont aujourd'hui pratiquement terminées.

Reste le problème crucial de la mise au point pour l'impression. Originellement, bien sûr, je voulais consacrer à tous les volumes étudiés, de minutieuses notices conformes aux normes que j'ai moi-même définies et appliquées dans un premier ouvrage sur l'Université de Salamanque et ses «colegios mayores» [1]. Mais il faut avoir personnellement peiné à un tel travail pour mesurer l'extraordinaire disproportion qui existe souvent entre les quelques heures passées sur un manuscrit et les incroyables recherches auxquelles peuvent contraindre ensuite la bibliographie d'un texte par ailleurs très connu ou l'identification exacte d'un petit fragment anonyme médiocrement intéressant. Que ce soit à la Bibliothèque Nationale de Paris, à la Vaticane ou ailleurs, les grands catalogues de manuscrits butent contre cette quasi-incompatibilité entre le désir d'aboutir et la recherche d'une sorte de perfection bibliographique.

Certains des manuscrits analysés par moi se trouvent aujourd'hui catalogués par des bibliothécaires ou des érudits espagnols qui, souvent,

[1] G. Beaujouan, *Manuscrits scientifiques médiévaux de l'université de Salamanque et de ses «colegios mayores»* (Bordeaux, 1962). [Bibliothèque de l'École des Hautes Études Hispaniques, fasc. XXXII].

n'ont eu à leur disposition que des moyens de travail limités en ce qui concerne l'histoire des sciences. Je répugne, dans ce cas, à publier des sortes d'*addenda et corrigenda* qui sembleraient témoigner d'une déplaisante ingratitude à l'égard de personnes ou d'institutions dont la libéralité et l'amitié m'ont tant aidé. Ceci s'applique notamment à cette œuvre si courageusement méritoire et éminemment utile qu'est l'*Inventario general de los manuscritos de la Biblioteca Nacional* de Madrid.

Parant au plus pressé, j'ai déjà fait connaître les principales nouveautés de divers fonds jusque là négligés par les historiens des sciences: Université de Salamanque et manuscrits du Palais Royal de Madrid qui y furent transférés en 1954, Bibliothèque Colombine de Séville [1], cathédrale de Ségovie [2], ancienne école médicale du monastère de Guadalupe [3]. J'ai consacré aussi une spéciale attention à l'histoire de l'astronomie et de l'astrologie qui, dans la Péninsule ibérique, préparent la mise au point de nouvelles techniques de navigation et conditionnent ainsi, à partir de la fin du XVe siècle, l'extraordinaire aventure des grandes découvertes maritimes [4]. Quelques-unes de mes fiches ont, d'autre part, servi à l'une de mes anciennes élèves, au début d'un remarquable travail sur l'histoire de l'hippiatrie au moyen âge [5].

Soucieux de mettre plus rapidement à la disposition des chercheurs la documentation ainsi amassée en plus de vingt années, nous tentons désormais un nouveau mode de présentation en publiant, ci-après, un index de manuscrits médicaux du moyen âge conservés en Espagne.

*
* *

1 G. Beaujouan, *Manuscrits scientifiques médiévaux de la Bibliothèque Colombine de Séville*, dans *Actes du dixième congrès international d'histoire des sciences: Ithaca, 1962*, t. I (Paris, 1964), p. 631-634.

2 G. Beaujouan, *Manuscrits scientifiques médiévaux de la cathédrale de Ségovie*, dans *Actes du XIe congrès international d'histoire des sciences* [*1965*], t. III (Varsovie, 1968), p. 15-18.

3 G. Beaujouan, *La bibliothèque et l'école médicale du monastère de Guadalupe*, dans *Médecine humaine et vétérinaire à la fin du moyen âge* (Genève, 1966).

4 G. Beaujouan, *L'astronomie dans la péninsule ibérique à la fin du moyen âge* (Coimbra, 1969): fasc. XXIV des publications de la section de Coimbra de l'*Agrupamento de estudos de cartografia antiga;* également paru dans *Revista da Universidade de Coimbra.*

5 Y. Poulle-Drieux, *L'hippiatrie dans l'Occident latin du XIIIe au XVe siècle*, dans *Med. hum. et vét. à la fin du M. A.*, dir. G. Beaujouan, p. 9-168.

Bien entendu, cet index n'est pas, comme jadis celui si imparfait de Grubbs [1], la tabulation de catalogues préexistants; il se veut la quintessence de minutieuses notices établies sur les manuscrits eux-mêmes. Font cependant exception à cette règle les textes lulliens de Palma de Majorque [2], les manuscrits soustraits à la cathédrale de Saragosse [3] et trois ou quatre volumes d'origine catalane pour lesquels on se reportera utilement à la bibliographie de Canibell [4]. Avouons aussi que, à la cathédrale de Tolède, la brièveté des horaires d'ouverture nous a contraint à une certaine précipitation; nous en avons d'autant plus apprécié et utilisé les remarquables descriptions des traductions orientales de cette bibliothèque par le grand historien des sciences J. M. Millás Vallicrosa [5].

L'inventaire des manuscrits médicaux du moyen âge se trouve extraordinairement facilité par un instrument de travail auquel on ne rendra jamais suffisamment hommage. *A catalogue of incipits of mediaeval scientific writings in latin* par L. Thorndike et P. Kibre; on devra utiliser la seconde édition parue à Londres en 1963 [6]. Il est indispensable d'avoir sous la main cet admirable gros volume pour tirer de notre propre index la totalité des informations qu'il prétend fournir.

Le *Catalogue* de Thorndike ne se contente pas en effet de dresser une liste d'incipits avec les identifications correspondantes; il constitue un véritable recensement de la littérature scientifique latine médiévale officiellement connue, avec l'essentiel de la bibliographie jusqu'en 1962, donc la possibilité d'aisément reconnaître les textes encore inédits. Cette circonstance nous a conduit à tabuler les titres des œuvres médicales du moyen âge, non sous la forme où ils se trouvent dans les manuscrits, mais sous une forme qui permette de facilement les reconnaître dans l'index qui clôt le *Catalogue of incipits* de Thorndike. En règle générale, les mots

1 H. A. Grubbs, *The manuscript book collections of Spain and Portugal* (New-York, 1933) et *Supplément* (1935).

2 J. García Pastor, J. N. Hillgarth, L. Pérez Martínez, *Manuscritos Lulianos de la biblioteca pública de Palma* (Barcelona-Palma, 1965), extr. de *Analecta sacra Tarraconensia*, vol. XXXVI.

3 J. M. March, *Còdexs catalans i altres llibres manuscrits d'especial interés de la biblioteca capitular de Saragossa*, dans *Butlletí de la Biblioteca de Catalunya*, t. VI (1920-22), p. 357-365.

4 *Bibliografia medical de Catalunya: inventari primer* (Barcelona, 1918).

5 J. M. Millás Vallicrosa, *Las traducciones orientales en los manuscritos de la Biblioteca Catedral de Toledo* (Madrid, 1942).

6 *Addenda* et *corrigenda*, dans *Speculum*, XL (1965), p. 116-122 et XLIII (1968), p. 78-114.

Liber, *Tractatus* et la préposition *De* ont été supprimés pour clarifier l'ordre alphabétique des écrits attribués à un même médecin. Encore comme L. Thorndike et P. Kibre, on s'est bien gardé de compliquer ce classement en y introduisant, sans avoir la place de les justifier, des distinctions plus ou moins subjectives entre ouvrages authentiques, douteux ou apocryphes.

On a, de même, fait preuve d'une grande prudence en ce qui concerne les versions médiévales d'œuvres grecques ou arabes [1]. Leur attribution traditionnelle à tel ou tel traducteur est souvent sujette à caution; les rubriques mêmes des manuscrits sont parfois trompeuses. Lorsque cependant il existe plusieurs traductions différentes d'une même œuvre, on a tenté de bien les distinguer. Dans cet esprit, l'œuvre de Galien a été traitée avec un soin particulier, en s'inspirant des savantes observations présentées par M. Richard Durling à propos de manuscrits similaires conservés à la Bibliothèque Vaticane [2].

Le répertoire méthodique des textes anonymes est, dans toute la mesure du possible, allégé au profit de l'index par auteurs. Ce dernier suit, en principe, pour les savants médiévaux, l'ordre alphabétique des prénoms, de préférence en latin. Pour les noms et les lieux d'origine également, on a habituellement opté pour la forme latine médiévale, mais à condition qu'elle soit facilement reconnaissable.

Outre une garantie sur l'identité des textes (avec le moyen d'aisément connaître, grâce à Thorndike, les premiers mots et les éventuelles éditions) notre index fournit, en se gardant d'abréviations trop hermétiques, la cote des manuscrits et l'indication des feuillets. Par les catalogues existants (mentionnés ci-après en appendice), il sera souvent possible de retrouver la date du manuscrit et l'énumération plus ou moins exacte des autres œuvres qui y sont contenues.

La sélection des éléments retenus n'est pas parfaitement homogène, car nous avons volontiers multiplié les informations de détail lorsqu'il s'agissait de manuscrits non encore recensés dans des catalogues imprimés utilisables; c'est le cas surtout pour la Bibliothèque Colombine de Séville, mais aussi pour les cathédrales de Ségovie, de Gérone ou d'Urgel

[1] H. Schipperges, *Die Assimilation der arabischen Medizin durch das lateinische Mittelalter* (Wiesbaden, 1964) et plus spécialement *Handschriftenstudien in spanischen Bibliotheken zum Arabismus des lateinischen Mittelalters*, dans *Sudhoffs Archiv*, LII, 1 (1968), p. 3-29.

[2] R. Durling, *Corrigenda and addenda to Diels' Galenica*: I, *Codices vaticani*, dans *Traditio*, XXIII (1967), p. 461-476.

et même, dans une certaine mesure, pour la Biblioteca Nacional de Madrid à partir du n° 3027.

La provenance des manuscrits pose de délicats problèmes. Examen paléographique, particularités révélatrices du latin médiéval, étude philologique des passages en langue vulgaire, noms de copistes, de destinataires ou de possesseurs, reconnaissance des anciennes cotes, utilisation enfin des vieux inventaires encore conservés: rien n'a été négligé pour tenter de déterminer, aussi exactement que possible, l'origine de chacun des volumes étudiés et, le cas échéant, la date de son introduction en Espagne. Nous avons obtenu d'assez spectaculaires résultats en ce qui concerne l'université de Salamanque [1] et la Bibliothèque Colombine de Séville [2]; à l'Escorial, les travaux du R. P. Gregorio Andrés ouvrent sans cesse de nouvelles pistes au-delà des voies déjà tracées par Antolín. Mais, même là, comme à la Biblioteca Nacional de Madrid, à la cathédrale de Tolède et dans la plupart des autres fonds, d'irritantes incertitudes subsistent en grand nombre.

Ainsi, sauf de très rares exceptions, nos impressions sur l'origine des manuscrits ne peuvent être incluses dans le bref répertoire ici publié. Tout au plus avons-nous retenu le nom de quelques copistes, destinataires ou possesseurs, lorsque cela nous a semblé susceptible d'intéresser l'historien de la médecine médiévale. En revanche, Fernand Colomb, Philippe II, le comte-duc d'Olivares, B. Gallardo ou M. Menéndez y Pelayo ne figurent pas à notre index, bien que des volumes ici étudiés leur aient appartenu.

*

* *

Une mise en garde s'impose. Envisagé globalement, le contenu des manuscrits latins aujourd'hui conservés en Espagne ne peut absolument pas être considéré comme représentatif de la culture espagnole médiévale et des influences qu'elle a subies. En effet, beaucoup des manuscrits les plus intéressants ont été acquis à l'étranger aux XVIe et XVIIe siècles, c'est-à-dire avec des préoccupations d'humaniste et de collectionneur.

[1] Voir, ci-dessus, note 1, page 161.

[2] Sur la manière de déterminer l'origine des manuscrits de la Bibliothèque Colombine de Séville, lorsque leur provenance n'est pas indiquée par Fernand Colomb lui-même: G. Beaujouan, *Fernand Colomb et l'Europe intellectuelle de son temps*, dans *Journal des Savants* (octobre-décembre 1960), p. 145-159. Tenir compte aussi de T. Marín Martínez, *Obras y libros de Hernando Colón* (Madrid, 1970).

De la littérature médicale latine ici recensée on ne saurait dresser, en quelques lignes, qu'un bilan assez artificiel. Mieux vaut établir la liste des *initia* non relevés dans le *Catalogue of incipits* de Thorndike, car c'est *ipso facto* attirer l'attention sur les textes nouveaux.

J'ai déjà eu l'occasion de définir ailleurs [1] les traits qui me semblent caractéristiques de la science espagnole des XIIIe, XIVe et XVe siècles: permanence d'une influence arabe qui, cependant, s'affaiblit très rapidement [2]; relative débilité des universités, donc de la littérature scolastique en latin; précoce maturité, en revanche, des langues castillane et catalane comme véhicules du savoir; enfin, à la fois cause et conséquence des trois facteurs précédents, le rôle scientifique considérable qu'ont joué les Juifs.

Tout ceci s'applique, bien entendu, à la médecine. Pour pleinement s'en rendre compte, il faut évidemment ajouter aux données du présent index, d'une part le contenu des manuscrits arabes [3] et hébraïques qui en sont exclus, et d'autre part, l'apport des manuscrits hispaniques maintenant conservés hors d'Espagne.

A voir les choses d'un peu haut —et par comparaison avec d'autres régions de l'Europe occidentale— la médecine de la fin du moyen âge se signale en Espagne par un certain nombre de particularités: importance des jurys médicaux royaux ou municipaux; absence de cloison trop étanche entre médecine et chirurgie; assez vive résistance à l'excessive sophistication de la médecine; goût pour la lexicographie médicale et surtout botanique; valeur des «régimes de santé» destinés à de grands personnages ou (ce qui est bien plus remarquable) aux habitants de toute une région. La lutte contre la peste, les premières dissections et l'expérimentation sur les suppliciés, les plus anciens asiles psychiatriques aussi, pourraient, cela va sans dire, faire l'objet de longs développements.

Malheureusement, malgré le nombre presque excessif des publications consacrées, souvent de seconde main, à l'histoire de la médecine, il faut bien reconnaître que, en ce qui concerne le moyen âge, les progrès ne sont pas tellement considérables par rapport à la vieille *Historia bibliográfica de la medicina española* publiée en 1842 par Hernández Morejón.

On manque cruellement d'un instrument de travail qui soit, pour l'Espagne, l'équivalent du *Dictionnaire biographique des médecins en*

[1] G. Beaujouan, *La science en Espagne aux XIVe et XVe siècles* (Paris, 1967).

[2] G. Beaujouan, *La science hispano-arabe et les modalités de son influence* (Moscou, 1971).

[3] Voir surtout, à ce propos, H. Derenbourg, *Les manuscrits arabes de l'Escorial*: t. II, fasc. 2. *Médecine et histoire naturelle* par H. P. J. Renaud (Paris, 1941).

France au moyen âge de E. Wickersheimer ou des *Medical practitioners in medieval England* de C. H. Talbot et E. A. Hammond.

Un tel dictionnaire des médecins espagnols du moyen âge ne peut naître aujourd'hui que d'une ample coordination entre des efforts restés jusqu'ici relativement isolés. Qu'il suffise d'évoquer, outre nos propres notices de manuscrits scientifiques, les travaux bibliographiques dirigés à Salamanque par le Pr. Granjel, les considérables dépouillements d'archives faits à Barcelone par le Dr. Cardoner, les précieux papiers de Rodrigo Pertegás heureusement conservés à Valence; tout ceci sans parler du concours, évidemment indispensable, d'un arabisant et d'un hébraïsant.

En attendant que s'esquisse la réalisation d'un tel rêve, contentons nous d'attirer l'attention sur quelques-uns des textes relevés dans notre index.

Et tout d'abord la médecine catalane du moyen âge: le Dr. Cardoner lui consacre un ouvrage (actuellement sous presse) qui marquera, sans aucun doute, un énorme progrès par rapport à ce qu'on pouvait savoir auparavant. De là, au moment où nous écrivons, une incertitude sur ce qui doit, ou non, ètre considéré comme «nouveau».

A tout seigneur, tout honneur: Arnaud de Villeneuve. Malgré d'excellents travaux comme ceux du P. Batllori ou du Dr. Paniagua [1], il reste à étudier bon nombre des ouvrages qui, avec plus ou moins de raison, lui sont attribués (voir ARNALDUS DE VILLANOVA, *Cure destinate Clementi V* à Salamanque [2] et *Prestrinctio traditionis medicine* à l'Escorial).

Dans le sillage d'Arnaud de Villeneuve —comme continuateur notamment de son œuvre en matière de posologie— une place d'honneur revient au médecin des rois d'Aragon, Antoni Ricart, et à ses très originaux efforts pour mathématiser la médecine. La découverte du ms. Madrid Bibl. Nac. 3366 nous a donné d'autant plus de satisfaction que nous avons pu le faire excellemment exploiter par l'une de nos élèves, Mme. Dureau-Lapeyssonnie [3].

En reconstituant la biographie d'Antoni Ricart, notamment sa fameuse dispute avec le maître Francesch Queralt, on constate combien est encore mal connu l'enseignement de la médecine à l'université de Lérida. Les historiens s'en font une idée d'après une énumération d'ouvra-

1 J. A. Paniagua, *El maestro Arnau de Vilanova médico* (Valencia, 1969).

2 M. Mc Vaugh, *The «Experimenta» of Arnald of Villanova*, dans *Journal of Medieval and Renaissance studies*, vol. I, nº 1 (1971), p. 107-118.

3 J. M. Dureau-Lapeyssonnie, *L'œuvre d'Antoine Ricart, médecin catalan du XVe siècle: contribution à l'étude des tentatives médiévales pour appliquer les mathématiques à la médecine*, dans *Médecine humaine et vétérinaire à la fin du M. A.*, dir. G. Beaujouan, p. 169-364.

ges qui, selon J. M. Roca [1], y étaient prétendument utilisés. Cette liste, purement conjecturale, n'a pas d'autre source que l'imagination de Roca. Il est donc instructif de revenir à la réalité en suivant la formation médicale d'un étudiant de Lerida, Jacobus de Liminyana [2], à travers ses manuscrits (Madrid, Bibl. Nac. 1408, 1424 et 3340).

Plusieurs fois, dans notre index, réapparaît le curieux mémoire que Pere Miquel Carbonell consacra à la dernière maladie, à la mort et aux obsèques de Jean II d'Aragon. Une telle insistance peut surprendre, alors qu'il s'agit d'un texte depuis longtemps édité par Bofarull [3]. Mais cette publication n'a pas reproduit le nom des médecins de Barcelone qui, avec Gabriel Mirò, assistèrent au décès du souverain: Petrus A...go, Manuel de Sancto Georgio, Gaspar Jorbie, Requesens (fol. 64v du ms. où, il est vrai, les noms sont rayés et, pour cela, non mentionnés à la page 312 de l'édition).

En ce qui concerne les textes écrits en catalan, la cote des manuscrits permettra fréquemment de retrouver, grâce aux catalogues, des références bibliographiques trop souvent négligées par les historiens de la médecine. Nombreuses sont, dans notre index, les versions catalanes d'œuvres médicales latines (voir Albertus Magnus, Arnaldus de Villanova, Bernardus de Gordonio, Guido de Cauliaco, Hippocrates, Johannes Paulinus, Lanfrancus, Macer, Petrus Aponensis, Petrus Hispanus, Platearius, Pythagore sphera, Rogerus Frugardi, Trotula, etc...).

Pour plus de détails sur la médecine catalane du moyen âge, le lecteur est renvoyé, répétons-le, au très prochain livre du Dr. Cardoner. Toutefois, les recettes devant en principe être exclues de cet ouvrage, il convient de faire, à leur sujet, quelques remarques. Par exemple à propos de Bernardus Despujol: bien que connu grâce à une approximative traduction catalane de L. Comenge, l'important réceptaire de Manresa est encore, en réalité, inédit et son texte latin original se prêterait à de fort instructives comparaisons, Souvent, les recettes attirent l'attention sur des mé-

1 J. M. Roca, *L'estudi general de Lleyda* (Barcelona, s. d.), p. 34-39.

2 Madrid, Bibl. Nac. ms. 1408, fol. 54v: «*Ista ars est Jacobi Liminyana, in medicina studentis. Incepitque studere anno Domini 1433, studio Ilerdensi, effectusque fuit bacallarius in eadem facultate anno Domini 1435, die lune 20ª mensis decembris sub honorabili patre magistro Johanne Putei, artium et medicine dignissimo professore et cathedram studii dicti, hora doctorali, regente. Et die sequente, vespera sancti Thome, efectus fuit bacallarius in artibus sub honorabili magistro Petro Rubei, artium professore et in theologia bacallario necnon studii dicti cathedram phi*ᵉ *regente, existente cancellario domino Nicholao de Monsorin civitatis Valentine, regenteque per eum Bernardo Bosch in decretis doctore*».

3 M. de Bofarull y de Sartorio, *Opúsculos inéditos de Pedro Miquel Carbonell* (Barcelona, 1864), p. 141-320.

decins ou chirurgiens médiévaux restés jusqu'ici assez énigmatiques: Bartholomeus de Tribus bonis identifiable au Bartomeu de Tresbens qui écrivit un notable *Tractat d'astrologia* [1]; Guillem Servent à rapprocher, peut-être, du barbier saintongeais Guillaume Servant signalé par Wickersheimer; Guielm Thomas dont le nom permettra d'ultérieurs recoupements. A mentionner, parmi les compilateurs d'œuvres chirurgicales, Guillelmus Sedacerii, carme mort en 1382-83: il est l'auteur d'un important traité d'alchimie dont, sur nos conseils, M. Calas a entrepris l'étude. On retiendra aussi, sous le nom d'Albafumet, un très curieux ouvrage en catalan sur les rapports sexuels.

Venons-en maintenant au domaine castillan. On y trouve divers textes médicaux latins traduits en espagnol: cf. Bernard de Gordon, Hippocrate, Isaac, Ketham, Nicolas, Raymond de Tarrega et surtout les grands traités chirurgicaux de Théodoric, Lanfranc et Gui de Chauliac. Parmi les chirurgies originales (dans leur rédaction, sinon dans leur contenu), il faut retenir celle versifiée de Diego el Cobo [2] et celle attribuée à Fernand de Cordoue [3]. En ce qui concerne la médecine proprement dite, quelques fiches méritent un bref commentaire. La *Regia medicina practica Castellae* est généralement attribuée au médecin juif d'Alfonse XI, Samuel ibn Waḳḳār; elle figure dans notre index, bien que rédigée en arabe, parce que, sous l'influence d'un passage ambigu de Chinchilla, on la trouve souvent donnée pour un texte latin. Dans un ordre d'idées assez voisin, il convient de remarquer un traité médical castillan, malheureusement acéphale, dont l'auteur paraît être un Juif de Tolède (Madrid, Bibl. Nac. 10051) [4]. Inutile d'insister ici sur le médecin sévillan Estéfano, car nous pensons lui consacrer prochainement une monographie.

Alonso Chirino est l'un des meilleurs praticiens du moyen âge, tant est grande sa prudence à l'encontre du dogmatisme et du charlatanisme. Son œuvre a été excellemment publiée en 1944 [5]; il reste cependant, dans les manuscrits b IV 34 de l'Escorial et surtout 2262 de Salamanque, un certain nombre de recettes et de passages encore inédits qui, de toute évidence, sont aussi de Chirino.

1 Edité par J. Vernet et D. Romano (Barcelona, 1958).

2 Voir les p. 455-457 de notre travail sur Guadalupe (cité, ci-dessus, à la note 3 de la page 162).

3 J. Botella Llusiá, *La medicina de Fernando de Córdoba (a propósito de un manuscrito existente en la Biblioteca Nacional)*, dans *Trabajos de la cátedra de historia critica de la medicina*, VII (1935-36), p. 423-435.

4 J. M. Millás, *Traducciones orientales de Toledo*, p. 129-132.

5 Chirino (Alonso), *Menor daño de la medicina. Espejo de la medicina*, ed. A. González Palencia et L. Contreras Poza (Madrid, 1945).

Au même milieu social et à la même tradition manuscrite appartient un personnage jusqu'ici inconnu: le docteur Gomez de Salamanca qui apparaît au service d'Alvaro de Luna, puis de Henri IV de Castille. Jacobus Gómez semble devoir être différencié du Gómez précédent: il appartient à la fameuse famille juive des Castro de Tolède (Alvaro, Diego, etc.) à propos de laquelle s'imposent de nouveaux travaux, en prenant pour base, bien entendu, les recherches de Millás Vallicrosa [1].

Malgré le sang royal castillan qui coulait dans ses veines, en tant que descendant bâtard de Henri II et de Beatriz Fernández [2], Juan Enríquez n'a pas encore trouvé droit de cité dans l'histoire de la médecine espagnole [3]. Ses *Secretos de la medicina* présentent pourtant un certain intérêt (Madrid, Palacio, ms. 3063 transcrit en 1471). Comment enfin ne pas remarquer, dans notre index, les références aux docteurs de la Parra, de la Reyna et de la Yerva?

Si, sans sortir du royaume de Castille, l'intérêt se déplace des médecins aux malades, on notera, parmi les noms indexés, Pedro Gómez Barroso, Alfonso Pérez de Godoy, Diego de Anaya, un évêque de Salamanque (Sal. BU 2306. fol. 5-7), Alvaro de Luna, Fernando Díaz de Toledo *el relator* [4], Henri IV de Castille (voir son portrait physiognomonique dans le ms. a IV 23 de l'Escorial).

En ce qui concerne la médecine française, le bilan est plus facile à dresser. Nombreuses sont les rubriques de notre index dont on appréciera aisément la nouveauté en les confrontant aux notices correspondantes de Wickersheimer dans son *Dictionnaire biographique des médecins en France au moyen âge* (maints médecins médiévaux y sont «annexés» bien qu'ils ne fussent «français» qu'au sens le plus large ou à l'occasion de brefs séjours). En vue d'une réédition impatiemment attendue, l'une de nos élèves, Mlle. Jacquart, prépare actuellement d'importants *addenda et corrigenda* au *Dictionnaire* de Wickersheimer. Inutile de préciser que nos descriptions de manuscrits conservés en Espagne y seront largement mises à contribution.

1 J. M. Millás Vallicrosa, *La obra médica de la familia toledana de los Castro*, dans ses *Estudios sobre historia de la ciencia española* (Barcelona, 1949), p. 443-454.

2 «Don Johan Enrriques, fijo de don Fernando e nieto del rey don Enrrique, bachiller en artes, liçenciado en fisica».

3 Il est cependant cité par M. Usandizaga, *Historia de la obstetricia y de la ginecología en España* (Barcelona, 1945), p. 63, 79 et 291.

4 Il faut soigneusement distinguer ce célèbre juriste d'un autre Fernando Díaz de Toledo qui, lui, était médecin. Voir les p. 387, 398-399, 430-434, et surtout 459 de notre étude sur Guadalupe (cf. *supra*, note 3, page 162).

En ce qui concerne donc la France médiévale, l'une de nos principales découvertes a sans doute été celle des *Puncta medicine* de Jacobus Angeli de Rubeo scuto (1390-1455). Ce chancelier de l'université de Montpellier restait si mal connu que, à en croire Wickersheimer, Jacques Angeli et «Jacques Augel Rouge Escu» auraient été deux personnages distincts. Les *Puncta medicine* constituent une très remarquable encyclopédie médicale dont nous avons confié l'étude à M. Bruno Delmas [1]: ils projettent un jour tout nouveau sur l'enseignement médical à Montpellier dans la première moitié du XVe siècle; ils prouvent, en particulier, que la grande université languedocienne n'était pas alors tombée dans une aussi profonde décadence qu'on le dit.

Outre ces *Puncta medicine*, la cathédrale de Séville possède bien d'autres volumes achetés à Lyon, en septembre 1535, par Fernand Colomb. Au nombre de ceux-ci, figurent deux manuscrits d'un médecin jusqu'ici inconnu, Johannes de Bursalia dont on suit ainsi les études à Paris et à Montpellier (1452-1457), puis l'installation à Lyon, non sans recueillir, au passage, des informations curieuses sur sa bibliothèque et sur son éloquence académique.

Ces manuscrits de provenance lyonnaise, aujourd'hui conservés à Séville, éclairent ainsi le profil de divers autres médecins français: Antoine Angeli (fils du Jacques Angeli déjà cité), Pierre de Thumery, «Johannes Billoys parisiensis», Jean Falcon, Barthélemy Fageti, Antoine de Tolède, etc...

Un mot sur Jean de Tournemire pour indiquer l'intérêt du ms. Madrid Bibl. Nac. 4235, pour signaler aussi un texte que Wickersheimer et Thorndike n'étaient pas parvenus à retrouver (*Commentum super Galenum de interioribus* dans Madrid Bibl. Nac. 12241, fol. 66-83v).

Notons encore, un peu au hasard, parmi les médecins français dont la biographie (ou la liste des œuvres) pourrait être retouchée grâce à d'autres manuscrits ci-après indexés: Guillaume Servant (?), Hector de Monstaldo, Jacques Constantini, Jean Courtin, Gabriel Miron... sans parler des savants que se disputent Catalans et Français.

Nous nous en voudrions de ne pas attirer l'attention sur de brèves prescriptions chirurgicales dont, à la Croisade, un évêque du Puy aurait miraculeusement reçu la révélation de Dieu lui-même (cf. notre table des anonymes, XI: *Ars thaladie*). Le philologue retiendra de curieuses notes

1 B. Delmas, *Le chancelier Jacques Angeli et la médecine à Montpellier au milieu du XVe siècle*, dans *École nationale des chartes. Positions des thèses... de 1966* (Paris, 1966), p. 23-28.

en français de Lorraine, dans le ms. Seo de Urgel 2052 (84), cf. anonymes, XXIV.

En guise de transition pour passer de la France à l'Italie, relevons une amusante inadvertance au sujet de Lanfranc qui vint s'établir à Lyon puis à Paris, après avoir été banni de Milan par Matteo Visconti. Il conte lui-même cette mésaventure: ceci explique pourquoi, sous le nº 2147 de l'*Inventario general de los manuscritos de la Biblioteca Nacional*, la version castillane de la grande chirurgie de Lanfranc est attribuée, par suite d'un contresens, à «Mateo Vizconde» (en revanche, une autre copie de la même traduction espagnole se trouve correctement décrite sous le nº 2165).

Les textes en italien sont peu nombreux: parmi eux, des recettes (anonymes XXVI, 8-9), une traduction du *Colliget* d'Averroês et le *Spechio di medicina* d'Aldobrandino di Verto.

A l'inverse de ce qui se passait en Espagne, la médecine italienne des XIVe et XVe siècles était très liée à l'enseignement universitaire; elle s'exprimait donc en latin. Pour apprécier, en ce domaine, la richesse des bibliothèques d'Espagne, il suffira de se reporter à notre table des incipits non répertoriés par Thorndike. On y verra apparaître, en grand nombre, aussi bien des médecins peu connus que des textes inconnus d'auteurs très célèbres. Beaucoup d'entre eux nécessiteraient de longues recherches, à la fois dans des manuscrits conservés en Italie et dans la prosopographie des universités de Bologne, Padoue ou Pavie. Voici quelques-unes des rubriques de notre index où l'on trouvera des points de départ pour de nouvelles investigations: Antonius de Aviso; Bartholomeus, Johannes et Marsilius de Sancta Sophia; Benedictus de Sarzana; Christophorus de Honestis; Dinus et Thomas de Garbo; Franciscus Cremonensis; Gentilis de Fulgineo; Graciadeus de Asillo; Guillelmus Brixiensis; Johannes de Vitadono; Julianus Bononiensis; Mafeus de Laude; Mundinus de Leuciis; Mundinus de Forojulio; Nicolaus Bertrucius; Petrus Apuliensis; Petrus de Tussignano; Sebastianus et Johannes de Aquila; Stephanus de Begino; Stephanus de Osua; Thadeus, etc.

Avec cette énumération, nous voici bien loin de la brillante synthèse que, peut-être, souhaitait le lecteur. Mais, plutôt qu'à l'étalage de conclusions prétentieuses, ne peut-on pas trouver quelque satisfaction à offrir aux autres —fût-ce sans en attendre de reconnaissance— la chance de faire eux-mêmes des découvertes importantes?

INDEX ALPHABÉTIQUE

— Espejo de medicina: Mad. Acad. Hist. San Román ms. 89, fol. 1-122 v°.-Mad. BN 3384, fol. 1-63 v° [= éd. L. Contreras Poza, p. 450 sq.].
— Methafora sobre la lepra, a Enrique de Villena: Mad. BN 6599, fol. 127 v°-129.
— Testamento: Mad. BN 1478, fol. 96-97 v°; Santander M. y P. 89 *(catalogue,* n° 370), fol. 168-169 v°.

Alonso Ferrandes, escrivano. *Copie, en espagnol, la chirurgie de Lanfranc* (expl. 7 mars 1481): Mad. BN 2147, fol. 140.
Alfonso Perez de Godoy, *dédicataire du* Regimiento *de* Estefano.
Alvaro de Castro. Antidotarium: Tol. BC 97-10.
— Fundamenta medicorum: Tol. BC 97-7, fol. 1-516.
— Janua vite: Tol. BC 97-8 *et* 97-9.
Alkindi. Introductio medici. *Voir* Archimatheus, Practica.
Alvaro de Luna. *Voir* Gómez de Salamanca.
Ambrosius Pessarensis. *Trad.* Galenus, De virtutibus cibariorum.
Ametus filius Ysaac. Confectio trociscorum de carabe: Mad. BN 928, fol. 331 v°; Esc. f I 8, fol. 424 v°.- *Extraits en catalan:* Sev. BC 7-4-27, fol. 152-153 v°.
— Note antidotarii: Sev. BC 5-5-21, fol. 131 et 138.
Andreas, grecus: Medicamenta: Mad. Palacio 1ª 8-3 (1521), fol. 23 v° [32].
Andreas (magister) «optimus et summus ph^us in Hyspania et medicus». Medicine et experimenta domino Gregorio pape qui calculozus erat: Esc. H III 2, fol. 31 v°.
Andromachus. Tyriaca: Sev. BC 5-5-21, fol. 100.
Andronicus. *Voir* Johannitius.
Anetus de Anetio [?]. Questio disputata Bononie «Utrum permutatio literige [*sic*] in frenesim possit esse bona»: Esc. f I 4, fol. 1.
Antonius Angeli. *Dédicataire et possesseur des* Puncta medicine *de son père* Jacobus Angeli.
Antonius de Avisio. Compositio medicinarum: Tol. BC 98-4, fol. 1-46; Mad. BN 1410, fol. 226.
Antonius de Bernadigio [= Bernareggio?], artium et medicine doctor. *Copiste des* questiones perspective *de* Blasius de Parma: Sev. BC 82-1-18, fol. 111-158.
Antonius Eparchus. *Trad.* Ebrubat Zafar.
Antonius Guaynerius. Antidotarium: Esc. I II 5, fol. 137-139 v°.
Antonius Melioris de Sancto Severo, medicine doctor. *Copiste et possesseur des* Recollectiones super Tegni. *Voir* Johannes de Sancta Sophia: Sev. BC 7-7-18, fol. 171.
Antonius Musa. Herba vettonica: Sev. BC 7-6-29, fol. 31 v°-33.
Antonius Ricardi. Prefatio ad Martinum regem Aragonum: Mad. BN 3366, fol. 1-4 v°.
— Compendim secundi operis de arte graduandi medicinas compositas: *ibid.*, fol. 5- 38 v°.
— Libellus de quantitatibus et proportionibus humorum: *ibid.*, fol. 39-60.
— Orinas et Polsos *(catalan):* Barc. BU 239, fol. 14.

Antonius de Toledo. *Copie à Lyon, en 1509, des* Discordantie in Canone Avicenne et Aphorismis Hippocratis: Sev. BC 7-6-12, fol. 80-82.
— *Possesseur des* Puncta medicine. *Voir* Jacobus Angeli.
Apollonia (beata). Oratio beate Apollonie ad dolorem dentium: Valencia BU 216 (Gutiérrez n° 902), fol. 90.

— Podagra: Mad. BN 138, fol. 8. *Voir aussi* Regimen podagre.
— Practica summaria: Sev. BC 5-1-45, fol. 147 v°-156.
— «Prestrinctio traditionis medicine»: Esc. M II 17, fol. 2-37 v° et 44 v°-117 (explicit, fol. 123).
— Proprietates roris marini: Sev. BC 5-1-45, fol. 167. *Voir aussi* Virtudes del romero.
— Recepte: Seo de Urgel BC 2053 (84), fol. 117 v°.—*Recettes attribuées à A. de V., notamment une* Recepta de pestilencia: Esc. b IV 31, fol. 56-71.
— Regimen conferens memorie: Sev. BC 7-2-1, fol. 3-4 v°.
— Regimen de doloribus juncturarum: Mad. BN 138, fol. 7 v°.
— Regimen podagre: Esc. M II 17, fol. 120-122.
— Regimen sanitatis: Mad. BN 3370, fol. 185-194; Mad. BU 115 (117-Z-5), fol. 49-67 v°; Barc. BU 585, fol. 24-38; Valencia BC 123, fol. 54-57 v°; Sal. BU 247, fol. 278-293.
«Regiment de sanitat» *(trad. catalane par* Berenguer de Sarriera): Mad. BN 10078.—*Autre version catalane:* Conservació de sanitat: Barc. Central 1829.
— Regiment qui s deu tenir en temps de hepidemia: Barc. BU 68, fol. 21 v°-22 *(extr. du ms.* Vat. lat. 4797).
— Sanguine humano: Tol. BC 96-32, fol. 85 v°.
— Signa leprosorum: Sev. BC 5-1-45, fol. 161 v°-162; Esc. O II 16, fol. 109.
— Simplicibus medicinis: Sev. BC 5-1-45, fol. 113-145.
— Speculum. *Voir* Medicinalium.
— Tabula super canone «Vita brevis» Hippocratis: Mad. BN 3370, fol. 220 v°-223 v°.
— Translationes. *Voir notamment:*
Avicenna, De viribus cordis.
Galenus, De rigore.
— Vinis: Mad. BN 9510, fol. 1-27 v°; Mad. Palacio 1521 (1ª-8-3), fol. [8,4 et 9 v°]; Zar. BC anc. 1292.
— Virtutes herbe tunice. Ordinatio comiti Herminiacensi: Mad. BN 138, fol. 7.—Virtutes... cunicii: Mad. Palacio 1521 (1ª-8-3), fol. [24] (15).
— Virtudes del romero: Mad. BN 2328, fol. 134 v°-136. *Voir aussi* Proprietates roris marini.

Arnardus. *Voir* Arnaldus de Villanova, Astrologia.

«Arop. Carta a Remelon.» *Voir* Macer *castillan.*

Asclepius. Animalibus. *Voir* Sextus Placitus.
— Morbis: Esc. N III 17, fol. 109 v°-130 v°.

Aurelius. De acutis passionibus: Esc. N III 17, fol. 98 v°-109 v°.

Avenzoar. Regimen sanitatis: Mad. BU 121 (116-Z-10), fol. 11-22.
— Teisir: Sev. BC 5-5-21, fol. 91 *(extraits).*

Averroes. Colliget: Mad. BN 927, fol. 2-66 v° *(incomplet);* Sev. BC 5-5-21, fol. 24-31 v° *(extraits).—Version italienne:* Sev. BC 7-6-23, fol. 7 v°- 147.
— Theriaca: Mad. BN 927, fol. 111-113 v°.

Avicenna. Canon: Mad. BN 928, fol. 1-331 v° *et* BN 1193, fol. 1-287; Tol. BC 47-19, fol. 1-477 v° *et* BC 47-20, fol. 1-360 v°; Esc. f I 8 *(sans le livre II dont le contenu est brièvement indiqué à la fin).*

Extraits.

Lib. I, fen 1 (jusqu'à doctr. 5, summa 2, cap. 1): Esc. I II 10, fol. 1-16 v°.

Lib. I, fen 1, doctr. 6: *voir* Thomas de Garbo.

Lib. I, fen 4, cap. 20 (de flebotomia): Tol. BC 98-3, fol. 112.

Lib. I, fen 4, usque ad cap. 23: Esc. I II 10, fol. 17-26 v°.

Lib. II *(extraits):* Sev. BC 5-5-21, fol. 54.

Lib. III, fen 3 (de passionibus oculorum). *Voir* Benedictus de Sarzana.

Lib. IV, fen 1 (de febribus). *Voir* Bernardus Alberti.

Lib. IV, fen 3 (de apostematibus). *Voir* Benedictus de Sarzana.

Lib. IV, fen 5 (de dislocationibus et fracturis): Sev. BC 82-4-7, fol. 2-21.

Extraits divers: Sev. BC 7-4-25, fol. 4-7.—*Recettes:* Esc. M II 17.

— Chirurgia. *Voir* Canon, lib. IV, fen 5.

— Febribus. *Voir* Canon, lib. IV, fen 1.

— Flebotomia. *Voir.* Canon, lib. I, fen 4, cap. 20.

— Synonyma: Esc. f I 8, fol. 425 sq.; Tol. 47-19, fol. 478-485.

— Viribus cordis: Mad. BN 3058, fol. 62-77; Sev. BC 5-1-45, fol. 169-188 v° et BC 5-5-21, fol. 62-70 *(extraits).*

Voir aussi «Lectura supra aphorismos ex operibus... Avicenne»: Ger. BC 76, fol. 67 v°- 89 v°.— Regimen ulcerum vesice: Sev. BC 5-5-21, fol. 78 v°.— Discordantie in Canone Avicenne et Aphorismis Hippocratis: Sev. BC 7-6-12, fol. 80-82.—*Notre table des anonynes* III, 1 et 2; VI, 2 etc.

Barnabas de Reggio. Naturis alimentorum: Sev. BC 5-5-36.

Bartholomeus («βαρτολομευς»), *copiste du ms.* Mad. BN 10162 (cf. fol. 108 v°). *Voir aussi* Bertolomeus.

Bartholomeus Bituriensis. Practica: Tol. BC 98-3, fol. 69 v°-87 v°. *Voir* Bartholomeus Salernitanus.

Bartholomeus Fageti. *Son doctorat en médecine, le 17 mars 1506:* Sev. BC 7-6-12, fol. 80. *Voir* Johannes Falco.

Bartholomeus Salernitanus. Practica: Barc. A C A Ripoll 181, fol. 135-202 v°; Tol. BC 98-3, fol. 69 v°-87 v° (B. Bituriensis); Tortosa BC 234, fol. 93-126.

Bartholomeus de Sancta Sophia. De febribus *(aussi attribué à* Johannes de S. S.): Esc. g III 29, fol. 76 v°-108 v.°

— Recepte in nonum Almansoris [*16 juillet 1464*]*:* Esc. g III 29, fol. 1-73 v°.

Bartholomeus de Tribus Bonis [= *Bartomeu de Tresbéns, auteur du célèbre* Tractat d'astrologia]. Recepte ad fistulas, ulcera, etc.: Esc. M II 17, fol. 117-118.

Benedictus (en Benet), *destinataire de la chirurgie de* Lanfranc *en catalan* Mad. BN 10162, fol. 2 v°.

Benedictus Dandulo. *Copie la table du* De viribus herbarum *(30 novembre 1375):* Esc. a IV 6, fol. 161 v°-162. *Voir* Macer.

Benedictus de Sarzana. Recepte pro apostematibus (super 3ª fen IVⁱ Canonis Avicenne): Sev. BC 7-4-25, fol. 111-113.

— Recepte pro passionibus oculorum (super 3ª fen IIIⁱⁱ Canonis Avicenne: Sev. BC 7-4-25, fol. 113-117.

Benet. *Voir* Benedictus.

Benevenutus Grapheus. Oculis: Mad. BN 3066, fol. 15 v°-21 v°.

Berengarius Eymericus de Valentia. *Trad.* De cibariis infirmorum. *Voir* Albucasis.

Berenguer Sariera. *Trad.* «Regiment de sanitat»: *voir* Arnaldus de Villanova.

Bernardus Alberti. Recepte de febribus super 1^{am} fen IV^{i} Canonis Avicenne: Esc. M. II 17, fol. 158-175.

Bernardus (= Bernat) Despujol. «Libre de receptes de medicina» *(latin et catalan)*: Manresa Arch. Mun.

Bernardus de Gordonio. Gradibus: Esc. K II 7, fol. 23 vº-27 et O II 19, fol. 1-5.

— Impregnatione. *Voir.* Sterilitate.

— Lilium medicine: Gerona BC 77; Mad. BN 3371, fol. 95-148 *(lacune)* Sev. BC 83-6-18, fol. 1-200 *(avec* Antidotarium «Recipe utriusque salvie...»).—*Trad. en espagnol:* Sal. BU 1743, fol. 63-230.

— Modus medendi: Gerona BC 80, fol. 102 vº-103.

— Pronostica: Esc. K II 7, fol. 1-23 *(lacune de* IV 12 *à* V 4). *Trad. en espagnol:* Sal. BU 1743, fol. 1-62 vº.

— Recepte: Esc. O II 16, fol. 110-117.

— Regimen acutorum: Esc. K II 7, fol. 27 vº-31 vº.

— Suma de simples medicines e compostes *(extraits en catalan):* Barc. BU 68, fol. 16.

— Sterilitate: Sev. BC 5-1-45, fol. 157-161 vº.

Bernardus Provincialis. In tabulam Salerni de virtutibus et operationibus remediorum simplicium: Barc. A C A Ripoll 174, fol. 75-90 vº. *Voir* Salernus.

Bertolomeus. *Recette en catalan:* Mad. BN 10162, fol. 85 vº. *Voir* Bartholomeus, *copiste de ce même manuscrit.*

Bertucius Bononie. *Voir* Nicolaus Bertrucius.

Betinus de Cremona. *Achète, en 1440, le ms.* Sev. BC 7-6-31.

Bribiesca ou Briviesca (licenciado), *médecin de Jean II de Castille. Manuscrit non retrouvé.* Cf. A. Hernández Morejón, *Hist. bibl. med. esp.*, t. I, p. 245, nº 1.

Bruno Longoburgensis. Chirurgia magna: Barc. A C A Ripoll 126, fol. 48 et 55-88 vº; Sev. BC 82-4-7, fol. 21 vº-30 vº (lib. I); Sev. 5-5-21, fol. 140-147 *(extraits).*

— Chirurgia minor: Esc. f III 6, fol. 181 vº-185; Sev. BC 82-4-7, fol. 30 vº et 1vº (de fracturis et dislocationibus ossium); Sev. BC 5-5-21, fol. 120-125 *(extraits).*

Burgundius Pisanus, translator: *voir* Galenus.

Cancellarius Montis Pessulani. Notule supra librum de pulsibus Philareti: Mad. BN 3066, fol. 22-23.

— Experimenta Cancellarii et Cardinalis: Esc. P II 5, fol. 69 vº-73 vº.

— *Recettes attribuées à ce* «Cancellarius discipulus Arnaldi de Villanova»: Esc. M II 17, fol. 77, 79 r-vº, 81 vº, 82 vº, 104 r-vº, 106 vº, 107, 113 vº, 114.

Carbonell (Pere Miquel). Malaltia, exequia e sepultura del Illustríssimo Sr. Don Joan II rey d'Arago († 1479): Barc. A C A (Bofarull) Archivo Real, ms. 25.

— *Intérêts médicaux:* Gerona BC 69, *notamment au* fol. 53 *(liste d'auteurs médicaux des* XIVe *et* XVe *siècles).*

Cardinalis. «Glosule super Afforismos Hippocratis»: Sev. BC 7-4-30, fol. 68-115.

— Experimenta: Esc. P II 5 fol. 69 vº-73 vº. *Voir* Cancellarius.

Christophorus de Honestis. In Avicenne Canonem I 1: Mad. BN 1789, fol. 91-136 vº.

Clemens (papa). «Recebta de un Senr que l'avia del papa Climent»: Barc. Central 490, fol. 128.

Clemens V (papa). *Voir* Arnaldus de Villanova, Cure.

Cleopatra. Gynaecia: Mad. BN 4234, fol. 28 v°-32. *Voir aussi* Areicio.

Constantinus Africanus. Animalibus: Barc. Central 864, fol. 96-97. *Voir aussi* Asclepius.

— Aureus (liber) a Constantino monaco inventus: Tol. BC 98-4, fol. 46-59 v°. *Voir aussi* Johannes Afflacius.

— Chirurgia: Tortosa BC 144, fol. 90 v°-95: Esc. f III 6, fol. 199 r-v° *(les 3 premiers chapitres). Voir* Isaac, Practica Pantegni.

— Dietis: *Voir* Isaac.

— Gradibus: Mad. BU 119 (116-Z-31), fol. 2-41 v°; Tol. BC 98-8, fol. 69-82 v°; Tortosa BC 234, fol. 149-169.—Mad. BN 604: «Rosa est frigida...»—Mad. BN 8769, fol. 85 v°-95: «Triticum est frigidum...»

— Melancolia: Mad. BN 4234, fol. 32 v°-40 v°.

— Oculis: Sev. BC 7-4-28, fol. 127-137 v°.

— Pantegni theorica: Mad. BN 1424, fol. 1-68 *et* BN 2152, fol. 1-132 v°.—*Extraits:* Sev. BC 5-2-35, fol. 5 r-v° (de hiis qui maleficiis impediuntur), cf. Arnaldus de Villanova.

— Pantegni practica. *Voir* Isaac.

— Phlebotomia: Mad. BU 119 (116-Z-31), fol. 130-131 v°.

— Ponderibus: Mad. BU 119 (116-Z-31), fol.127 v°.

— Signis lepre (capitulum de) secundum Constantinum Africanum in antidotario arabico: Sev. BC 5-5-21, fol. 61.

— Stomacho: Tol. BC 97-13, fol. 73-85 v° *et* BC 98-4, fol. 75-88 (cum antidotis).

— Urinis. *Voir* Isaac.

— Viaticum: Mad. BN 1423, fol. 1-87 v°; 1921, fol. 2-94 v°; 2152, fol. 136-179; 3415, fol. 1-130 v° *(avec gloses);* Tol. 97-13, fol. 1-38 v°; Seo de Urgel BC 2052 (84), fol. 61-82 v°, 35-41 v°, 21-31 v°, 34 r-v°— Tarragona BC est. 2, n° 58 *(ms. disparu).— Voir aussi* Ebrubat Zafar: Esc. & 119, fol. 1-95.

— Translationes. *Voir* Galenus, Hippocrates, Isaac, Johannes Afflacius, etc.

Copho. Modus medendi: *voir* Archimatheus.—«De modo medendi secundum Cophonem»: Barc. A C A Ripoll 181, fol. 88-107.

Daniel. Interpretationes somniorum: Sal. BU 2262, fol. 276-277; Esc. ç IV 4, fol. 125-126 v°; Mad. BN 2223, fol. 45 v°; *etc...*

Democritus (pseudo). Pronostica: Sev. BC 5-2-35, fol. 12 v°.

Díaz de Mendoza (D. Ruy). «Recepta que se fizo para su muger e para sus fijas»: Mad. Acad. Hist. Salazar y Castro F 37, fol. 46 v°-47.

Diego de Anaya. *Recettes pour lui en espagnol et en latin:* Sal. BU 1866, fol. 175-176 v°.

Diego Gómez de Castro (maestro). Concluytiva [*tables médicales*]: Tol. BC 97-26.

Des Fundamenta medicorum *lui sont dédiés par son père* Alvaro de Castro. *Voir ce nom.*

Diego el Cobo. Cirugia rimada: Mad. BN 2153. *Copie de ce ms.:* Santander M. y P. (papeles Gallardo).

Dinus de Florentia (del Garbo). Expos. *ou* quest. *sur* Avicenna, Canon.

Lib. I, fen 1, doctrina 6: *voir* Gentilis de Fulgineo.
Lib. I, fen 2: Mad. BN 2143, fol. 134 vº *(tout début; suite arrachée). Attribution douteuse: voir* Gentilis.
Lib. I, fen 4: Mad. BN 2143, fol. 1-14.
Lib. IV, fen 3 et 4: Esc. f III 6, fol. 3-164 vº.
sur Galenus, De complexionibus: Mad. BN 12241, fol. 3-49 vº.
et De malitia complexionis: Mad. BN 12241, fol. 50-64 vº.

— Questiones medicine disputate in civitate Senarum: Esc. f I 4, fol. 25-47 vº et 55-56.
— «De dispositionibus virge et testiculorum et eorum apostematibus»: Sev. BC 7-4-25, fol. 102-103.
— Rememoratio quarumdam medicinarum que sunt apte cyrugie secundum sententiam Galeni et Avicenne: Esc. f III 6, fol. 167-179.
— *Voir aussi* Thomas de Garbo.

Dioscorides. Ex herbis femineis: Sev. BC 7-6-29, fol. 14 vº-26 vº.

Dominicus Ros [= Domingo Ros, *archiatre des rois d'Aragon*]. *Parmi les livres lui ayant appartenu,* Jacobus de Liminyana *(voir ce nom) achète, en 1441, le* De animalibus *d'Avicenne:* Mad. BN 3340, fol. 48 vº.

Ebrubat Zafar filius Elbazar [= Abû Ja^{c} far al-Jazzâr]. Commeatus peregrinantium, interpretatus in linguam grecam a Constantino et a greca in latinam per Antonium Eparchum: Esc. & II 9, fol. 1-95 *(XVIe s.).*
Voir aussi Constantinus Africanus, Viaticum.

Egidius. «Glose Egidii super viaticum»: Gerona BC 75, fol. 1-25 vº. *Incipit:* «Queritur de capillis. Auctor distinguit fumum triplicem...»

Egidius Corboliensis. De pulsibus: Tol. BC 97-25, fol. 53-58 vº; Seo de Urgel BC 2052 (84), fol. 112-114; Gerona BC 76, fol. 92-107 (cum commento).

Elluchasem Elimithar [= Abû-l-Hasan al-Mukhtâr ibn Butlân]. Tacuinum sanitatis: Granada BU C 67, fol. 82 vº- 95 vº.

Enrique. *Voir* Henricus.

Estefano. Regimiento para conservar la salud (era 1418 = A. D. 1380): Mad. R. Acad. Esp. 155.
— «Visita e consexo de medicos»: Mad. BN 18052.

Eugenius de Bamberg. Medicina pro sompnio et contra calores capitis: Sev. BC 82-1-12, fol. 113.

Farachius. *Trad.* pseudo Galenus, De medicinis expertis: Mad. Palacio 1521.

Ferdinandus Lopiti de Xatiba (Fernando López de Játiva). Pillule valentes in tempore pestilentiali: Mad. BN 3340, fol. 48 vº.

Fernando de Córdoba. Suma de la flor de cerugía (manera de curar las plagas): Mad. BN 3338, fol. 147 vº-187 *(avec recettes jusqu'au* fol.196).

Fernando Díaz de Toledo, «el relator». Regimiento para F. D. de T.: Sev. BC 7-6-28, fol. 136 vº.
Fernando Díaz de Toledo, médecin de Ferdinand Ier d'Aragon, est un personnage différent.

Fernando de Salmerón. *Copie des recettes, le 4 février 1433, sur l'ordre de Diego de Anaya, archevêque de Séville:* Sal. BU 1866, fol. 175-176.

Ferrarius Jouv [?]. *Copie le* Philonium *de* Velascus de Taranta: Gerona BC 74, fol. 1-172 vº.

Franciscus Camos de Gerunda. *Continue la copie de* Ferrarius *à partir du milieu du livre VI de* Velascus de Tharanta: Gerona BC 74, fol. 173-216 v°.

Franciscus Cremonensis. Compendium de prescientia finis febrium et morborum: Sev. BC 5-5-21, fol. 57-60.

Franciscus S. Nundesay [?]. Cura lapidis renum: Sev. BC 82-2-28, fol. 2-54.

Gabriel Benac, Benat ou Benet (Valencia, 1517-1526), *possesseur du ms.* Mad. BN 10162 (cf. fol. 119).

Gabriel Miró. *Médecin de Barcelone au chevet de Jean II d'Aragon. Voir* Carbonell, Malaltia del Sr. Joan II, ch. VIII-XII: Barc. A C A Bofarull, Arch, Real ms. 25.

Gaietanus. Regimen sanitatis Alberto duci Austrie de Monte Pessulano directum: Mad. BN 8769, fol. 95-99 v°.

Galenus. *Voir, ci-dessus, p. 164.*

— Accidenti et morbo. *Version ordinaire:* Mad. BN 1198, fol. 1-16 v°; 2223, fol. 32-43 v° *(incomplet du début) et* 3308, fol. 55-156 v°.—*Version du ms. Erfurt F 278:* Mad. BN 1978, fol. 119-130 v°, *puis* 133-136 v° *et enfin* 75-80 v°.

— Ad Glauconem de medendi methodo. *Version présalernitaine:* Esc. N III 17, fol. 41-81.

— Alimentis. *Trad.* Guillelmus de Moerbeke, *extraits:* Sev. BC 5-5-21, fol. 46 v°-54.

— Anatomia. *Voir* Ricardus Anglicus.

— «Anathomia et compositio oculi secundum Galenum»: Zaragoza BC *ancien* 1265, fol. 99-102 v° *(différent du* De anatomia oculorum *traduit par Niccoló da Reggio).*

— Ars parva. *Voir* Microtegni.

— Assuetudinibus [= Consuetudine, *trad.* Niccoló da Reggio]: Mad. BN 1978, fol. 96 r-v°.

— Causis morborum: *inclus dans* Accidenti et morbo.

— Causis respirationis, *trad.* Niccoló da Reggio: Mad. BN 1978, fol. 93 v° *(début)* et 131 *(fin).*

— Causis symptomatum: *inclus dans* Accidenti et morbo.

— Chirurgía [= Ingenio sanitatis, III-VI]: Mad. BN 1198, fol. 99-116.

— Cibariis. *Voir* Virtutibus cibariorum.

— Comm. Hippocratis.

  — Aphorismi (versio Constantini): Mad. BN 1407, fol. 3-43 *et* 1408, fol. 12-54; Esc., h II 20, fol. 8-77 v° *(avec gloses marginales surtout au début);* Barc. A C A Ripoll 50, fol. 1-44 v°.

  — Pronostica (versio Constantini): Mad. BN 1407, fol. 43-69 v° *et* 1408, fol. 55-86 v°.

  — Regimen acutorum. *En 4 livres, attribué à Gerardus Cremonesis dans le ms:* Mad. BN 1407, fol. 69 v°-104 v°.—*Seulement* lib. I-III: Mad. BN 1408, fol. 87-119 v°.

— Complexionibus [= De temperamentis, *trad.* Gerardus Cremonensis]: Mad. BN 2223, fol. 1-4 (lib. III^us^ *incomplet du début).*

— Consuetudine. *Voir* Assuetudinibus.

— Crisi *ou* Crisibus. *Trad.* Gerardus Cremonensis: Mad. BN 1198, fol. 56-74 *et* 2223, fol. 46-62.—*Trad.* Burgundio Pisanus: Mad. BN 1978, fol. 103-108 v°.

— Criticis diebus. *Trad.* Gerardus Cremonensis: Mad. BN 1198, fol. 42-55 v° *et* 2223, fol. 62-72 v°.—*Extraits:* Sev. BC 5-5-21,

fol. 56.—*Nouvelle version différente de celle de Gerardus Cremonensis:* Mad. BN 1978, fol. 108 v°- 118 v°.
— Cura icteri, *trad.* Niccoló da Reggio: Mad. BN 1978, fol. 95-96. *Extraits:* Sev. BC 5-5-21, fol. 55.
— Curandi ratione per venae sectionem. *Voir* Flebotomia.
— Differentiis febrium. *Trad.* Burgundio Pisanus: Mad. BN 1198, fol. 151-160; 1978, fol. 83-91 v° *et* 3308, fol. 1-54 v°.—*Extraits:* Sev. BC 5-5-21, fol. 42.
— Differentiis morborum. *Inclus dans* Accidenti et morbo.
— Differentiis pulsuum. *Trad.* Burgundio Pisanus, *d'après le ms:* Mad. BN 1198, fol. 163 *(fin).*
— Differentiis symptomatum. *Inclus dans* Accidenti et morbo.
— Dinamidia. *Extraits:* Sev. BC 5-5-21, fol. 100 et 130.
— Dispensantibus corpus virtutibus [= Virt. nostrum corpus disp.], *trad.* Niccoló da Regio: Mad. BN 1978, fol. 95.
— Dissolutione continua. *Voir* Virtutibus cibariorum.
— Epistola ad Alexandrum: Mad. BN 2223, fol. 44.
— Epistola ad Cesarem: Mad. BN 2223, fol. 43 v°-44. *Cf.* pseudo-Aristoteles, Secretum secretorum, lib. I, cap. 4. *Voir aussi* Hippocrates.
— Epistola ad Mecenatem: Mad. BN 2223, fol. 44-45. *Voir aussi* Hippocrates.
— Experimenta. *Voir* Medicinis expertis.
— Febribus. *Voir* Differentiis febrium.
— Flebotomia, *trad.* Niccoló da Reggio: Mad. BN 1978, fol. 97-101 v°.
— Gyneciis. *Voir* Passionibus mulierum.
— Inequali intemperie. *Version anonyme* «Malitia complexionis diverse»: Mad. BN 3308, fol. 158-168v°. *Trad.* Niccoló da Reggio «De inequali discrasia»: Mad. BN 1978, fol. 91 v°-93.
— Ingenio sanitatis [= Methodus medendi]. *Trad.* Gerardus Cremonensis: Mad. BN 1198, fol. 99-147 v°. (lib. III à XIV, 13). — *Trad.* Burgundio Pisanus: Mad. BN 1978, fol. 2-45 v°. (lib. VII-XIV).
— Interioribus [= Locis affectis, *trad.* Burgundio Pisanus?]: Mad. BN 1198, fol. 16-41 v° *(s'arrête au* lib. IV, cap. 13).
— Juvamentis membrorum [= Usu partium, *compendium en 10 livres*]: Mad. BN 1198, fol. 160 v°-162 v° *et* 164-169v°.
— Juvamento anhelitus [= utilitate respirationis]: Mad. BN 1978, fol. 131-132 v°, *puis* 94-95 r.
— Lege Hippocratis: Mad. BN 1978, fol. 118 v°. *Voir aussi* Hippocrates.
— Locis affectis. *Voir* Interioribus.
— Malitia complexionis diverse. *Voir* Inequali intemperie.
— Marasmo. *Voir* Tabe.
— Medicinis expertis (Johannitius *et* Farachius): Mad. Palacio 1521 (1ª-8-3), fol. [25-33 v°] = (16-24 v°). — Extraits: Sev. BC 5-5-21, fol. 113-116 *et* 119 v°.
— Methodus medendi. *Voir* Ingenio sanitatis.
— Microtegni [= Ars parva]: Tol. BC 97-14, fol. 75-82 v° (versio antiqua) *et* fol. 83-89 (additio Burgundionis). — *Voir aussi* Haly Ibn Rodhan, Johannitius, Johannes Anglicus, Johannes et Marsilius de Sancta Sophia, Jacobus Forliviensis, Petrus Hispanus, Nicolaus de Orto; *anonymes* III, 3 à 5.

— Virtutibus cibariorum [= Dissolutione continua, *trad.* Accursius Pistoriensis]: Valencia BC 123, fol. 57 v°-60. — *Donné comme* «translatus a magistro Ambrosio Pessarensi»: Sev. BC 83-2-25.
— Virtutibus naturalibus [= Naturalibus facultatibus, *trad.* Burgundio Pisanus]. *Extraits:* Sev. BC 5-5-21, fol. 37.
— Virtutibus nostrum corpus dispensantibus. *Voir* Dispensantibus.
— Voce. *Extraits:* Sev. BC 5-5-21, fol. 38-39 v°.
— *Extraits divers de Galien seulement en partie depouillés ci-dessus:* Sev. BC 5-5-21.
— *Extraits destinés par* M... «Serenissimo atque religiosissimo viro A...»: Tol. BC 97-14, fol. 90 v°-96 *(cf. aussi* fol. 51-66 v°).
— Libro de Galieno que fabla altamente en fisica. *Inc.:* «Segund que dice Beda, el noble doctor, Dios padre...»: Mad. Palacio 3063.
— Expositio Galieni pro infirmis [= astrologia medica]. *Inc.:* «Luna prima si decubuerit...»: Mad. BN 19, fol. 87.
— «Remembrança de les letres de Galien que trames a Coris, el maestre, en la cura de las malalties de l'uyl»: Zaragoza BC anc. 1265, fol. 90 v°-98 v°.
— «Conaxença de les hurines segons Galien»: Barc. BU 239, fol. 14. *Voir aussi* Tol. BC 97-23, fol. 6-12 v°.

Galserandus Marqueti de Barchinona, *copiste du ms.* Barc. Central 864 *(juillet 1392).*

Galterus. *Voir* Gualterus.

Gar... *Recettes:* Esc. M II 17.

Garipontus. Passionarius: Mad. BN 609, fol. 1-131 v°. — *Eléments de ce texte dans* Esc. N III 17, fol. 81-98 et 109 v°-130 v°. *Voir aussi* Galenus, Passionarius.

Gaspar Jorba, *médecin de Barcelone au chevet de Jean II d'Aragon, lors de sa mort, en 1479:* Barc. A C A Bofarull, Archivo real 25, fol. 64 v°. *Voir* Carbonell.

Gelasius, Papa. Pulvis: Mad. BN 1921, fol. 181 v°.

Gentilis de Fulgineo

— Comm. *ou* Expositiones in Canonem Avicenne:

Lib. I, fen 1: Mad. BN 2143, fol. 15-111.
Lib. I, fen 1, doctrina 6: Mad. BN 2143, fol. 112-134 v°. *Egalement attribué à* Dinus de Florentia.
Lib. I, fen 2. *Voir* Dinus.
Lib. III, fen 9 *à* 16: Esc. f I 5.
Lib. III, fen 13: Mad. BN 12366, fol. 1-48 v°.
Lib. IV, fen 1 *(daté de 1345):* Mad. BN 1789, fol. 1-90.

— Expositio super libro de tabe [= Galeni De marasmo] secundum G. de F.: Mad. BN 12241, fol. 64 v°-72 v°.
— Consilium pro fluxu lacrimarum: Sev. BC 7-4-28, fol. 126.
— Questiones de febribus: «Utrum causa conjuncta febris sit humor putridus...»: Mad. BN 1789, fol. 137 r°-v°. — «Utrum febris de solo flegmate sit prolisior...»: Sev. BC 7-7-18, fol. 172-174 v°. — *Voir aussi* Comm. Canonis Avicenne, lib. IV, fen 1.
— Reductione medicinarum: Gerona BC 78, fol. 154-156 v°.
— Tempore partus: Mad. BN 2209, fol. 207 v°-208 v°.

Gerardus *ou* Girardus Bituricensis. Glossule in Viaticum Isaac et Constantini: Mad. BN 1423, fol. 1-87 v° *et* 1921, fol. 2-94 v°; Tarragona BC estantería 2, n° 58 *(ms. disparu). G. de Montepessulano semble un personnage différent.*

Gerardus Cremonensis. *Voir au nom des auteurs traduits, notamment* Galenus.

— Summa de modo medendi. *Voir* Gerardus de Montepessulano.

Gerardus de Montepessulano. Summa de modo medendi: Mad. BN 1921, fol. 138 v°- 153 v° *et* 156 v°-157 v°; Mad. BU 120 (116-Z-42), fol. 4-16 v°; Sev. BC 83-6-38, fol. 27 v°-40 v°; Gerona BC 75, fol. 116 v°-144.

Gerardus de Solo. De febribus: Mad. BN 3058, fol. 99 v°-105.

— *Recettes:* Esc. M II 17 *(passim).*

Gilbertus. *Recettes en castillan:* Mad. Palacio 3063 *(2e partie).*

Gilbertus Anglicus de Aquila. Compendium medicine: Mad. BN 1199; Mad. BU 120 (116-Z-42), fol. 19-167 v°. — Lib. III, cap. 5 *utilisé dans le ms. catalan* Sev. BC 7-4-27, fol. 156.

Gilbertus de Holandia, studens in medicina (Padova, 1424), *copiste du ms.* Sev. BC 7-7-30 *(cf.* fol. 89).

Girardus. *Voir* Gerardus.

Godoy. *Voir* Alfonso Pérez de Godoy.

Gómez. *Voir* Jacobus.

Gómez (Juana), *née en 1481: fille du possesseur du ms.* Mad. BN 9510.

Gómez (doctor). Receptas que fizo para el... Rey don Enrique el Quarto: Mad. Acad. Hist. San Román ms. 89, fol. 123-130.

Gómez de Salamanca *(sans doute à identifier avec le précédent).* Compendio de medicina para Alvaro de Luna: Sal. BU 2262, fol. 193-216 v°.

Gotifreo da Mulla, *barbier à Venise. Achève de copier la traduction italienne du Colliget d'Averroes, le 18 septembre 1477:* Sev. BC 7-6-23, fol. 147.

Graciadeus de Asillo. «Sinonima per G. de A.» = Synonyma *de* Petrus Hispanus *dont il semble n'être que le copiste:* Sev. BC 7-4-25.

— *Etudiant à Padoue, il possède le ms.* Esc. f III 6 *(cf.* fol. 198 v°) *dont il a notamment écrit les questions chirurgicales des* fol. 185-187.

Gregorius Papa. Ad frangendum lapidem pro Papa Gregorio: Mad. BN 1410, fol. 39.

Gualterus Agilon. Conferentibus et nocentibus: Sev. BC 83-6-38, fol. 26-27 v° *(anonyme dans ce ms.). Voir aussi* Arnaldus de Villanova, Platearius, *etc.*

— Dosibus medicinarum: Sev. BC 83-6-38, fol. 40 v°-43 v°; Esc. P II 5, fol. 74-79; Esc. O II 16, fol. 111-112 v° *(incomplet).*

— Medicinis omnium membrorum distemperatorum: Mad. BU 120 (116-Z-42), fol. 2 r°-v°; Esc. P III 5, fol. 60-69 *(semble le début des* Cure *de* Pontius de Sancto Egidio).

— Summa medicinalis *ou* Practica: Mad. BN 4234, fol. 42-89 v°; Esc. P II 5, fol. 1 v°-44 v°.

— Urinis. Modus judicandi urinas: Sev. BC 5-1-45, fol. 228-229. Contenta urinarum: Esc. P II 5, fol. 79-80 v°.

Guido de Cauliaco. Chirurgia *en castillan:* Esc. K II 8.

— *En catalan* «Inventari o collectari de cirurgia» *(extraits du ms. Vaticanus 4804):* Barc. BU 239, fol. 1-9. — Capitol de vomit: *ibid.* fol. 16-17.

Guillelmus Aventurer. Flos medicine [*réceptaire sans son* Prohemium]: Esc. O II 16, fol. 5-84 v°.

Guillelmus Brixiensis de Corvis, archidiaconus Bononiensis. Consilia medica: Esc. X III 18, fol. 1-130.

Guillelmus de Saliceto. Chirurgia: Sev. BC 7-5-43, fol. 18-165. — *Voir aussi* Guillelmus Sedacerii.

— Practica *ou* Summa: Mad. BN 1191 *(copie datée du 3/12/1423) et* BN 2923 *(incomplet)*.

G. [Guillem] Salva, «bachiller e licenciat de Montpeller en la art de medicina». *Traduit en catalan, avec diverses additions (surtout des recettes),* la Chirurgia parva *et l'*Antidotarium *de* Lanfrancus: Mad. BN 10162, fol. 1-41 v° et 42-54; *à la suite un* Lunari *où est prise comme exemple l'année 1329, date de la traduction* (fol. 54-57 v°); *texte sur les saignées* (fol. 57 v°-75 v°); explicit, fol. 76.

Guillelmus Sedacerii. Ars cyrurgie secundum Lanfrancum et Guillelmum de Saliceto: Mad. BN 4235, fol. 254 v°-283 v°. *Copie* Johannes de Tornamira (même ms.).

Guillem Servent. «Recepta del emperatriu... per trencadura d'osos»: Mad. BN 10162, fol. 115 v° — «Emplastro Guillen Serven»: Esc. I II 16, fol. 2.

Guillelmus Thome. «Recepta d'en Guielms Thomas contra dolors de ronyons e de pedra»: Barc. Central 490, fol. 127 *et* Mad. BN 10162, fol. 96 v° («he es provat en la persona del rey en Johan»).

Haly Abbas. *Voir* Constantinus Africanus, Pantegni.

— Cura separationis oculi (in libro 9): Sev. BC 5-5-21, fol. 99.

Haly Ibn Ridwan. Comm. Microtegni Galeni: Mad. BN 1407, fol. 105-138 v° *et* 1408, fol. 120-180 v°.

Hector de Montaldo [Demonstaldo *d'après Wickersheimer*]: Varia de chirurgia: Esc. X III 18, fol. 131-195 v°.

Henricus IV, rex Castelle. «Filosafomia [*sic pour* Fisiognomonia] del rey Enrique IV»: Esc. a IV 23, fol. 89-90. — *Voir aussi* Gómez.

Henricus: Maestre Enrique, canonigo de la Santa Iglesia de Sevilla, *donne à la cathédrale, le 30 mai 1464, l'actuel ms.* Sev. BC 83-6-38 (Rogerius, Practica *et* De simplicibus).

Henricus de Columbizeo?, *capitaine du duc de Savoie. Dédicataire d'un* Consilium de lapide renum. *Voir* Stephanus de Ossua.

Henricus de Villena. Sobre la lepra: BN 6599, fol. 127 v°-140.

Henricus de Winchester. Phlebotomia: Mad. BN 3066, fol. 5 v°-8.

Herba (doctor de la Yerva). Saphati *(de 1496, copié en 1504):* Mad. Acad. Hist. Salazar y Castro F 37, fol. 69-78 v°. — *Voir aussi* Núñez de la Hierba (Francisco).

Hermes. Sigilla: Mad. BN 17961, fol. 34-35.

Hippocrates.

— Aere: Mad. BN 3066, fol. 9-12 v°.

— Analogium: Mad. Palacio 1521 (1ª-8-3), fol. [34-35 v°] (= 25-26 v°).

— Aphorismi (versio Constantini): Esc. L III 18, fol. 16-37 v° *et* Tol. BC 97-25, fol. 13-28 v°. — Cum commento Galeni: Barc. A C A Ripoll 50, fol. 1-44 v°; Mad. BN 1407, fol. 3-43 *et* 1408, fol. 12-54; Esc. h II 20, fol. 8-77 v°. — Mad. BN 1186: *voir* Jacobus Forliviensis *et* Hugo Senensis. — *Version catalane jusqu'à* II, 9: Tol. BC 96-31, fol. 69-70. — Sev. BC 7-4-25, fol. 2-3 («notabilia ex commentis Amphorismorum») *et* fol. 61-71 (comm. V 1 à 9). — *Voir aussi* Oribasius.

— [Astrologia medica] «Dixit Ypocrates...»: Mad. BN 3370, fol. 194-197 v° *et* 17961, fol. 19-23 v°. — «Sapientissimus Hippocrates...»: Gerona BC 75, fol. 113 v°-116.
— Capsula eburnea (de prescientia): Mad. BN 2223, fol. 45 r-v°; Seo de Urgel BC 2052 (84), fol. 109 v°-110; Sev. BC 5-5-21, fol. 135-136. — *Version castillane:* «Libro de Ypocras que fue fallado... en una buxeta de marfil»: Sal. BU 2262, fol. 274. *A distinguer de l'*Epistola de virtutibus roris marini.
— Dieta per singulos menses: Mad. BN 19, fol. 90 r-v°.
— Epidemiarum: Mad. BN 3066, fol. 1-5 *et* Sev. BC 5-5-21, fol. 33-36.
— Epistole, *trad. du grec par* Renutius: Esc. a IV 12.
— Epistola ad Cesarem [*ici* Ps. Aristoteles, Secretum secretorum II, 4]: Mad. BN 2223, fol. 43 v°-44. — *Autre texte pseudo-hippocratique prétendument recueilli par César: voir ci-dessus* Analogium.
— Epistola ad Damagetum de insania Democriti: Gerona BC 69, fol. 110.
— Epistola ad Mecenatem: Mad. BN 2223, fol. 44-45 *(attr. à* Galenus).
— Epistola de flebotomia: Mad. BN 19, fol. 90.
— Epistola de officiis medici: Mad. BU 119 (116-Z-31), fol. 125-126.
— Epistola de virtutibus roris marini. *Voir* Analogium.
— Farmacis *et* Flebotomia. *Voir* Ph...
— Juramentum. *Voir* Sacramentum.
— Lege Hippocratis: Mad. BN 1978, fol. 82 v°.
— Pharmacis: Mad. BN 1978, fol. 101 v° *(donné pour* Galenus, De usu pharmacorum).
— Phlebotomia *(extraits):* Sev. BC 5-5-21, fol. 46.
— «Practica puerorum secundum Ypocratem»: Gerona BC 76, fol. 107 r-v°.
— Pronostica (versio Constantini): Esc. L III 18, fol. 38-40 v° *et* Tol. BC 97-25, fol. 28 v°-38. — Cum commento Galeni: Mad. BN 1407, fol. 43-69 v° *et* 1408, fol. 55-86 v°. — *Adaptation espagnole:* Sal. BU 2262, fol. 267-274 et 256-258 *(voir aussi* Capsula eburnea). — Glossa Pronosticorum Hippocratis: Gerona BC 76, fol. 41-51.
— Regimen acutorum: Seo de Urgel BC 2053 (84), fol. 114 v°-117. *Avec le commentaire de Galien. Voir* Galenus.
— Sacramentum (juramentum) Hippocratis: Mad. BN 1978, fol. 96.
— Situ regionum: Mad. BN 1978, fol. 95 *(bref extrait). Voir aussi* Galenus.
— «Libre compilat per Ypocras» *(fin d'une compilation de recettes et de formules superstitieuses):* Valencia BU 216 (Gutiérrez 902), fol. 26.
— Lectura super aphorismos Hippocratis et Avicene: Gerona BC 76, fol. 67 v°-89 v° *(sur des sentences de divers textes hippocratiques, pas seulement les* Aphorismes).

Hostreham. *Voir* Nicolas.

Hugo. Experimenta: Esc. M II 17, fol. 88 v°-94 v°.

Hugo Senensis. Cura lapidis renum. *Voir* Franciscus S. Nundesay.

— In 6^{am} particulam Aphorismorum Hippocratis: Mad. BN 1186, fol. 89-101 v°.

— Questio de putrefactione: Gerona BC 78, fol. 166-170 v°.

Ibn Wāfid. *Voir* Abenhuefidy.

Infante de Aurioles [ou Auriolh], «médico residente en esta corte de Madrid», *possesseur du ms.* Mad. BN 2153 (Diego el Cobo).

Innocentius, Papa. Electuarium experti juvamenti quod fecit Innocentius papa ad opus cuiusdam sui servitoris qui fere amiserat visum, qui, licet esset centenarius, obtinuit et recuperavit»: Barc. Central 490, fol. 127.

Isaac Judeus *(Voir aussi* Constantinus Africanus).

— Dietis particularibus: Mad. BN 3370, fol. 225-258; Mad. BU 119 (116-Z-31), fol. 42 v°-125; Sev. BC 7-2-10, fol. 1-37 *(incomplet du début)* et 83-4-25, fol. 69-126 v°; Seo de Urgel BC 2052 (84), fol. 83-109 v°; Tol. BC 98-3, fol. 4-28 v° *et* 98-8, fol. 39-69; Tortosa BC 234, fol. 165-191 v°.

— Dietis universalibus: Sev. BC 5-5-21, fol. 21-24 *(extraits)*, 7-2-10, fol. 38-83 v° *et* 83-4-25, fol. 1-69; Seo de Urgel BC 2052 (84), fol. 42-60; Tol. BC 98-8, fol. 1-38 v°.

— Febribus: Tol. 97-13, fol. 39-73; Seo de Urgel 2052 (84), fol. 1-20 v° *et* 32-33. — *Commentaire:* Gerona BC 75, fol. 26-57 v°. — *Trad. en espagnol:* Esc. M I 28, fol. 1-131 v° (éd. J. Llamas. Madrid, 1945).

— Gradibus simplicium. *Voir* Constantinus.

— Practica Pantegni *(fragments, notamment le début du livre IX sur la chirurgie):* Esc. f III 6 *(deux gardes du début et* fol. 199 r-v°). *Voir aussi* Constantinus, Chirurgia.

— Urinis: Tol. BC 97-14, fol. 97 v°-100 *(avec résumé au* fol. 97 v°); Sev. BC 7-2-10, fol. 82-114 *et* 5-2-21, fol. 167-168 v° *(extraits)*. — *Extr. en catalan:* Barc. Central 864, fol. 4 v°-5.

— Viaticum. *Voir* Constantinus.

Isidorus Hispalensis. De homine et partibus eius [= Etym., lib. XI]: Mad. BN 19, fol. 95-99.

Jacme d'Agramont. Regiment de preservacio a epidemia e pestilencia e mortaldats *(composé en 1348):* Verdú, Arch. parroquial.

Jacobus Angeli de Rubeo Scuto. Puncta medicine: Sev. BC 5-7-16, 17 et 18 (3 vol.).

Jacobus Constantini. Ordinatio restaurantium: Esc. M II 17, fol. 122 v°.

Jacobus Foroliviensis de Turre.

— In Avicenne Canonem. Quest. in lib. I: Mad. BN 12366, fol. 143-166. — Comm. in lib. III, fen 21, cap. de generatione embrionis: Mad. BN 12366, fol. 132-142 v° *(catalogué comme de* Thomas de Garbo).

— In Galeni Tegni: Gerona BC 78, fol. 1-153 v°. — *Discussions inspirées par ces questions:* Sev. 7-5-42, fol. 2-74 et 139-153.

— In Hippocratis Aphorismos: Mad. BN 1186, fol. 1-89.

Jacobus Garces de Marzilla (Navarra), magister. *En 1474, il copie, pour ses fils Gil et Berenguer, le commentaire de* Mundinus de Forojulio *sur le* Canon *d'Avicenne:* Esc. K I 2, fol. 80 v°, 100 v°, 178.

Jacobus Gómez. *Prol. à* Alvarus de Castro, Janua vite: Tol. BC 97-8, fol. 23.

Jacobus de Justo, loci de Vistabella regni Valentie. *En 1461, il lègue à la cathédrale de Barcelone le* Conciliator *de* Petrus Aponensis: Barc. BC C 89, fol. 242.

Jacobus de Liminyana, *étudiant en médecine à Lérida; possesseur des mss.* Mad. BN 1408 (cf. fol. 54 v°), 1424 (cf. fol. 68 v°) *et* 3340 *(acheté à Dominicus Ros, le 27 déc. 1441).*

Jacobus Oliver. Recepta que fui al genoll d'en Jacme Oliver: Valencia 216 (Gutiérrez 902), fol. 4 v°.

Jacobus de Placentia. Questio disputata (Bononie, 1322) «Utrum melancolia generetur a temperato calore»: Esc. f. I 4, fol. 2-3.
— Quodlibet [*médical*]: Esc. f I 4, fol. 9 v°-10 v°.

Jacobus de Turre = Jacobus Foroliviensis.

Joachim López, *médecin dédicataire de la* Janua vite *de* Alvarus de Castro: Tol. 97-8, fol. 25.

Johanna. *Voir* Gómez (Juana).

Johannes (sanctus). Sentencia: dies caniculars en los quals non se deven sagnar: Valencia BU 216 (Gutiérrez 902), fol. 68-69 v.°

Johannes XXI, Papa. *Voir* Petrus Hispanus.

Johannes II, *roi d'Aragon.* Malaltia, exequia e sepultura de J. II: *Voir* Carbonell.

Joan (mestre). Trotula *en catalan:* Mad. BN 3356, fol. 1-32 v°.

Joanico. *Voir* Johannes de Arruçuriaga.

Johan (Micer). Libre de receptes (any 1466): *ms. non retrouvé. Texte publié par* E. Moliné y Brases *dans* Boletín de la R. Acad. de B. L. de Barcelona, VII (1913-14), p. 321-336 et 407-440.

Johannes Afflacius. Liber aureus a Constantino monaco inventus: Tol. BC 98-4, fol. 46-59 v°; Barc. A C A Ripoll 181, fol. 11 v°- 28 *(jusqu'au chap. 81).*

Johannes Anglicus [?]. In Tegni Galeni *(début):* Sev. BC 5-6-31, fol. 54.

Johannes Aquilanus. *Notes médicales:* Sev. BC 83-2-18 et 83-2-25 *(début XVIe s.). Voir* Sebastianus Aquilanus.

Johannes *ou* Joanico de Arruçuriaga. *Il copie, en février 1493, la chirurgie de* Diego el Cobo: Mad. BN 2153.

Johannes Billoys Parisiensis. Lepra: Sev. BC 5-1-45, fol. 162 v°-164 v°.

Johannes de Borsano. *Voir* J. de Burzano.

Johannes Brucerus de Veteri Beymberg. Regimen sanitatis (anno 1441) *et* Physiognomonia: Sev. BC 82-1-12, fol. 1-73 v° *et* 93-96.

Johannes de Bursalia. [*Discours académique prononcé à Montpellier du temps où* Jacobus Angeli *était chancelier de l'Université de médecine* (1433-1455)]: Sev. BC 5-1-45, fol. 189-191. — *Possesseur des actuels mss.* Sev. BC 5-1-45 et 5-2-35 *(avec le catalogue de sa bibliothèque au* fol. 226 v°).

Johannes de Burzano [= Borsano?]. Confectio magni juvamenti contra pestilentiam: Sev. BC 82-1-12, fol. 93.

Johannes de Cervantes, cardinalis hostiensis, *archevêque de Séville. Possesseur du ms.* Sev. BC 82-2-28.

Johannes Courtin, in artibus magister et in medicina licenciatus Parisius. *En 1466-67 il copie le* Philonium *de* Velascus de Tharanta: Gerona BC 73.

Johannes Damascenus. *Voir* Mesue.

Johannes de Dondis. Fontibus calidis: Sev. BC 7-4-28, fol. 102-121.

Johannes Enríquez. Secretos de la medicina *(copiés en décembre 1471):* Mad. Palacio 3063, fol. I-III *(incomplet).*

Johannes Falco. Questio utrum somni conferant in morborum curatione: Sev. BC 7-6-12, fol. 74-80.

Johannes Furtati. Pillule pro J. F.: Mad. BN 1410, fol. 3.

Johannes Gaddesden. Rosa medicine: Esc. f III 20, fol. 1-168.

Juan Gonzales, «fysyco botycaryo» *(fin XVe s.-début XVIe). Possesseur du ms.* Sev. BC 7-6-27 *où il a copié des recettes aux* fol. 23-25.
Johannes, Gregorii filius. Virtutibus balneorum: Sev. BC 5-5-21, fol. 136 vº.
Johannes Hebenmesuhe. *Voir* Mesue.
Johannes Hispalensis. *Extraits médicaux du* Secretum secretorum *attribué à Aristote:*

De observatione dietarum: Tol. BC 47-15, fol. 103 r-vº. [Epistola ad Teresiam Hispanorum reginam]: Mad. BN 2152, fol. 132 vº-134.

Johannes Jacobi. Epidemia. *Voir* Pestilentia.
— Naturis paroxismorum: Esc. M II 17, fol. 157 r-vº *(A comparer avec les* Recepte super IVº Canonis Avicenne de febribus *du même auteur).*
— Pestilentia *ou* Epidemia: Barc. BU 591, fol. 141-143 vº *(daté de 1370);* Mad. BN 3058, fol. 105-107 *(daté de 1373);* Sev. BC 5-1-45, fol. 225-226 vº.
— Secretarium: Sev. BC 5-1-45, fol. 45-112.
— *Trad. en catalan* Alcoati, Figura del uyl: Zaragoza BC anc. 1265, fol. 1-90 vº.

Johannes de Janduno. Introd. ad Petrum de Abano in Aristotelis Problemata: Sev. BC 7-7-9.
Johannes de Larocha de Trizio. *Le 20 décembre 1404, il copie* Gentilis de *Fulgineo* in Canonem Avicenne, lib. IV, fen 1: Mad. BN 1789.
Johannes Leyde (peut-être de Lérida). *Le 29 septembre 1461, il copie* Petrus de Tussignano, Recepte in Almansorem: Esc. K I 2, fol. 181-206 vº.
Johannes Marcus, Petri Stroçae Florentini discipulus. *Copie les* Epistole Hippocratis, trad. Renutius: Esc. a IV 12.
Johannes de Mayorica, «boticario». *Copie, peut-être en 1471, les* Secretos de la medicina *de* Juan Enríquez: Mad. Palacio 3063.
Johannes de Mediolano. Flos medicine «Anglorum regi...»: Sev. BC 5-6-31, fol. 30-46 vº.
Johannes Mesue. *Voir* Mesue.
Johannes de Moy. *Recettes:* Sev. BC 5-1-45, fol. 167 vº. *Cf. le* Johannes Moye, *copiste en 1424-25 du ms.* Bruges 212, fol. 208 vº.
Johannes de Parma. Fractura cranei. Sev. BC 7-4-25, fol. 22-28 vº.
— Medicinis digestivis et evacuativis: Sev. BC 5-1-45, fol. 223-224.
— Practicella collecta ex libro Mesue: Esc. f III 6, fol. 179 vº-181 vº.
— Questio disputata «Utrum seni febricitanti conveniant magis frigida quam juveniori...»: Esc. f I 4, fol. 9 vº.

Johannes de la Parra. *Voir* Parra (Juan de la).
Johannes Paulinus. De corio serpentis *trad. en catalan:* Barc. Central 864, fol. 97 vº-98 vº.
Johannes Platearius. *Voir* Platearius.
Johannes Putei, artium et medicine professor (Lérida, 1433): Mad. BN 1408, fol. 54 vº. *Voir aussi* Puteus.
Juan Rodríguez (en Cordoba, *XVe s.). Semble copiste de* Lanfrancus, Chirurgia *en espagnol:* Mad. BN 2165.
Johannes de Sancta Sophia. «Epathima pro epate calido»: Sev. BC 7-4-28, fol. 126 vº.
— Expositio super libro Tegni: Sev. BC 7-7-18, fol. 2-171.
— Recepte in nonum Almansoris: Esc. g III 29. *Corriger en* Bartholomeus de Sancta Sophia.

Johannes de Sancto Amando. Areole de conferentibus et nocentibus: Esc. I II 5, fol. 1-33; Barc. A C A Ripoll 126, fol. 1-25.
— Expositio super Antidotarium Nicolai: Esc. I II 5, fol. 38-134 («Operatio medicine in tribus...»); Esc. P II 5, fol. 81-99 v° («Secundum quod vult Avicena...»).
— Glosa Dietarum universalium Isaac: Gerona BC 75, fol. 58-77.
— Glosa super Regimen acutorum Hippocratis: Gerona BC 75, fol. 81-104. — *Voir le suivant.*
— Regimen acutorum: Sev. BC 5-1-45, fol. 42-44.

Johannes de Sancto Paulo. Breviarium: Esc. e IV 22, fol. 1-56 v°.
— Flores dietarum: Mad. BU 119 (116-Z-31), fol. 134 v°-140; Sev. BC 83-6-38, fol. 74 v°- 76 v°.
— Practica. *Voir* Breviarium.
— Simplicium medicinarum virtutibus: Sev. BC 83-6-38, fol. 79.

Johannes Serapionis filius: *Voir* Serapion *l'ancien.*

Johannes Serdiel (?), *étudiant en médecine à Lérida (1472):* Mad. BN 3308, fol. 156 v°.

Johannes Stephani. Dosibus: Sev. BC 5-1-45, fol. 224 et 83-6-38, fol 43 v°; Seo de Urgel BC 2052 (84), fol. 110 v° *(début).*
— Medicinis digestivis. *Voir* Johannes de Parma.

Johannes Toletanus. Dietarium: Mad. BU 115 (117-Z-5), fol. 68-76; Tarragona BP 44, fol. 74 v°-85; Tol. BC 94-19, fol. 52-63.

Johannes de Tornamira. Capitulum de mictu sanguinis et saniei: Barc. A C A Ripoll 129, fol. 160.
— Clarificatorium super nono Almansoris Rasis: Mad. BN 3381, fol. 1-269 (cum textu ipsius Rasis); BN 4235, fol. 172-254; Valladolid BU 43, fol. 50-69.
— Commentum super Galenum De interioribus: Mad. BN 12241, fol. 66-83 v°.
— Pestilentia (1370): Barc. BU 591, fol. 139-141.
— Tractatus medicus: «Si forte corpus humanum patiatur dolorem in capite...»: Mad. BN 4235, fol. 7-162.
— *Recettes:* Esc. M II 17, fol. 76, 79 v°, 89 v°, 94 v°, etc.; Esc. O II 16, fol. 110-117.

Johan de Tensa, «sillurgia». Speriment contra pedra *(déb. XVIe s.):* Mad. BN 10162, fol. 119 v°.

Johannes de Vitadono Papiensis. Lectura in Canonem Avicenne (lib. I, fen 2): Sev. BC 7-6-31, fol. 2-228 v° (Victu Dono).
— Recepta de confortativis cordis tempore pestilentiali: Sev. BC 82-1-12, fol. 92.

Johannitius. Introductio (Isagoge) ad artem parvam (Microtegni) Galeni: Mad. BN 1408, fol. 1-8; Esc. h II 20, fol. 2-7; Esc. L III 18, fol. 1-15 v°; Tol. BC 97-14, fol. 67-74 v°, BC 97-23, fol. 118-125 v° et BC 97-25, fol. 1-13. — *En catalan:* Barc. BU 239, fol. 13-14 *(extraits d'après le ms.* Vaticanus 4797). — *Voir aussi* Petrus Hispanus.
— Note de tiriaca libri Andromachi: Sev. BC 5-5-21, fol. 100.

Jordanus de Turre. Signa leprosorum. *Voir* Arnaldus de Villanova et Johannes Billoys.

Julianus Bononiensis. Quodlibet de medicina: Esc. f I 4, fol. 7 sq.
— Questio «Utrum rigor proveniat major a causa calida quam a causa frigida: Esc. f I 4, fol. 49-54.

Ketham (Johannes de). Fasciculus medicinae. *Voir* Compendio de la salud humana: Mad. BN 2328, fol. 1-94 v°.

Kiranides: Barc. Central 864, fol. 60-95 v° *(s'arrête au chapitre* De psillo: éd. L. Delatte, p. 136).
Kirinus [?]. *Recette:* Mad. BN 10162, fol. 84 v°.
Konrad Witz. *Son atelier illustre la zoologie* (Thomas Cantimpratensis) *et la matière médicale du ms.* Granada BU C 67.
Lanfrancus Mediolanensis. Chirurgia parva: Barc. A C A Ripoll 126, fol. 90-100; Sev. BC 5-1-45, fol. 240-258. — *Trad. catalane par* G. Salva: Mad. BN 10162, fol. 1-54.
— Chirurgia maior *ou* Practica. *Trad. castillane:* Mad. BN 2147 et 2165.
— *Recettes citées:* Esc. O II 16, fol. 110-117.
— *Voir aussi* Guillelmus Sedacerii.
Ludovicus (sanctus). «Oratio beati Ludovici regis Francie missa regi Carlici [*sic*]»*:* Valencia BU 216 (Gutiérrez 902), fol. 90 v°.
Ludovicus de Gonzaga, *évêque de Mantoue (1483-1511). Dédicataire de l'*Interpretatio morbi gallici *par* Sebastianus Aquilanus: Sev. BC 83-2-25.
Lupus, archiepiscopus Cesarauguste. *Destinataire du* Regimen contra epidemiam *de* Sancius de Rivo Aureo.
Macer. Viribus *ou* Virtutibus herbarum: Barc. BU 163, fol. 1-69; Esc. a IV 6, fol. 164-197 v°; Sev. BC 5-1-45, fol. 192-221 et BC 5-6-31, fol. 2-29; Tortosa BC 80, fol. 99-121. — *En catalan:* Sev. BC 7-4-27, fol. 20-48 *et* Valencia BU 216 (Gutiérrez 902), fol. 27-54. *En castillan avec* «Carta de Arop a Remelon» *et recettes:* Sev. BC 7-6-27, fol. 1-23.
Mafeus de Laude [*Maffeo de Lodi, professeur de médecine à Bologne de 1392 à 1417*]. Problemata medica: Sev. BC 7-4-25, fol. 10-22 *et* 22 v°-29.
— «Expositiones perspicacis ingenii viri M. Mafei de Laude»: Sev. BC 7-4-25, fol. 79 r-v°.
Maimonides. Aphorismi: Sev. BC 7-4-28, fol. 1-96.
— Asmate: Sev. BC 7-4-28, fol. 139 v°-157.
— Emorroydibus: Sev. BC 7-4-28, fol. 138-139 v°.
Maino de Maineri. De conficiendis vinis: Mad. Palacio 1521 (1ª-8-3) fol. [10-24] (1-15). *Voir aussi* Arnaldus de Villanova.
Manuel de Sancto Georgio, *médecin à Barcelone; il assiste au décès de Jean II d'Aragon: voir* Carbonell.
Manuel de Sancto Martino. *Il copie les Problemata dits d'Aristote trad.* Theodorus Gaza: Barc. BU 580, fol. 1-195 v°.
Marbodus [?]: Barc. A C A Ripoll 181, fol. 131.
Marcus de Susam (fin XIVᵉ s.). *Possesseur du ms.* Mad. BN 927.
Marcello de Daroca (Francisco), XVIIᵉ s. *Possesseur du ms.* Mad. BN 1474.
Marinus Benedicti. *En 1350, il copie* Bernardus de Gordonio: Esc. K II 7.
Marinus Sanuto Leonardi. *Possess.* Sev. BC 5-1-46, BC 5-2-19, BC 5-5-36.
Marsilius de Sancta Sophia. In Canonem Avicenne, lib. I, fen 2, doctr. 3 (pulsus, urine et egestiones): Mad. BN 12366, fol. 50-52.
— In Tegni Galeni, lib. II, quest. 17-28: Sev. BC 7-5-42, fol. 139-153 *(surtout* quest, 25. fol. 146): *il s'agit de discussions où ses opinions sont invoquées, voir aussi* Jacobus de Forlivio.
Martinus Benedicti. *Voir* Marinus.
Mattheus (?). Agregatio de crisi et criticis diebus: Tol. BC 97-14, fol. 101 v°.
Mattheus. *Voir* Platearius.
Mattheus Silvaticus. Pandecta *ou* Liber cibalis: Gerona, BC 69, fol. 8 v°-10 v° *(incomplet).*

Mattheus de Verona. Collecta de urinis: Sev. BC 7-5-42, fol. 120.
Mateo Vizconde (= Visconti). *Le catalogue imprimé le donne, à tort, comme l'auteur de la* Chirurgia major *de* Lanfranc: Mad. BN 2147.

Mauro (maestre), «que fo de Comdars e fo archibispe de Narbona». *Note de météorologie astrologique:* Barc. Central 850, fol. 1.

Maurus. Urinis: Mad. BN 1921, fol. 170-180 v°; Tol. BC 98-3, fol. 118-124; Sev. BC 5-5-21, fol. 168-182.

Mesue. Antidotarium: Mad. BN 1410, fol. 172-192 v°; Sev. BC 5-2-35, fol. 95-119 v°; Esc. O II 19, fol. 123 v°-168 v°.
— Aphorismi: Mad. BN 1407, fol. 1-2 v°; Sev. BC 5-1-2, fol. 56 v°-60.
— Consolatione (consideratione) medicinarum simplicium: Mad. BN 1410, fol. 76-103 v°; Barc. A C A Ripoll 126, fol. 26-39, 51-54, 49-50 v° *et* 40-47 v°; Sev. BC 5-2-35, fol. 13-60; Esc. O II 19, fol. 67-123 v°.
— Facultate et proprietate medicinarum purgantium; Facultate alimentorum; Antidotis; Esc. & II 9, fol. 96 sq. *(version du XVI*e *s. à comparer avec le* De consolatione *et l'*Antidotarium).
— Grabadin medicinarum particularium: Mad. BN 1410, fol. 104-171 v°.
— Synonyma: Mad. BN 1410, fol. 192 v° *(extraits).*
— Modus generalis faciendi illa que intrant in Antidotario Nicolai et Mesue: Esc. O II 19, fol. 203-205.
— Recepta pro ydropisi: Esc. O II 16, fol. 104.

Michael Savonarola. Aqua ardenti: Mad. BN 2021, fol. 1-30.
Miquel (mestre). *Dit avoir voyagé aux Indes, en rapport avec le Prêtre Jean:* Mad. BN 10162, fol. 111-118 *(recettes ajoutées à la chirurgie de* Lanfranc).
Miquel Carbonell. *Voir* Carbonell.
Miro. *Voir* Gabriel M.
Molina (X. de), *père de Pedro et Diego de M., possesseur du ms. de* Estefano: Mad. Acad. Esp. 155.
Moralejas (doctor de las): Esc. b IV 34, fol. 211-212.
Mucio. *Voir* Muscio.
Mundinus de Leuciis. Questiones: Esc. f I 4, fol. 4-5 (Utrum differentie maxime et principalissime febrium sint tantum tres...); fol. 5 v°-7 (Quodlibet. *Bologne,* 1323); fol. 9 v° (Utrum febris ethica possit incipere et permanere singularis...).

Mundinus de Foro Julio. In Canonem Avicenne, lib. I, fen 2, 3 et 4 *(Padoue,* 1316): Esc. K I 2, fol. 1-178 v°.
— Sinonima Simonis Januensis abbreviata cum additionibus: Esc. a IV 6, fol. 71-157 v°.

Muscio. Morbis mulierum: Mad. BN 4234, fol. 1-12 *(incomplet).*
Nicolaus. Antidotarium: Esc. a IV 6, fol. 1-32 v°; Esc. I II 16, fol. 3-34 v°; Esc. O II 19, fol. 173-202 v°; Sev. BC 5-1-2, fol. 1-43 (fol. 65-170: Questiones in Antidotarium Nicolai); Tortosa BC 234, fol. 1-45 et 123 v°-149. *En espagnol:* Mad. Palacio 3063. — Modus faciendi illa que intrant in Antidotario Nicolai et Mesue: Esc. O II 19, fol. 203-205.
— Synonyma Antidotarii Nicolai: Esc. a IV 6, fol. 49-53 v°. — «Tractatus sinonime Nicolai in vulgari Yspanico verse»: Mad. BN 3370, fol. 203-220.
— Versus de ponderibus: Esc. M II 17, fol. 37 v°.

Nicolaus Bertrucius *(ou* Bertucius) Bononiensis. Questiones disputate de medicina: Esc. f I 4, fol. 2-4 (cf. Paris BU 128) *et* fol. 56 v°.
— In Cirurgiam Galeni (= *sur extr. du* De ingenio sanitatis): Sev. BC 5-5-38, fol. 1-56.

Nicolas Hostreham. *Attribution abusive de l'*Antidotarium Nicolai: Esc. I II 16, fol. 3-34 v°.

Nicolaus de Orto. Expositio super Tegni per N. de O. sub Johanne de Sancta Sophia: Sev. BC 7-7-18, fol. 1-136.

Nicolaus de Regio. *Voir* Galenus.
— Prologus Roberto, Sicilie regi, de Flebotomia et Utilitate respirationis: Mad. BN 1978, fol. 97.

Nicolaus de Rido. Recepte super dispositionibus stomachi (in Avicenne Canonem, lib. III, fen. 13): Sev. BC 7-4-25, fol. 105 v°-106 v°.

Nicolaus de Sancta Sophia. Recepte [*peut-être pour son fils* Johannes de S. S.]: Sev. BC 7-4-25, fol. 82-92 v°.

Nicolaus Vernimmen [?] de Gandavo, élève de Petrus de Tussignano. *Il copie* Gentilis de Fulgineo: Esc. f I 5.

Novelucius de Senis. *Cité à propos de la fracture du crâne:* Esc. f III 6, fol. 185.

Núñez (Francisco) [de la Hierba]. Recebta para quien tiene amortiguamiento en el corazón: Esc. b IV 34, fol. 209 v°. — *Voir aussi* Herba.

Odo Magdunensis. *Voir* Macer de viribus herbarum.

Oliverius de Populis, «artium et medicine doctor famosissimus». *En 1430,* Stephanus de Osua *lui soumet une série de* dubia *ou* problemata: Sev. BC 82-1-18, fol. 106 v°-109.

Oribasius. Comm. in Hippocratis Aphorismos: Esc. N III 17, fol. 2 v°-40 v°.

Parra (doctor [Juan ?] de la). De pulsibus: Mad. Acad. Hist. Salazar y Castro F 37, fol. 67-69.

Paulus de Roma. *Il recommande une recette en 1378:* Sev. BC 7-4-23, fol. 3.

Pérez de Godoy. *Voir* Alfonso P. de G.

Petosiris. Sphera vite et mortis: Mad. BN 19, fol. 87 v°.

Petrus (sanctus). *Formule contre le mal de dents.* «Beatus Petrus sedebat super petram marmoream...»: Valencia BU 216 (Gutiérrez 902), fol. 102; Sal. BU 1866, fol. 175.

Petrus, sacrista Sancti Cipriani. *En août 1447, il copie le ms. médical* Sev. BC 82-2-28.

Petrus A... go, *médecin à Barcelone; il assiste au décès de Jean II d'Aragon. Voir* Carbonell.

Petrus Aponensis (de Abano) Paduanus. Conciliator: Barc. BC ms. C 89, fol. 1-242.
— In Problemata Pseudo-Aristotelis: Sev. BC 7-7-9, fol. 1-195 v°.
— Sanitate tuenda *(en catalan)* = «Vida e orda del vivre que ordona mestre P. de Ebano, metge singular... de Bulunya»: Barc. Central 482, fol. 235 v°.

Petrus Apuliensis. Chirurgia: Sev. BC 5-5-21, fol. 127-130.

Petrus Cellarii. «Infra, capitulo de atanasia, docetur quomodo Petrus Cellarii fecit hoc»: Esc. O II 19, fol. 6. *Mais au chapitre* «De athanasia» *de l'*Antidotarium *d'*Arnaldus de Villanova (fol. 49), *il n'est pas question de* P. C.

Petrus de Ebulo (Eboli). De balneis Puteolanis: Valencia BU 838 (Gutiérrez 2396).

Pere Felipe, «scuder del rey d'Anglaterra». *Il conseille l'auteur du livre de cuisine dit de* Sent Sovi: Valencia BU 216 (Gutiérrez 902), fol. 109-117 v°; Barc. BU 68, fol. 185-258 v°.

Pedro Gómez Barroso, *archevêque de Séville. Il inspire la partie déontologique de* Estefano, Visita y consexo: Mad. BN 18052.

Petrus Hispanus. Comm. *ou* Quest. in

+ Constantinus. Viaticum: Mad. BN 1877, fol. 142-205.
+ Galenus. Ars parva *ou* Tegni: Mad. BN 1877, fol. 48-109.
— Crisi *et* Diebus criticis: Mad. BN 1877, fol. 248-255.
+ Hippocrates. Pronostica: Mad. BN 1877, fol. 124 v°-141 v°.
— Regimen acutorum: Mad. BN 1877, fol. 110-123 v°.
+ Isaac. Dietis particularibus: Mad. BN 1877, fol. 206-237 v°.
— Dietis universalibus: Mad. BN 1877, fol. 238-243 v°; Gerona BC 76, fol. 1-40 v° *(avec diètes particulières incomplètes)*; Tol. BC 97-8, fol. 1 v° *(extr.)*.
— Urinis: Mad. BN 1877, fol. 244-247; Tol. BC 97-8, fol. 1 v° *(extr.)*.
+ Johannitius. Isagoge ad Tegni Galeni: Mad. BN 1877, fol. 24-47 v°; Sev. BC 7-4-30, fol. 3-64.

— Synonyma: Sev. BC 7-4-25, fol. 121-127 v°. *Voir aussi* Graciadeus de Asillo.

— Thesaurus pauperum. Mad. BN 1456; Tol. BC 97-23, fol. 34-65 v°; Sev. BC 5-2-35, fol. 129-178 v° *et* 5-5-21, fol. 103-107 *(extr.)*. — *Version catalane:* Vich BC 191, fol. 1-148 *et* Barc. Central 864, fol. 6-50 v°. — *Autre adaptation catalane plus libre:* Valencia BU 216 (Gutiérrez 902), fol. 16-26. *Citation de son* Liber aquarum: Sev. BC 5-5-20, fol. 77-79.

Petrus Lucratoris. *Recettes utilisées dans la Chirurgie de* Guillem Salva: Mad. BN 10162, fol. 85 v°.

Petrus Marachus *ou* Marangus Salernitanus. Tabule in phisica (confortantia, de eductione humorum, etc.): Tol. BC 97-23, fol. 66-81.

Petrus Michael. *Voir* Carbonell.

Petrus de Mussandal. Summa de opiatis: Seo de Urgel BC 2052 (84), fol. 111 v°.

Petrus Paduanensis. *Voir* P. Aponensis (d'Abano).

Petrus Philippi. *Voir* P. Felipe.

Petrus Pugo, *bachelier en médecine. Il copie, en 1457-1461, les commentaires de* Gentilis *et* Marsilius *sur le Canon d'*Avicenne: Mad. BN 12366, *notamment* fol. 48 v°, 52 *et* 131 v°.

Petrus Sardus. *Copiste de* Benevenutus Grapheus: Mad. BN 3066, fol. 15 v°-21 v°.

Petrus Silemont. *Reportatio de* Guillelmus Aventurer (Bologne, 1407): Esc. O II 16, fol. 5-84 v°.

Petrus de Thumery. *Possesseur des mss. de* Jacobus Angeli: Sev. BC 5-7-16, 17 *et* 18.

Petrus de Tussignano. Pestilentia *(de* 1368): Sev. BC 82-1-12, fol. 73 v°-92 *et* 82-2-28, fol. 55-74.

— Recepte super nono Almansoris: Esc. K I 2, fol. 181-206 v° *et* X III 18, fol. 198-243.

Philaretus. Pulsibus: Esc. L III 18, fol. 64 v°-69; Mad. BN 1408, fol. 8 v°-10; Tol. BC 97-23, fol. 126-127 v° *et* BC 97-25, fol. 38-42. — *Voir aussi* Cancellarius.

Platearius. «Circa instans...», de simplicibus: Mad. BN 3370, fol. 1-2 *(abrégé?)*; Mad. BN 8883, fol. 45 *(tout début)*; Sev. BC 83-6-38, fol. 1 v°-25 v°; Tol. BC 97-11, fol. 1-101; Tol. BC 97-14, fol. 1-29 v°; Tol. BC 98-3, fol. 88-111 *(incomplet)*; Tol. BC 98-4, fol. 90-

107 et 109 r-vº; Tortosa BC 234, fol. 46-92 vº. — *Version catalane:* Tol. BC 97-23, fol. 1-5 vº.

— Practica brevis («Amicum induit...»): Barc. A C A Ripoll 181, fol. 30-85. — *Version catalane:* Sev. BC 7-4-27, fol. 70-151 vº.

— Super antidotarium Nicolai: Tol. BC 97-14, fol. 29 vº-50 vº; Tortosa BC 234, fol. 196-219 vº; Gerona BC 76, fol. 51-67; Sev. BC 5-5-21, fol. 155-164.

Plato. *Donné comme l'auteur du* De herbis masculinis: Sev. BC 7-6-29, fol. 26 vº-31 vº.

Pontius de Sancto Egidio. Cure: Esc. P II 5, fol. 60-69.

Puteo. «Misi 6^{m} Naturalium Avicenne magistro Puteo Ilerdensi... anno 1441»: Mad. BN 3340, fol. 48 vº. *Voir* Johannes Putei *qui semble être le même personnage.*

Pythagore sphera: Mad. BN 19, fol. 88; Sev. BC 5-1-2, fol. 178 vº. — *En catalan:* Tol. BC 97-11, fol. 101 vº.

Raphael de Marcatellis, «episcopus Rosensis [Rhosus], abbas Sancti Bavonis juxta Gandavum». *Il achète, en 1491, un manuscrit contenant des questions médicales:* Sev. BU 332/155.

Rasis. Almansoris: Gerona BC 80, fol. 1-97 vº *(donné comme traduit par* «Furardus», *au lieu de* Gerardus Cremonensis); Esc. 1 II I0, fol. 27-119 vº *(jusqu'au* lib. IX, cap. 5); Mad. BN 1410, fol. 4-39 (lib. VIII-X *avec,* fol. 1 r-vº: «Tabula libri tertii Almansoris» *sur les vertus des plantes).* — Nonus Almansoris: *voir* Johannes de Tornamira.

— Antidotarium: Mad. BN 1410, fols. 57-60 *(incomplet du début);* Sev. BC 5-4-48, fol. 68-72 *(jusqu'au nº 37).*

— Continens, lib. I *(incomplet):* Esc. X III 18, fol. 243 vº-245.

— Divisionum: Mad. BN 1410, fol. 39 vº-60 *(s'arrête au* cap. CXII: de lepra. *A la suite* Antidotarium). — «De potu medicinarum laxativarum secundum Rasim, libro divisionum»: Mad. BN 4235, fol. 1 r-vº.

— Doloribus juncturarum: Mad. BN 1410, fol. 66-73; Sev. BC 5-5-21, fol. 108-112 *(extraits).*

— «Febribus secundum Rasim»: Mad. BN 4235, fol. 3-6.

— Lapide *(extraits):* Sev. BC 5-5-21, fol. 119.

— Medicinis expertis: Mad. Palacio 1521. *Voir* Pseudo-Galenus.

— Passiones *ou* Practica puerorum: Mad. BN 1410, fol. 73-75 *et* 3058, fol. 107-108 vº; Sev. BC 83-6-38, fol. 50-51. *Extraits:* Sev. BC 5-5-21, fol. 112-113.

— *Recettes:* Esc. M II 17, *notamment* fol. 40 vº, 87, 93, 97 vº, 108, 115.

— Secreta *(extraits):* Sev. BC 5-5-21, fol. 85-90 et 116-119.

— Synonyma: Mad. BN 1409, fol. 92-95 vº *et* 1410, fol. 60-65 vº.

— *Voir aussi* «Rationes Rasis» (?): Mad, BN 1410, fol. 229-230 vº.

R[amon] Berenguer, «comte de les muntanyes de Prades»: Mad. BN 10162, fol. 54 (Guilhem Salva *lui destine une adaptation catalane de la* Chirurgia parva *de* Lanfrancus, *en 1329).*

Raymundus Lullus. Ars compendiosa medicine: Esc. g IV 9, fol. 2-38; Palma BP 1029, fol. 24 vº-29 vº *(incomplet; copie* Palma, Causa pía Luliana, ms. 3); Montserrat 482, fol. 43-83.

— Ars operativa medicine [de Raymundus de Tarrega ?]: Tol. BC 96-32, fol. 66 vº-76; Montserrat 482, fol. 84-108. — *En es-*

pagnol. Inc.: «Como yo Reimundo estando en Merida [*lire* Lérida]...»: Mad. BN 2328, fol. 212 v° *(extr.)*.

— Elementorum conditiones: Esc. g IV 9, fol. 38 v°-39 v°.

— Levitate et ponderositate elementorum: Sev. BC 5-4-48, fol. 2-90; Palma BP 1029, fol. 17 v°-24 v° *(copie:* Palma, Causa pía Luliana, ms. 3).

— Magna medicina *(médecine alchimique):* Montserrat 482, fol. 192-220.

— Principiis et gradibus medicine: Palma BP 1029, fol. 1-29 *(copie:* Causa pía Luliana, ms. 3).

— Regionibus sanitatis et infirmitatis: Montserrat 482, fol. 1-40.

Raymundus de Tarrega. *Voir* Raymundus Lullus, Ars operativa.

Raynaldus de Villanova. *Donné comme l'auteur du* De balneis Puteolanis *de* Petrus de Ebulo: Valencia BU 838 (Gutiérrez 2396).

Renucius Aretinus. *Traduit* Hippocrates. Epistole: Esc. a IV 12.—Epistola de insania Democriti: Gerona BC 69, fol. 110.

Regina. *Voir* Reyna.

Requesens, *médecin de Barcelone. Il assiste au décès de Jean II d'Aragon. Voir* Canibell.

Reyna (doctor de la). Praxis medica: Mad. BN 4220, fol. 1-68.

— «De actuatione medicinarum secundum doctorem de la Reyna»: Mad. Acad. Hist., Salazar y Castro F 37, fol. 63 v°-64 v°. — «De graduatione medicinarum secundum doctorem Regine»: *ibid.*, fol. 65-66 v°.

Ricardus Anglicus. Anatomia: Mad. BN 1921, fol. 153 v°-156.

— Repressivis medicinis: Gerona BC 80, fol. 99-102 v°.

— Signa: Esc. P II 5, fol. 45-60.

— Urinis: Esc. e IV 22, fol. 67-73.

Rinucius. *Voir* Renucius.

Rodericus. *Voir* Díaz de Mendoza (Ruy).

Rogerus (?). «Capitulum Roglegii de juvamentis et nocivis»: Sev. BC 5-5-21, fol. 83.

Rogerus Baronis. Rogerina maior: Mad. BN 1921, fol. 99-132; Sev. BC 83-6-38, fol. 51-71; Tol. BC 97-13, fol. 86-109 v°; Tol. BC 98-3, fol. 29-65 v°.

— Rogerina minor: Mad. BN 1921, fol. 132-138; Sev. BC 83-6-38, fol. 71-74 v°.

— Comm. in Rogerinam de vulneribus: Seo de Urgel 2052 (84). *intercalation entre les* fol. 31 *et* 32.

Rogerus Frugardi de Salerno. Chirurgia. *Version catalane:* Sev. BC 5-5-20, fol. 145-151. — *Voir aussi, ci-après,* Rolandus.

Rolandus de Parma. Notule super cyrurgiam magistri Rogerii: Mad. BN 10299 *(gardes)*.

Saladinus Asculanus (d'Ascoli). De dosibus et ponderibus secundum S. de A.: Tol. BC 97-7, fol. 517-518; Tol. BC 97-9, fol. 624.

Salerni Scola. Flos medicine *(extraits):* Seo de Urgel BC 2052 (84), fol. 114.

Salernus. Tabule magistri Salerni: Mad. BN 1921, fol. 95-97; Mad. BU 120 (116-Z-42), fol. 168-170; Barc. A C A Ripoll 126, fol. 101-104. — *Voir aussi* Bernardus Provincialis.

Salva (Guillem). *Voir* Guillelmus.

Samuel Ibn Wakkār. Regia medicina practica Castelle *(en arabe):* Mad. BN 5240.

Sancius de Riva Aurea. Regimen contra epidemiam: Barc. BU 591, fol. 133-138 v°.

Sebastianus Aquilanus. *Divers écrits médicaux du tout début du XVIe s.:* Sev. BC 83-2-18 *et* 83-2-25.
— De febre sanguinis: Sev. BC 7-6-12, fol. 67-74.

Sent Sovi (Libre de). *Livre de cuisine en catalan. Version longue:* Barc. BU 68, fol. 185-258 v°. — *Version courte:* Valencia BU 216 (Gutiérrez 902), fol. 109-117 v°.

Serapio major (Johannes). Practica *ou* Breviarium *(trad.* Gerardus Cremonensis): Mad. BN 1409, fol. 1-92. — Abreviatio: Mad. BN 1410, fol. 228 v°-229.
— Servitoris. *Voir* Albucasis.
— Synonyma. *Voir* Rasis.

Serapio junior. De simplicibus *(extraits):* Sev. BC 5-5-21, fol. 72-80.

Sextus Placitus. Liber medicine ex animalibus: Sev. BC 7-6-29, fol. 2 v°-14 v°; Barc. Central 864, fol. 96-97; Tol. BC 97-23, fol. 89-94 v°.

Simo, «medicus de Busco (?) ducis Brabantie». *Copie* Galenus in Regimen acutorum Hippocratis: Mad. BN 1408, fol. 119 v°.

Simo Januensis. Synonyma. *Voir* Mundinus de Foro Julio.

Solinus. De mirabilibus mundi *(extraits).* «De monstruosa fecunditate, etc... ex libro Solini»: Mad. BN 19, fol. 92 v°-95.

Spinetta de Malaspina, filius Francisci Malaspine. *Destinataire d'une recette de* Thomas del Garbo: Sev. BC 7-4-25, fol. 92 v°-93 v°.

Stephanus. *Voir* Estefano.

Stephanus Arlandi. Dietarium: Sev. BC 5-2-35, fol. 188-223.

Stephanus de Begino (?). *A Pavie, entre 1390 et 1396, il copie* Johannes de Vitadono: Sev. BC 7-6-31.

Stephanus de Osua (Ossola?), *médecin de Milan.* Consilium de lapide renum ad Henricum de Columbizeo [?], ducis Sabaudie capitaneum: Sev. BC 82-1-18, fol. 101-106 v°.
— Dubia *ou* Problemata [specialiter de pestilentia] dedicata Oliverio de Populis (Yporregie, 1430): Sev. BC 82-1-18, fol. 106 v°-109.

Symon. *Voir* Simo.

Tadeo. «Reçebta del maestro Tadeo antiguo contra escrofulas y glandulas» *(attribution douteuse):* Mad. BN 2328, fol. 143.

Thadeus. Opus medicinarum secundum magistrum Thadeum: Tol. BC 96-32, fol. 46-54 v°.

Thadeus Florentinus. Consilia: Mad. BN 1410, fol. 231-249 v°.
— Disputatio de febribus: Mad. BN 17813, fol. 34 v°-36 v°.
— Glosa super Regimen acutorum Hippocratis. *Voir* Johannes de Sancto Amando.
— Sirupus: Sev. BC 7-4-25, fol. 99.
— Mad. BN 1410, fol. 215: «Magister meus Tadeus ultimo curavit sic...» [de fluxu menstruarum].
— *Voir aussi* Tadeo.

Theodoricus. Chirurgia. *Version espagnole:* Granada BU ms. B 11 *(11 août 1509);* Esc. h III 17, fol. 2-215 v° («que fizo el Rey Tedriquo», *lire* «Frey Tedrico».

Theodorus Gaza. *Trad.* Pseudo Aristoteles, Problemata: Barc. BU 580, fol. 1-195.
— *Trad.* Alexander Aphrodisius, Problemata: Barc. BU 580, fol. 200-260.

Theodorus Priscianus. Gynaecia: Mad. BN 4234, fol. 21-28 v°.

Theophilus. Oculis: Mad. BN 3066, fol. 12 v°-15; Sev. BC 5-5-21, fol. 107 v° *(extr.).* — *Voir aussi* Zacharias.

— Urinis: Esc. L III 18, fol. 50-64 vº; Tol. BC 97-25, fol. 42-52 vº; Mad. BN 1408, fol. 10-11 vº *(incomplet)*.

Thomas Cantimpratensis. De naturis rerum: Granada BU ms. C 67 *(extr. du* lib. III: lib. IV-XIII).

Thomas de Garbo.

— *Comm.* Avicenna, Canon, lib. I, fen 1, doctr. 6, de virtutibus et operationibus: Mad. BN 12237, fol. 104 vº-121 vº, puis 1 vº-10 vº.

— *Comm.* Avicenna, Canon, lib. III, fen 21, de generatione embrionis *(daté de 1343):* Sev. BC 5-5-21, fol. 184 vº-198 vº *(généralement attribué à* Dinus de Garbo).

— *Comm.* Galenus, Differentie febrium: Mad. BN 12237, fol. 13-103 vº.

— «Quedam recepte ordinate pro Spineta [Spinetta + 1352], filio domini Francisci Malaspine militis»: Sev. BC 7-4-25, fol. 92 vº-93 vº.

— Signis future egritudinis (ex Galeni Tegni): Sev. BC 5-5-21, fol. 183-184.

Trotula. Passionibus mulierum: Mad. BN 1921, fol. 161-170; Barc. A C A Ripoll 181, fol. 203-206; Sev. BC 7-4-25, fol. 128-133; Sev. BC 83-6-38, fol. 43 vº-49 vº. — *En catalan:* Mad. BN 3356, fol. 1-32 vº. — «Trotula minor»: Mad. BU 119 (116-Z-31), fol. 140 sq.

Velascus de Tharanta. Epidemia et peste: Sev. BC 5-1-45, fol. 226-227 et 259 vº-262; Gerona BC 73, fol. 180 vº-186 vº *et* BC 74, fol. 201-203.

— Philonium: Gerona BC 74; BC 73, fol. 1-180 vº *et* 186 vº-232 (lib. V-VII).

«Vincenci de Coloniam, barbero, me fessit [sic] in Barch [inona], anno... MCCCCXXXV». *Scribe ou compilateur du ms.* Sev. BC 7-4-27 *(cf.* fol. 153 vº).

Vindicianus. Epistula de natura corporis humani: Mad. BN 19, fol. 89 r-vº. *Voir aussi* Barc. Central 864, fol. 3-4.

— Gynaecia: Mad. BN 19, fol. 90 vº.

Vitalis de Furno. Libellus pro pauperibus infirmis: Sev. BC 7-4-23, fol. 4 vº-94.

Yerva (doctor de la). *Voir* Herba *et* Núñez.

Zacharias. De passionibus oculorum. *Voir* Theophilus.

Zacut. *Voir* Abraham.

TABLE MÉTHODIQUE DES TEXTES ANONYMES

S'inspirant de la typologie des textes plutôt que de notions proprement médicales, le cadre de classement ici adopté n'a pas d'autre prétention que de commodément mettre en ordre un certain nombre de fiches selon l'esprit même des manuscrits médiévaux.

I. TEXTES GÉNÉRAUX. NOTES SUR DES SUJETS MÉDICAUX N'ENTRANT PAS DANS LES RUBRIQUES SUIVANTES

1. Arbor divisionis medicine: Esc. N III 17, fol. 2. *Voir* Oribasius in Aphorismos Hippocratis.
2. Tractatus medicine et cirurgie [*sans doute postérieur à la Peste de 1347*]. *Inc.:* «Interrogatus Galenus in quibus habet esse terapeutica... Res quibus pondera...»: Seg. BC 40.
3. Practica ex auctoritatibus. *Inc.:* «Oppillationem significat extensio in qua non sunt signa repletionis...»: Mad. BN 1410, fol. 201-221 *(cite* Rasis, Avicenna, Platearius, etc... *s'arrête au* cap. 33 de lepra). *A la suite*, fol. 221-226. Antidotarium: «Trocisci de melle...»
4. «Compendium breve et utile». *Inc.:* «Nota fel anceris...»: Sev. BC 5-1-45, fol. 7-41 v°.
5. *Compilation médicale en catalan (fin*: cap. XIX-XXV): Sev. BC 7-4-27, fol. 67 v°-70, *puis* 156-161 v°. *Voir aussi* Gilbertus Anglicus, Compendium.
6. Tesoro de la medicina *en espagnol (recettes, extraits de Galien, etc...):* Sev. BC 5-1-17.
7. Compendio de la salud humana: Mad. BN 2328, fol. 1-94 v°. *Voir* Ketham.
8. Traité médical en castillan [par un Juif de Tolède]: Mad. BN 10051 *(acéphale)* Cf. Millás, *Traducciones orientales... de Toledo*, pp. 129-132.
9. [*De diverses maladies, en catalan*]*:* Tol. BC 97-23, fol. 18 v°-31 v°.
10. [*Extraits de divers auteurs sur la médecine et l'histoire naturelle, en latin*]*:* Sev. BC 5-5-21 *(dans la table alphabétique du présent article, nous n'avons indexé que les fragments les plus importants).*
11. De las melecinas: «Segund Avicena, en el primero libro, la platica...»: Sal. BU 1743, fol. 231-270 v°.
12. *Notes de médecine en latin:* «Quedam medicinalia. [*Inc.*] Primo nota quod mulier nimis temperata non potest concipere...»: Mad. Acad. Hist. Salazar y Castro F 37, fol. 58-66 v°. — *Autres notes aux* fol. 79-84 v°: «Nota quod febris multipliciter apud auctores difinitur...»
13. Note de lepra, scabie, gutta, fistula, virtutibus aque ardentis: Sev. BC 5-2-35, fol. 181-187,
14. De egestionibus, digestione, medicinis laxativis: Seo de Urgel BC 2052 (84), fol. 111 r-v° *(acéphale).*
15. Speculum anime. *Inc.:* «Objecta virtutum specula... Ens enim primum ordine essendi...»: Mad. BN 17813, fol. 1-30 v° *(Le livre III concerne la physiologie et la médecine).*
16. *Notes de médecine en catalan (finissant sur les urines):* Zaragoza BC 1292, n° 3 (110 fol.) [*ms. perdu*].
17. De capitis doloribus. *Inc.:* «Soda nomen commune ad omnes capitis dolores...»: Sev. BC 7-5-42, fol. 75.
18. De diversis signis mortalibus. *Inc.:* «Primo si oculi aut vultus frequenter agitantur...»: Esc. e IV 22, fol. 130 v°-132 v°. — *Voir aussi* Galenus *(Dernières rubriques).*

II. VIE UNIVERSITAIRE

1. Barc. ACA Ripoll 129, fol. 98-113: *maximes et pensées d'étudiants [de Lérida] notamment sur la nourriture, la boisson et la médecine.* — Ibid., fol. 161-162 v°: *discours académique d'un docteur en médecine:* «Ego sum, nolite timere...» — Ibid., fol. 175-178: *Formules de lettres en catalan et en latin (correspondance d'un étudiant de Lérida avec sa famille).*
2. Conclusiones medicorum [Universitatis Salmantine, *vers* 1463]: «Cum Galenus ab Aristotele in principiis deviaverit...»: Pamplona BC 23, fol. 137 v° *(divergences entre Aristote et Galien; degrés de la santé et de la maladie).*

III. COMMENTAIRES ET QUESTIONS SCOLASTIQUES SUR DES AUTEURS (AVICENNE, GALIEN, ETC...)

1. De erroribus Avicenne et Algazel: «Omnes errores ipsius si quis subtiliter investigaverit...»: Gerona BC 78, fol. 171-173.
2. Lectura Avicenne et Hippocratis: Gerona BC 76, fol. 67 v°-89 v°.
3. Medicales resolutiones = *discussion des* Questiones Jacobi Foroliviensis in Tegni Galeni. *Inc.:* «Modus resolutivus quo in doctrinis...»: Sev. BC 7-5-42, fol. 2-74. — *Ibid.*, fol. 76-94, *à propos d'autres questions sur la* Tegni *de* Galien (*cite* Gentilis de Fulgineo). *Inc.:* «In prima questione primi Tegni, dicitur in primo notabili...»
4. Commentum Tegni Galeni: Mad. BN 12366, fol. 53-131 v°. *A comparer avec le ms. 762 de Toulouse. Voir aussi* Petrus Pugo.
5. Comm. in Galeni Tegni, lib. I *(fin du chapitre 2 et début du chapitre 3)* de gradibus sanitatis et morbi: Mad. BN 12366, fol. 52 v° et 59 *(fragment).*

   — Glossa pronosticorum Hippocratis. *Voir* Hippocrates.

IV. QUESTIONS SCOLASTIQUES SUR DES SUJETS MÉDICAUX DIVERS

1. «Questiones in medicina cuiusdam doctoris Ferariensis ad intentionem regis medicorum» (début XVIe s.): Sev. BC 83-2-25.
2. Questiones discipuli ad magistrum: «Magister, quid est natura...»; Ammonitio magistri ad discipulum medicum: Mad. BU 119 (116-Z-31), fol. 125-126. *A la suite* (fol. 126-127 v°). De singulis morbis interrogatio qualiter nascantur. *Inc.:* «Ossa humana obsque cura...».
3. Questiones disputate (vers 1515): Mad. Acad. Hist. Salazar y Castro F 37, fol. 85-86 et 99 v°.
4. «Que complexio est longioris vite ?»: Gerona BC 75, fol. 78-79 v°.
5. Questiones naturales philosophorum. *Inc.:* «Primo igitur queritur «Utrum aer est magis necessarius ad vitam quam cibus...»: Sev. BU 332/155, fol. 152 v°-159 v°.

6. «Utrum digestio in nocitivo [?] vel egritudine dependente a causa, ratione cause accidentis debeatur, vel ratione cause conjuncte, vel utriusque...»: Sev. BC 7-7-18, fol. 171 v°-172.
7. «Utrum ex febre quartana generetur lepra...»: Sev. BC 7-4-30, fol. 66 v°.
8. «Utrum sit possibile per actionem nutritive virtutis melius humidum restaurari...»: Sev. BC 7-5-42, fol. 96-101 v°.
9. De medicinis. *Inc.:* «Circa materiam de medicinis que a medico potentialiter tales nominantur, plures dubitationes insurgunt...»: Sev. BC 7-5-42, fol. 102-108.
10. De anima *Inc.:* «Narrare aliquid de anima certissime grave...»: Tol. BC 97-25, fol. 58 v°-60 v°.

V. ÉLÉMENTS, TEMPÉRAMENT, COMPLEXIONS

1. De elementis. *Inc.:* «Elementum in mundo totius corporis...»: Mad. BU 119 (116-Z-31), fol. 131 v°-134.
2. [De humoribus, temperamentis et urinis.] *Inc.:* Corpus itaque [*lire* igitur?] hominis ex quatuor...»: Barc. Central 864, fol. 3-4. *Voir aussi* Vindicianus, Epistula.
3. [*Sur la complexion, en espagnol*]*:* Sal. BU 2262, fol. 264-267. *Préalablement*, fol. 261-263: «reduzir al enfermo a su propia tierra».
4. De signis repletionis quattuor humorum et medicinis purgativis». *Inc.:* «Universaliter repletionem sanguinis hiis signis...»: Esc. O II 16, fol. 1-4.
5. De symptomatibus humorum singulorum superabundantium. *Voir* Salerni Scola.
6. *Notes en catalan:* Mad. BN 10162, fol. 76 *(humeurs)*, fol. 79 *(urines)*, fol. 80-82 v° *(*ventouses*)*.

— *Voir aussi* IV 4.

VI. ANATOMIE

— Anatomia. *Voir* Galenus *et* Ricardus Anglicus.

1. Anatomia. *Inc.:* «In Tegni attestatur Galienus...»: Sev. BC 7-2-10, fol. 83-87.
2. Anatomia [secundum Avicennam ?] et questiones de phlebotomia. *Inc.:* «Quoniam interiorum membrorum humani corporis omnino...»: Tol. BC 98-3, fol. 115-117.
3. Nota de anatomia oculi: «Nota quod a cerebro exeunt duo nervi quorum unus...»: Esc. f. III 6, fol. 198 v° *(figure)*.
4. Anatomia oculi: «Ad habendum anathomiam et composicionem oculi...»: Zaragoza BC 1265, fol. 99-102 v°.

VII. FIÈVRES

1. *Fragment:* «Deinceps erit sermo noster de curis putridarum sive humoralium...»: Esc. X III 18, fol. 131 r-v°.
2. *Deux fragments sur les fièvres, en catalan:* Tol. BC 97-23, fol. 13-14 et 15-19.

— *Voir aussi* IX 1, 2 *et* 3.

VIII. POULS

1. De pulsibus [secundum Jacobum Foroliviensem, Gentilem de Fulgineo, Marsilium de Sancta Sophia et artem parvam Galeni; *l'auteur pourrait être* «Ugo». *Inc.:* «De pulsibus investigando materiam...»: Sev. BC 7-5-42, fol. 154-160.
2. De pulsibus: «Magnus pulsus naturalis... In sanguineis mollis et plenus...»: Sev. BC 5-1-45, fol. 235 vº-238.
3. De pulsibus: «Magnus pulsus est qui quatuor digitis...»: Mad. 3058, fol. 108 vº.
4. De speciebus pulsus: «Prima species est pulsus gazellans sic dictus...»: Sev. BC 7-5-42, fol. 117,
5. *En catalan:* «Demostrar de vul la conexença de los polsos... Sapies que no es altra cosa pols sino moviment de cor...»: Sev. BC 7-4-27, fol. 16-20.
— *Voir, à la suite, le début de la rubrique* Urines.

IX. URINES

1. Orinas, pols, *en catalan, d'après* Galenus: Tol. BC 97-23, fol. 6-12 vº.
2. Tratado de las orinas, de los pulsos e de otras señales: Sal. BU 2262, fol. 236-263.
3. *Urines, sangsues, saignées et pouls (en catalan):* Barc. BU 239. *Voir aussi* Antonius Ricardi *et* Galenus (fin).
4. De urinis: «Urina in colore ruffa vel subruffa...»: Sev. BC 5-2-35, fol. 91.
5. Orinas, *en espagnol, mutilé, citant* Bernardus de Gordonio *et* «Gilberto en el comentario sobre las orinas de Egidio»: Segovia BC 108, fol. 2-48.
6. Tabula urinarum: «Urina alba per totum spissa...»: Mad. BN 1921, fol. 97-98 vº. Cf. Gualterus Agilon, Contenta urinarum.
7. *En catalan:* «Les horines son conegudes per los metges...»: Sev. BC 7-4-27, fol. 11-16.
8. Quod non possunt omnes egritudines cognosci per urinam. *Inc.:* «Quidam garruli et arrogantes...»: Mad. BU 120 (116-Z-42), fol. 2.
9. «Prima conditio attendenda in urina...»: Sev. BC 7-5-42, fol. 118-119; *autres notes, en latin, sur les urines, jusqu'au* fol. 137 vº.
10. Cautele urinarum: «Prima cautela est ista utrum sit urina hominis vel alter liquor...»: Sev. BC 5-1-45, fol. 230-235.
11. Cautela de urinis: «Prima cautela est an sit hominis vel alterius animalis...»: Mad. BN 3370, fol. 2.—*Ibid.*, fol. 200: «Si vis cognoscere urinam corporis humani apte...»
— *Voir aussi* V 2 *et* 6.

X. SAIGNEE, SANGSUES, VENTOUSES

1. Signa, phlebotomie et cure morborum: Esc. N III 17, fol. 136-162 vº.
2. Tractat sobre la sangnia *(catalan):* Zaragoza BC 1292, nº 13.

3. Flebotomia, ventoses, sanguisuges *(catalan)*: Barc. BU 239, fol. 14 v°-16.
— *Voir aussi* Johannes (Sanctus) *et* V 6; IX 3, etc...

XI. CHIRURGIE (lato sensu).

1. Ars thaladie («interpretatur thaladia opus sive donum Dei quoniam artem Deus scriptam misit in quadam cedula episcopo beate Marie de Podio» *A la croisade, l'évêque célèbre la messe pour implorer l'aide du Seigneur en faveur des nombreux blessés; il trouve la* «cedula» *indiquant le régime à suivre et recommandant l'application de compresses au vin après avoir éventuellenemt recousu les plaies).* «In primis inhibeatur patienti ut ullo modo aquam videat...»: Mad. BN 10299 *(garde).*
2. Tractat de cirurjia *(catalan)*: Mad. BN 10011, fol. 5-34 v° *(incomplet)*.
3. Cirurgia en taules *(catalan)*: «Surugia es sciencia ensenyada...»: Zaragoza BC 1292.
4. Opus manuale cyrurgie breve: «Prima intentio est equare materiam antecedentem...»: Sev. BC 5-2-35, fol. 122-126.
5. De vulneribus: Tol. BC 97-23, fol. 100-103 v° *et* 111-117.
6. Chirurgia de fracturis et dislocationibus: «Scias quod os nasi quandoque deprimitur et quandoque frangitur...»: Sev. BC 5-5-20, fol. 80-95.
7. «Ad exercitium meum, amice frater, scripsimus super hoc: utrum in vulnere capitis cum fractura cranei, debeamus detegere os fractum...»: Sev. BC 7-4-25, fol. 107 v°-109. — *A la suite* (fol. 109 r-v°) *réplique:* «Nos vero dicimus quod predictum quesitum non habet unicam responsionem...»
8. De apostematibus: «Apostema sanguineum cognoscitur per ruborem...»: Sev. BC 5-2-35, fol. 120.
9. [De apostematibus]: «In cura flegmonis dicit Avicenna 'cum autem causa est antecedens...»: Sev. BC 7-4-25, fol. 30-37 *(d'après* Avicenna, Canon, lib. IV, fen 3). — *Autre série de notes aux* fol. 38-45 v° «Apostemata que fiunt in humano corpore...» *avec cures et recettes* (fol. 50-59).
10. Definitiones apostematum calidorum: «Quid est cirurgia? Cirurgia est scientia docens modum operandi...»: Sev. BC 7-5-43, fol. 11-14 v°. — *A la suite:* Regimen exiturarum cutis quando mature sunt.
11. De carbunculo: «Quesitum est utrum cauterium sit ponendum pro cura carbunculi...»: Sev. BC 7-4-25, fol. 72-78 v°.

XII. PESTE

1. De pestilentia annorum 1347-48 in Anglia: Esc. P III 8, fol. 54 v°.
2. De epidemia: «Odoriferum quod preservat a calefactione spirituum...»: Sev. BC 5-1-45, fol. 258 v°.

XIII. RÉGIME, HYGIÈNE

— *Voir* Arnaldus de Villanova, Regimen. — De conferentibus *ci-dessous* XIX, 1.

1. Regimen sanitatis ex Secreto secretorum pseudo Aristotelis: Tol. BC 97-23, fol. 95-97.
2. De regimine sanitatis *(fragment)*: Barc. ACA Ripoll 129, fol. 163.
3. Regimen sanitatis: «Si vis vivere sanus et incolumis...»: Mad. BU 115 (117-Z-5), fol. 76 v°-79 v°.
4. *Notes d'hygiène:* «Aeris immutatio quinque modis fit etc... Ut autem que sunt in terra...»: Sev. BC 7-4-30, fol. 64-66.
5. De dieta: «Mense januarii vinum bibe...»: Sev. BC 82-1-12, fol. 115 v° *(début)*.
6. Tractat de les viandes e dels beures *(peut-être la fin du pseudo Albert)*: Lo forment es trempadament calt...»: Mad. BN 1474, fol. 89-104 v°.
7. Regimen et cure ad episcopum Salmantinum: «Dispositio reverendi patris et domini episcopi Salmantini...»: Sal. BU 2306, fol. 5-7.
8. «Relacion de ciertas enfermedades que un gran señor tenía,de las quales enbio a demandar consejo a muchos phisicos e agora comiença la relacion...»: Mad. Acad. Hist. Salazar y Castro F 37, fol. 35 v° sq.
9. Regimen dandum personis habentibus lapidem in vesica: «Primo quod non comedat panem azimum...»: Mad. BN 1921, fol. 59 v°.
10. *Sur les noisettes, les amandes et les viandes (en catalan):* Sev. BC 7-4-27, fol. 48.
11. *Régime des maladies (catalan):* Tol. BC 97-23, fol. 104-108 v°.
12. Doctrina de veneno evitando: «Principium vero paciendi est...»: Tol. BC 97-23, fol. 109-110.
13. Tresor de beutat (per mundificar el cos de les dones): Barc. BU 68, fol. 151-170. — *Extrait (début):* Barc. Central 864, fol. 58-59.

— *Voir aussi* II 1 *et* XXV 4.

XIV. SEXUALITÉ

— *Voir* Albafumet *et* Trotula.

1. De modo et natura coitus: «Coitus autem qui ad...»: Sev. BC 7-3-29, fol. 91 v°-92.
2. De impedimento conceptionis: «Conceptio impeditur tam vitio viri...»: Sev. BC 5-1-45, fol. 167 v°.
3. *Note sur les organes génitaux:* «Sicut in humana fabrica quartum et ultimum...»: Sev. BC 5-1-2, fol. 179 *(incomplet)*.

XV. ENFANTS

— Voir Hippocrates, Rasis, Trotula.

1. Practica puerorum. *Inc.:* «Passiones (et morbos) puerorum adhuc in cunabulis...»: Mad. BN 1423, fol. 110; Sev. BC 5-1-45, fol. 166 *et* 5-5-21, fol. 119 v°.
2. Practica puerorum: «Pueri multis subjacent infirmitatibus...»: Tol. BC 97-23, fol. 87-88.

XVI. POIDS MÉDICINAUX

1. «Canones quantitatis et ponderum simplicium... Oportet medicum simplicia...»: Mad. BN 1410, fol. 228 v°.
2. De ponderibus medicinalibus. *Inc.:* «Audi letando quid dicam versificando...»: Sev. BC 7-5-43, fol. 2 v°. — *Inc.:* Sciendum est quod dra[g]ma est pondus XX granorum...»: Sev. BC 83-6-18, fol. 200. — *Inc.:* «Nota. Scrupulus est pondus XX granarum...»: Esc. f III 20, fol. 168. — *Note de* 5 lignes: Esc. e IV 22, fol. 130 v°.

   — *Inc.:* «Pondus dictum est eo quod pendet...», *voir le suivant.*
3. De los pesos de las medicinas: «Pesos son dichos...» *(voir le précédent:* Sal. BU 2262, fol. 217-218 v°. — *Autre note en espagnol:* «La libra faze segun cuento de medicina...»: Sal. BU 2306, fol. 7 r-v°.
4. De mensuris: «Mina ytalica et egyptiaca...»: Esc. M II 17, fol. 156 v°.

   — *Voir aussi* Nicolaus.

XVII. DOSES

1. Doses: «Aleon cicotrini est ab aur. semis...»: Valladolid 43, fol. 43-44.
2. Tabula sciendi doses: Mad. BN 3366, fol. 61 [*après le texte* d'Antonius Ricardi].
3. De modo dosandi: «Primus canon: Medicinarum temperatarum non est determinata dosis...»: Esc. ç IV 4, fol. 113-121.

   — *Voir aussi* Antonius Guaynerius, Saladinus.

XVIII. SYNONYMES MÉDICAUX

— Voir Avicenna, Rasis, Nicolaus, Simo Januensis, Mundinus de Foro Julio, Petrus Hispanus, Graciadeus de Asillo.

1. Alphita *ou* Synonyma herbarum: Sev. BC 5-6-31, fol. 47-53 v° *et* 83-6-38, fol. 76-78 *(incomplet);* Esc. a IV 6, fol. 33-49 *et* I II 16, fol. 35-48 v° *(avec des variantes).* — En *latin et espagnol:* «Tractatus sinonome Nicolay in vulgari Yspanico verse cum qua Gallieni est inserta et Avicene»: Mad. BN 3370, fol. 203-220. — Sinonima de los nombres de las medecinas griegos e latynos e abraycos. *Inc.:* «Alfita que quiere dezir farina de çevada...»: Sev. BC 7-6-26, fol. 5-37 v°. — Yervas provechosas a la salud: flor de las yervas. *Inc.:* «Alfita id est farina de cevada...»: Mad. BN 3338, fol. 136 v°-147 v°.
2. Synonyma medica: Gerona BC 80, fol. 103 v°-106. — *Autre série sans doute incomplète:* «Polipodium latine...»: Tortosa BC 234, fol. 193 r-v°.
3. Nomina aliquarum medicinarum in vulgari sermone: Mad. Acad. Hist. Salazar y Castro F 37, fol. 85.
4. Declaración de algunos vocablos de las especies de la medicina: Sal. BU 2262, fol. 190 r-v°.

5. Synonyma Antidotarii Nicolai: «Artemisia...»: Tortosa BC 234, fol. 194-195.
6. *Lexique médical latin, arabe, grec, hébreu, castillan:* Tol. BC 97-9, fol. 624-676. *Voir* Alvaro de Castro.

XIX. VERTUS MÉDICINALES DES PLANTES

1. De conferentibus et nocentibus. *Inc.:* «Conferunt cerebro in maiori appoplexia...», Mad. BU 120 (116-Z-42), fol. 16 v°-18.
   — *Inc.:* «Conferunt cerebro in gravi eius oppressione...»: Mad. BN 1921, fol. 160 r-v°.
2. Versus de speciebus cognoscendis: Barc. ACA Ripoll 126, fol. 25 v°.
3. De simplicibus per ordinem alphabeti: «Aloes arbor in India atque Arabia nascitur ut dicit Ysidorus...»: Granada BU C 67, fol. 95 v°-116 *(fait suite au* Tacuinum sanitatis *d'*Ellucha-sem Elimithar; *utilise* Platearius).
4. De natura herbarum, specierum et lapidum. *Inc.:* «Aloe est succus cuiusdam herbe sic dicte...»: Mad. BN 54, fol. 124-148 *(diffère du* Circa instans *de* Platearius).
5. Herbarius [*75 + 2 numéros*]: Esc. H III 2, fol. 101-75 *(erreur de reliure)*.
6. De plantis medicinalibus: «Galganum est sicum et calidum...»: Sev. BC 82-1-12, fol. 105-107 v°.
7. De herbis: «Herba origanum nascitur locis...»: Esc. e IV 22, fol. 128 v°-130.
8. De junipero: «Juniperus est arbor sic dicta...»: Pamplona, Diputación *(ms. du* Bonum de apibus *de Thomas de Cantimpré)*.
9. *Propriétés et vertus du romarin.* — Propiedades del romero: «Commo yo estoviese en Babilonia...»: Sal. BU 2262, fol. 208 v° *(à rapprocher des* Virtudes del romero *données comme d'*Arnaldus de Villanova *dans le ms.* Mad. BN 2328, fol. 134 v°-136.
   — *Texte catalan:* «Lo romani ha XXVI proprietats...»: Esc. ç III 18, fol. 11-12; cf. *aussi* Barc. Central 86, fol. 53 sq.
   — «He sunt virtutes roris marini. Flox roris marini in panno...»: Mad. BN 10114, fol. 112. — «De las virtudes del romero. Recipe flores roris marini et bullire in aqua...». Mad. BU 115 (117-Z-5), *gardes (ces derniers textes ressemblent à* Arnaldus de Villanova, Proprietates roris marini).
10. Virtutes herbe tunice: *voir* Arnaldus de Villanova *et aussi* Sev. BC 7-4-23, fol. 95. — «Virtuts de la herba de Tuniz»: Vich BC 191, fol. 4 v° *et* Barc. Central 864, fol. 39 [41] *(lié au* Thesaurus pauperum *attribué à* Petrus Hispanus).
   — Voir aussi XVIII.

XX. ANTIDOTAIRES

1. Antidota: «Antidotum sive cartaticum gera Galieni ad flegma deponenda...»: Barc. ACA Ripoll, 106, fol. 9 *(Xᵉ s.)*.

2. Liber antidotorum a pluribus non adeo cognitorum: «Antidotum ad stomachi et jecoris debilitatem...» *(cf.* Antidotarium Nicolai): Tol. BC 98-4, fol. 72-73 v°. — *Ibid.*, fol. 73 v°-74 v°: Liber potionum dulcium: «Potiones ad senes quibus flegma et melancolia dominantur...». — *Ibid.*, fol. 8-89 v°: De oleis *se rattachant peut-être à l'antidotaire du* De stomacho *de* Constantinus Africanus.
3. «Antidotarium huius operis» *(se rattache au traité:* «Oppilationem significat...», *ci-dessus* I, 3). *Inc.:* «Trocisci de melle purgantes coleram...»: Mad. BN 1410, fol. 221-226.
4. Antidotaire *(acéphale, extraits):* Tol. BC 98-3, fol. 1-3 v°.
5. Antidotarium: «Antidotum quod dicitur panchia ad digestionem...»: Esc. N III 17, fol. 1 *(fragment).*
6. *Liste de médicaments et d'antidotes:* «... ut dicit Johannes de Sancto Amando in antidotarium Nicolay»: Mad. BU 115 (117-Z-5), *début du ms.*
7. Notes pharmaceutiques: Mad. Acad. Hist., Salazar y Castro F 37, fol. 103-104 v°.
8. Libro de los olios: Sal. BU 2262, fol. 219-233.

— *Voir aussi* XVIII.

XXI. *Voir maintenant p. 221*

XXII. ASTROLOGIE MÉDICALE

Les textes proprement astrologiques feront l'objet d'une autre publication.)

— Sphera vite et mortis. *Voir* Apuleius, Hippocrates, Petosiris, Pythagoras.

1. *Notes diverses d'astrologie populaire concernant la médecine (catalan):* Valencia BU 216 (Gutiérrez 902), *notamment* fol. 57-58 *et* 67 v°-72.
2. Versus de observatione signorum secundum cursum lune (Regimen Salernitanum ?) «Nil capiti facies, Aries dum luna refulget...»: Mad. BN 17961, fol. 12; Esc. J II 7, fol. 172; Seo de Urgel BC 2052 (84), fol. 118 *(au* fol. 60 v°, *esquisse inachevée d'homme astrologique).*
3. *Introduction à l'astrologie:* «Qui cursum lune recte scire...»: Tol. BC 96-32, fol. 54-66 v°.
4. Lunarium *en latin et en allemand:* Mad, BN 8769, fol. 99 v° + fol. 1.
5. Lunarium: «Luna prima omnibus rebus agendis utilis...»: Esc. P II 5, fol. 100.
6. Lunarium «Luna prima factus est Adam...» *en version catalane:* Valencia BU 216 (Gutiérrez 902), fol. 69 v°-72. — *Ibid.*, fol. 67 v°: «Los XXXVII dies de gran perill... del compte dells Grechs.»
7. «Los XXXII dies signats que son en los meses del any» [*jours néfastes*]: Gerona, Seminario 31, *verso de la 2e feuille de garde.*
8. De pronosticis morborum: «Si quis prima die cuiuslibet mensis in infirmitate ceciderat...»: Mad. BN 2223, fol. 45 v°.

9. *Astrologie médicale:* «Planete sunt VII quibus hec inferiora...» Tol. BC 97-23, fol. 82-83 v°. *A la suite, notes assez décousues d'embryologie et d'astrologie.*
10. Tractat dels XII signes *(derniers mots; peut-être la fin du* pseudo-Albert *en catalan):* Mad. BN 1474, fol. 89.
— *Voir aussi* XXIII 5.

XXIII. CHIROMANCIE, PHYSIOGNOMONIE, INTERPRÉTATION DES SONGES

1. Chiromancia *en italien:* Sev. BC 7-6-23, fol. 142-146 v°.
2. *Physiognomonie en italien incorporée au* Colliget *d'*Averroes: Sev. BC 7-6-23, fol. 135 v°-147.
3. Physiognomonie. *Voir* Henricus IV, rex castelle.
4. Notabilia artis phisionomie. *Inc.:* «Diversorum dispositiones membrorum secundum...»: Mad. BN 3371, fol. 82-84.
5. Interpretationes sompniorum: «Luna prima quicquid in somniis...»: Esc. ç IV 4, fol. 126 v°.
Voir aussi Pseudo Aristoteles, Secretum secretorum; Daniel, *etc.*

XXIV. RECOURS À LA RELIGION, FORMULES PIEUSES

1. *Prières et formules pour conjurer les maux (en latin):* Tol. BC 97-23, fol. 32 v°-33 v°.
2. «Ki weut aver requeste vers Notre Dame, il doit aler a Muster dewant le autel Notre Dame sainte Marie dewant sa ymage X jurs...»: Seo de Urgel BC 2052 (84), fol. 110. — *Ibid.:* «Si le vent seit grant la nuit de Noel, en icel an reis e eveskes perirunt sanz dute...»
3. Conjuracion de la gota *(en latin et en espagnol):* Santander, B. Menéndez y Pelayo ms 77 (catalogue, n° 67), fol. 53 v°-54 v° (XIVe s.).
— *Voir aussi* Petrus (Sanctus) *et* Apollonia (beata).

XXV. DÉONTOLOGIE. RELATION MALADE-MÉDECIN

1. De introductione medici ad agrotum: «Cum (igitur), o medice, ad egrotum...»: Mad. BN 3058, fol. 90-96 v° *(où le texte est attribué à* Alkindi). *Voir* Archimatheus, Practica.
2. Quedam carmina medicinalia: Mad. Acad. Hist. Salazar y Castro F 37, fol. 84.
3. *Sept vers déontologiques:* «Respiciunt medicum triplici vultu patientes...»: Gerona BC 74, fol. 216 v°.
4. *Vers salernitains sur la morale et le régime. Inc.* «Si tibi deficiant medici... Parce mero, cenare cave...»: Tarragona BP 44, fol. 24 v°-25.
5. Qualiter debeat ingredi medicus ad egrotum: «Ingrediatur medicus ad egrotantem moderatis gressibus...»: Esc. a IV 6, fol. 197 v°.

6. «Medicus debet esse studiosus in cognoscendo...»: Mad. BN 3370, fol. 47.
7. *Miniature d'un malade dans son lit (XIVe s.):* Barc. ACA Ripoll 112, fol. 5.

— *Voir aussi* IV 2 *et* Estefano, Visita e consexo..

XXVI. RECETTES

1. En latin: *Réceptaire de Manresa, voir* Bernardus Despujol. — *Réceptaire de Puigcerdá (ms, non retrouvé), voir* E. Canibell, Bibliografia medical de Catalunya *(Barcelona, 1918)*, p. 359, n° 1980. — Barc. ACA Ripoll 59, fol. 304 v° *(recettes en hexamètres, d'une main du XIe s.);* Ripoll 181, fol. 1-11 *(réceptaire acéphale)* et fol. 28 v°-29, 85 v°-86. — Esc. a IV 6, fol. prél. I à VI; ç IV 4, fol. 1-101 et 127-131 *(origine italienne, XVe-XVIe s.);* e IV 22, fol. 57-67, 73-128; f III 6, fol. 164 v°-166, 179 et 197 v°-199; H III 2, fol. 25-116 (Sérapion, Avicenne, Galien, Andreas Hispanus, etc...); I II 16, fol. 48 v°-52 (Mesué, Petrus de Tussignano, etc...); J II 17 (garde); L III 18, gardes I et II; M II 17 *(recettes dépouillées dans l'index alphabétique; voir aussi* Arnaldus de Villanova, Prestrinctio); X III 18, fol. 243. — Mad. BN 927, fol. 1; 1193, fol. 287 (confectio trociscorum); 1409, fol. 95 v°; 1410, fol. 39 (sirupus maior contra vitium lapidis pro papa Gregorio); 1921, fol. 180 v°-181 v°; 3066, fol. 109; 3370, fol. 194 (ad preparandum vinum); 4235, fol. 162 v°-164 et 169-170; 10114, fol. 112. — Mad. BU 119 (116-Z-31), fol. 140-144. — Sal. BU 2055, fol. 80 v° («grana juniperi mane sumpta confortat stomacum...»). — Sev. BC 5-1-45, fol. 3-5, 7-41 v° et 263 v°; 5-2-35, fol. 6-10, 60 v°-94 v° *(voir* Mesue), 121, 178 v°-180 v°, 224 v°-225; 5-5-20, fol. 77-79 *(référence au* Liber aquarum *de* Petrus Hispanus); 5-5-38, fol. 56 v°-58 (de medicinis que ornant faciem); 7-4-23, fol. 2 v°-3; 7-4-25, fol. 50-59, 93 v°-102 *(voir aussi* Thomas de Garbo *et* Nicolaus de Sancta Sophia), 117-120 *(après* Benedictus de Sarzana *se référant à expérience* personnelle); 7-5-43, fol. 2 v°-8. — Tol. BC 98-3, fol. 111 r-v^{o} (ad difficultatem partus) et 124-126; BC 98-4, fol. 107 v°. — Tortosa BC 234, fol. 126 (collirium ad maculam delendam).
2. En latin et catalan: Barc. ACA Ripoll 71, fol. 145 v°-146. — Barc. BU 239, fol. 17-21. — Gerona BC 80, fol. 98 r-v^{o}.
3. En catalan et valencien. *Voir* Johan (micer). — Barc. ACA Ripoll 191, fol. 99-102 v°. — Barc. Central 86 (XVIIIe s.); 196; 490, fol. 125 v°-128; 850 (réceptaire catalan du XIVe s.) 864, fol. 5 v°, *voir aussi* Petrus Hispanus, Thesaurus; 1151 *copiant le ms.* Valencia BU 652, cf. *ci-après.* — Barc. BU 68, fol. 172-184 (Libre de totes maneres de confits) *voir aussi* Sent Sovi. — Gerona, Seminario 31 *(gardes).* — Mad. BN 1474, fol. 139-141 v°; 3066, fol. 21 v° et 33; 3356, fol. 33; 10162. — Montserrat 1022, II (para fer compixar fembra... *en cryptographie).* — Seo de Urgel 2105 *(verso de la première couverture:* Para 1 ventre...»). — Sev. 5-5-20, fol. 152-154; 7-4-27, fol. 2-7, 49-66 *(gynécologie et ophtalmologie)* et

154-156. — Valencia BU 216 (Gutiérrez 902), fol. 1-15, 26 et 135-137 v°, *voir aussi* Macer, Jacobus Oliver; 311 (Gutiérrez 1945), fol. 222 v° (A mal de membre del hom. A mal de pedra. A mal de cuchs e de vermens); 652 (Gutiérrez 1920), Libre de receptes *recopié dans le ms.* Barc. Central 1151, cf. *ci-dessus.* — Vich BC 191.

4. En latin, catalan et castillan: Esc. ç III 18, fol. 10 v°-12 *et fin du ms.*
5. En latin et en espagnol. *Voir* Diego de Anaya. — Esc. O II 19, fol. 169-172 v° et 205-206. — Mad. Palacio 1521, fol. 27-30 [36-39] XVIe s., «mal frances». — Sal. BU 2306, fol. 5-7 et 103 r°-v° (notamment pour les yeux). — Sev. 82-2-28, fol. 74-76. — Tol. BC 94-15 *(garde finale).*
6. En espagnol: Esc. b IV 34, fol. 209-216 cf. Moralejas (doctor de las); h III 17, fol. 216; I II 16, fol. 1-2, *voir* Guillem Servent; Z I 6, fol. 152. — Mad. Acad. Hist., Salazar y Castro F 37, fol. 28-54 v°, *voir aussi* Díaz de Mendoza. — Mad. BN 1197, fol. 162 v°-163; 2165, fol. 306 v°; 10162, fol. 110 r-v°. Mad. BU 64 (117-Z-26), fol. 175 v° (para el dolor de las muelas o dientes). — Mad. Palacio 1521, fol. 1 v°. — Sal. BU 2262, fol. 183 v°-189. — Sev. BC 7-6-26, fol. 3 v°-4 v°; 7-6-27, fol. 23-25; 7-6-28, fol. 136.
7. En espagnol et en portugais: Mad. BN 1462 (XVIe siècle).
8. En catalan, en espagnol et en italien: Esc. b IV 31, fol. 56-71 (Receptario de diversas enfermedades, *de diverses mains).*
9. En latin et en italien: Esc. a IV 6, fol. 54 v°-57 et 63-67; H III 2, fol. 25-116 (95 v° *en italien).* — Sev. BC 7-2-24, fol. 160-165.
10. En latin et en anglais: Esc. P III 8, fol. 51 v°-55 v°.
11. En allemand: Sev. BC 82-1-12, fol. 113 v°-115.
12. En français: Esc. I III 7, fol. 110-111: cf. L. Wiese, *dans* Mélanges A. Jeanroy *(Paris, 1928),* p. 663-671.

V

TABLE DES INCIPITS LATINS NON RECENSÉS PAR L. THORNDIKE ET P. KIBRE

Voici donc la liste des incipits non recensés dans la seconde édition de *A catalogue of incipits of mediaeval scientific writings in latin* par L. Thorndike et P. Kibre (Londres, 1963): c'est à ce volume que se réfèrent les lettres T K suivies d'un incipit.

Pour une correcte identification des œuvres, on trouvera ci-après, dans tous les cas, soit un nom d'auteur renvoyant à notre index alphabétique, soit le numéro du texte dans notre table des anonymes (an.), par exemple «an. XV 2».

Il n'est pas tenu compte des doxologies et, le cas échéant, des citations faisant l'objet d'un commentaire.

«Ad habendum anathomiam et composicionem oculi...»: *Voir* Galenus, Anathomia et compositio oculi. secundum G. *et* an. VI, 4.
«Aeris immutatio quinque modis...»: an. XIII, 4.
«Aloes arbor in India...»: an. XIX, 3.
«Antidotum quod dicitur panchia...»: an. XX, 5.
«Apostema quandoque fit in ipso testiculo...»: Dinus de Garbo, Dispositionibus virge.
«Apostema sanguineum cognoscitur per ruborem...»: an. XI, 8.
«Artem medicine ab antiquis...»: Arnaldus de Villanova, Prestrinctio.
«Attendens, venerabilis...» (Sev. BC 5-1-45, fol. 240): TK «Intendens...»
«Auctor distinguit fumum triplicem...»: Egidius, Glose super viaticum.
«Audi letando quid dicam...»: an. XVI, 2.
«Aurea vestimenta tristitiam...» (Esc. ç IV 4, fol. 125): Daniel.
«Avicenna subtilis ingenii diversis...»: Christophorus de Honestis, in 1^{am} 1^{i} Canonis.
«Canones quantitatis et ponderum...»: an. XVI, 1.
«Circa materiam de medicinis...»: an. IV, 9.
«Coitus autem qui ad...»: an. XIV, 1.
«Conceptio impeditur tam vitio viri...»: an. XIV, 2.
«Conferunt cerebro in maiori appoplexia...»: an. XIX, 1.
«Contra difficultatem mingendi decoctio...»: Cardinalis, Experimenta.
«Contra dolorem capitis, sole existente...»: Hermes, Sigilla.
«Corpus humanum...»: Mad. BU 119 (116-Z-31), fol. 134 v° = TK «Corpus hominis...»
«Cum ait Galienus...» (Mad. BN 1921, fol. 153 v°) = TK «Galieno testante...»
«Cum auctor iste Ipocras...» (Gerona BC 76, fol. 67 v°): an. III, 2.
«Cum parvo ingenio insit...»: Mafeus de Laude, Problemata.
«Cum secundum precepta jurisconsulti...»: *voir* «Eloquentia perornatissimi...»

«Insequendo modum Avicenne prima quarti...»: Bartholomeus de Sancta Sophia, De febribus.

«Interrogatus Galenus in quibus habet esse terapeutica...»: an. I, 2.

«Iste liber cuius subiectum...»: Petrus Hispanus, in Hippocratis pronostica.

«Juro per Apollonem...»: Hippocratis sacramentum.

«Liber iste pronosticorum est unus de summis operibus Ypocratis...» (Gerona BC 76, fol. 41): *voir* Hippocrates.

«Litteris quibusdam tuis scripsisti...»: Alvarus de Castro, Fundamenta.

«Magnus pulsus naturalis...»: an. VIII, 2.

«Medicinarum temperatarum non est determinata dosis...»: an. XVII, 3.

«Modus resolutivus quo in doctrinis...»: an. III, 3.

«Motus precibus aliquorum...»: Johannes de Parma, Medicinis digestivis.

«Nos vero dicimus quod predictum quesitum...»: an. XI, 7.

«O vos scolastici...»: *voir* «Ego Johannes...»

«Objecta virtutum specula...»: an. I, 15.

«Omnes errores ipsius si quis subtiliter...»: an. III, 1.

«Oportet medicum simplicia...»: *voir* «Canones quantitatis et ponderum...»

«Ossa aliquando...» (Sev. BC 82-4-7, fol. 21 v°): *voir* Bruno Longoburgensis, Chirurgia magna.

«Parcat mihi Deus et dirigat...»: Guillelmus Sedacerii, Ars cyrurgie.

«Pondera et signa medicinalia commoti...» (Mad. BU 119 [116-Z-31] fol. 127 v°) = TK «Pondera medicinalia conati...»

«Premeditatus humano generi...» (Gerona BC 73, fol. 180 v°) = TK «Premeditans procellam humani generis...»

«Prima cautela est ista utrum sit urina hominis...»: an. IX, 10.

«Prima intentio est equare materiam antecedentem...»: an. XI,4.

«Prima species est pulsus gazellans...»: an. VIII, 4.

«Primo Canonis, doctrina 3.ª, capítulo 2.°...» (Sev. BC 7-6-12, fol. 80): Discordantie in Canone Avicenne et Aphorismis Hippocratis. Cf. Antonius de Toledo.

«Primo in universalia...» (Esc. K I 2, fol. 181) = TK «Primo in utile...»

«Primo quid sit epidemia...»: *voir* «Implorato in auxilium...»

«Primo si oculi aut vultus frequenter agitantur...»: an. I, 18.

«Primum experimentum de gutta...»: *voir* «Vestre Sanctitatis servus...»

«Primus canon: medicinarum...»: *voir* «Medicinarum temperatarum non est...».

«Principium vero paciendi est...»: an. XIII, 12.

«Pro huius questionis decisione...»: Johannes Falco, Utrum somni conferant.

«Qualis animalibus est...» (Mad. BN 1978, fol. 81) = TK «Quale a tribus...», Galenus, Temporibus particularibus morbi «Quale animalibus...».

«Que fiunt et possunt...» (Mad. BN 1191) = TK «Eorum autem que fiunt...». Guillelmus de Saliceto, Practica.

«Quem ordinem optineat iste liber...»: Dinus de Florentia in Galenum de complexionibus.

«Utrum causa coniuncta febris sit humor putridus...»: Gentilis de Fulgineo, Quest. de febribus.

«Utrum cauterium sit ponendum pro cura carbunculi...»: an. XI, 11.

«Utrum differentie maxime et principalissime febrium...»: Mundinus de Leuciis, Questio (Esc. f. I 4, fol. 4).

«Utrum forma specifica sit forma naturalis...»: Nicolaus Bertrucius, Quest. disp. (Esc. f I 4, fol. 56 v°).

«Utrum in vulnere capitis cum fractura...»: *voir* «Ad exercicium meum, amice...»

«Utrum sit urina hominis vel alter liquor...»: *voir* «Prima cautela...» *et* an. IX, 10.

«Versificaturo quidem tibi tradere...» (Barc. ACA Ripoll 181, fol. 131), cf. Marbodus.

«Vestre Sanctitatis servus...»: Arnaldus de Villanova, Cure Clementi V.

«Videbitur autem utique hominis...»: Gentilis de Fulgineo, in Lib. de tabe Galeni.

LISTE DES PRINCIPAUX MANUSCRITS UTILISÉS

En même temps qu'elle récapitule les principales cotes, cette liste facilite l'accès aux catalogues susceptibles d'indiquer la date de l'écriture et le contexte approximatif des œuvres médicales ici indexées.

Il n'est évidemment pas question de donner, ci-après, une bibliographie des catalogues, à la manière de ce qu'a fait P. O. Kristeller dans son si utile répertoire *Latin manuscript books before 1600: a list of the printed catalogues and unpublished inventories*, 3e éd. (New York, 1965).

Répétons enfin que notre travail procède des manuscrits eux-mêmes, non de leurs inventaires. Lorsqu'il existe des catalogues acceptables, notre ambition est justement de les dépasser, pour ce qui touche à l'histoire des sciences.

Barc. ACA = Barcelona, Archivo de la Corona de Aragón.
— Ripoll, mss, 50, 59, 71, 106, 112, 126, 129, 174, 181 et 191. Cf. Z. García Villada, dans *Sitzungsberichte d. K. A. (Wien), Phil.-hist. Cl.*, CLXIX (1915), nº 2. Le regretté F. Miquel Rosell a refait l'inventaire du fonds de Ripoll: son travail est en cours de révision pour l'impression.
— Archivo real (Bofarull), mss. 25 et 27.

Barc. BC. = Barcelona, Biblioteca capitular, ms. C 89. Voir la revue *Scrinium*, fasc. VII (oct.-déc. 1952), p. 11, nº 32.

Barc. BU = Barcelona, Biblioteca Universitaria, mss. 68, 239, 580, 585 et 591. Cf. F. Miquel Rosell, *Inventario general de manuscritos de la B. U. de Barc.* (Barcelona, depuis 1958: le t. V et dernier est actuellement sous presse).

Barc. Central = Barcelona, Biblioteca Central, mss. 86, 196, 482, 490, 850 864, 1151, 1829. Voir *Guía de la Biblioteca Central* (Barcelona, 1959). — Description du mss. 86 dans *Butlletí de la Biblioteca de Catalunya*, nº 8 (1918-1919), p. 167. — Sur la ms. 1829 (Arnau de Vilanova), voir M. de Riquer, dans *Analecta Sacra Tarraconensia*, XXII (1949), pp. 1-20.

Esc. = Escorial: mss. a IV 6, a IV 12, a IV 23, b IV 31, b IV 34, ç III 18, ç IV 4, d II 5, e IV 22, f I 4, f I 5, f I 8, f I 10, f III 6, f III 20, g III 29, g IV 9, h II 20, h III 17, & II 9, H III 2, I II 5, I II 10, I II 16, I III 7, J II 7, J II 17, K I 2, K II 7, K II 8, L I 27, L III 18, M I 28, M II 17, N III 17, 0 II 16, P II 5, P III 8, X III 18, Z I 6. Consulter, selon la langue du texte, G. Antolín, *Catálogo de los códices latinos* (Madrid, 1910-1923); J. Zarco Cuevas, *Catálogo de los mss. castellanos* (Madrid, 1910-1929) et *Catálogo de los mss catalanes* (Madrid, 1932). Sur les autres catalogues, voir G. de Andrés, *Real biblioteca de El Escorial* (Madrid, 1970).

Ger. BC = Gerona, Biblioteca capitular, mss. 69, 73, 74, 75, 76, 78, 80. Ms. 69 décrit par A. Adroher Ben, dans *Anales del Inst. de est. gerundenses*, XI (1956-57), p. 21-35.

Ger. Sem. = Gerona, seminario, ms. 31.

Gran. BU = Granada, Biblioteca Universitaria, mss. B 11 et C 67. Sur ce dernier ms., voir L. García Ballester, dans *Boletín Univ. Granada* (1972), p. 123-136.

Mad. Acd. Esp. = Madrid, Real Academia Española, ms. 155.

Mad. Acad. Hist. = Madrid, Real Academia de la Historia, mss. San Román 89 et Salazar y Castro F 37 (cf. B. Cuartero y Huerta et A. de Vargas-Zúñiga, *Indice de la colección de D. Luis Salazar y Castro*, t. XX (Madrid, 1957), p. 287.

Mad. BN = Madrid, Biblioteca Nacional, mss. 19, 54, 105, 138, 604, 609, 921, 927, 928, 1049, 1186, 1191, 1193, 1197, 1198, 1199, 1407, 1408, 1409, 1410, 1423, 1424, 1458, 1474, 1478, 1789, 1877, 1921, 1978, 2016, 2021, 2143, 2147, 2152, 2153, 2165, 2209, 2223, 2328, 2923, 3058, 3066, 3308, 3309, 3338, 3340, 3356, 3366, 3370, 3371, 3381, 3384, 3415, 4220, 4234, 4235, 5240, 6370, 6599, 8769, 8883, 9510, 9522, 10011, 10051, 10078, 10114, 10299, 12237, 12241, 12366, 17813, 17961, 18052.

— Sur les n° 19 à 2923: *Inventario general de mss. de la* B. N. dir. R. Paz et J. López de Toro (Madrid, 1953-1970: 9 vol. parus).

— Mss. 3066, 3356, 10011, 10078 et 10162: J. Domínguez Bordona: *Catál. de los mss. catalanes de la B. N.* (Madrid, 1931).

— Ms. 3338 (Fernando de Córdoba), voir ci-dessus, p. 169, note 3.

— Ms. 3366 (Antoni Ricart), voir ci-dessus p. 167, note 3.

— Ms. 5240: H. Derenbourg, dans *Homenaje F. Codera* (Zaragoza, 1904), p. 611-612.

— Mss. 10011 et 10051: J. M. Millás Vallicrosa, *Traducciones orientales... de Toledo*, p. 129-141, n°s XXXI et XXXII.

— Mss. 10162 et 10299: M. Schiff, *Bibliothèque du marquis de Santillane* (París, 1905), p. 206-208, n°s XXXVIII et XXXIX. Voir aussi *Exposición de la biblioteca de los Mendoza* (Madrid, 1958), n°s 97 et 145

— Mss 17813, 17961 et 18082: P. Roca, *Catál. de los mss. pertenecientes a P. Gayangos* (Madrid, 1904), n°s 919, 1124 et 1131.

— *Voir aussi* M. del P. Hitos Nátera, *Indice de los mss. exist. en la B. N. de Mad. de tnterés a la hist. de la farmacia y ciencias afines:* suite d'articles dans *Bol. de la Soc. Esp. de hist. de la farmacia:* depuis año XIX (1968), n° 74, p. 49, jusqu'à año XXI (1970), n° 82, p. 91.

Mad. B. U. = Madrid, Biblioteca Universitaria, mss. 64, 115 (117-Z-5), 119 (116-Z-31), 120 (116-Z-42), 121 (116-Z-10). Entre parenthèses: les cotes actuelles. Les n°s sont ceux de J. Villa Amil, *Catálogo de los manuscritos existentes en el noviciado de la Universidad Central* (Madrid, 1878).

Mad. Palacio = Madrid, Palacio Real, mss. 1521 et 3063. Les mss. des «colegios mayores» ont été transférés à Salamanque en 1954.

Manresa = Archivo municipal de Manresa, *Receptari* dont une traduction catalane a été publiée par L. Comenge (Barcelona, 1899). Voir aussi plusieurs articles de O. Miró y Borrás.

Montserrat = Monasterio de Ntra. Sra. de Montserrat, mss. 482 et 1022.

Palma BP = Palma de Mallorca, Biblioteca pública, ms. 1029. Cf. J. García Pastor, J. N. Hillgarth et L. Pérez Martínez, *Manuscritos lulianos de la biblioteca pública de Palma* (Barcelona, 1965), p. 43-45, n° 22. *Voir*, ci-dessus, p. 163.

Pam. BC = Pamplona, Biblioteca de la Catedral, ms. 23.

Pam. Dip. = Pamplona, Diputación provincial, ms. non coté.

Sal. BU = Salamanca, Biblioteca Universitaria, mss. 247, 1743, 1866, 1878, 2055, 2089, 2262 et 2306: G. Beaujouan, *Manuscrits scientifiques médiévaux de l'Université de Salamanque* (Bordeaux, 1962).

Sant. M. y P. = Santander, Biblioteca Menéndez y Pelayo, mss. 77 et 89. Ils portent les n°s 67 et 370 dans M. Artigas et E. Sánchez Reyes, *Catál. de la Bibl. de M. y P.*, t. I, *Manuscritos* (Santander, 1957).

Seg. BC = Segovia, Biblioteca de la Catedral, mss. 40 et 108. Cf. G. Beaujouan, *Manuscrits scientifiques médiévaux de la cathédrale de Ségovie*, dans *Actes du XIe Congr. int. d'hist. des sc.*, t. III, p. 15-18; voir, ci-dessus, p. 162, note 2.

Seo de Urgel BC = Biblioteca Capitular, mss. 2052, 2053 et 2105.

Sev. BC = Sevilla, Biblioteca Colombina.

Nous indiquons, entre parenthèses, les lieu et date d'acquisition par Fernand Colomb; cf., ci-dessus, p. 165, note 2.

— Mss. 5-1-2 (Lyon, sept. 1535). — 5-1-13 (Barcelona, juin 1536). — 5-1-17 (Burgos, nov. 1531). — 5-1-45 (Lyon, sept. 1535. — 5-2-21 (Séville, juin 1527). — 5-2-35 (Lyon, sept. 1535). — 5-4-48. — 5-5-14 (Padoue, 4 avr. 1531). — 5-5-20 (Milan, févr. 1531 et Lyon, sept. 1535). — 5-5-21 (Milan, févr. 1531). — 5-5-36. — 5-5-38 (Padoue, 10 avr. 1531). — 5-6-14. — 5-6-31. — 5-7-16, 17 et 18 (Lyon, sept. 1535). — 6-2-6 (Rome, octobre 1512). — 7-2-1. — 7-2-10 — 7-2-24, fol. 160-165 (Padoue, 1531). — 7-3-29 (Lyon, oct. 1535). — 7-4-9 (Padoue, avr. 1531). — 7-4-23 (Milan, févr. 1531). — 7-4-25 (Padoue, 10 avr. 1531). — 7-4-27 (Barcelone, juin 1536). — 7-4-28 (Padoue, 10 avr, 1531). — 7-4-30 (Lyon, sept. 1535). — 7-5-42 (Padoue, 10 avr. 1531). — 7-5-43 (Milan, févr. 1531). — 7-6-12 (Lyon, sept. 1535). — 7-6-23. — 7-6-26 (Séville). — 7-6-27 (Séville). — 7-6-28 (Medina del Campo, juin 1537). — 7-6-29. — 7-6-31 (Milan, 4 févr. 1531). — 7-7-9. — 7-7-18 (Padoue, 10 avr. 1531). — 82-1-12 (Cologne, juillet 1531). — 82-1-18 (Milan, févr. 1531). — 82-2-28. — 82-4-7. — 83-2-18. — 83-2-25. — 83-4-25. — 83-6-18. 83-6-38.

— Voir G. Beaujouan, *Manuscrits scientifiques médiévaux de la Bibliothèque Colombine*, dans *Actes du Xe Congrès int. d'hist. des sc.*, t. I, p. 631-634. Voir ci-dessus, p. 162, note 1.

Sev. BU = Sevilla, Biblioteca Universitaria, ms. 332/155.

Tar. BC = Tarragona, Biblioteca Capitular, ms. 2-58 (perdu).

Tar. BP = Tarragona, Biblioteca Provincial, ms. 44. Cf. J. Domínguez Bordona, *El Escritorio y la primitiva biblioteca de Santes Creus* (Tarragona, 1952) p. 51, n° 44.

Tol. BC = Toledo, Biblioteca del Cabildo, mss. 47-15; 47-19; 47-20; 94-15; 94-19; 96-31; 96-32; 97-7; 97-8; 97-9; 97-10; 97-11; 97-13; 97-14; 97-23; 97-25; 97-26; 98-3; 98-4; 98-8. Selon l'ordre des cotes, presque tous ces mss. sont excellemment décrits par J.-M. Millás Vallicrosa, *Las Traducciones orientales en los mss. de la Bibl. Catedral de Toledo* (Madrid, 1942). *Voir*, ci-dessus, p. 163.

Tort. BC = Tortosa, Biblioteca Capitular, mss. 80. 144 et 234. Voir E. Bayerri Bertomeu, *Los Códices medievales de la catedral de Tortosa* (Barcelona, 1962).

Val. BC = Valencia, Biblioteca de la Catedral, ms. 123. Cf. E. Olmos y Canalda, *Catálogo descriptivo de los códices de la catedral de Valencia* (Valencia, 1943), p. 95-97.

Val. BU = Valencia, Biblioteca Universitaria, mss. 216 (Gut. n° 902); 311 (Gut. n° 1945); 652 (Gut. n° 1920); 838 (Gut. n° 2396).

— Gut. = M. Gutiérrez del Caño, *Catálogo de los manuscritos existentes en la Bibl. Un. de Valencia* (Valencia, 1913), 3 vol.

Valladolid BU = Universidad y Colegio de Santa Cruz, ms. 43. Voir S. Rivera Manescau, dans *Anales de la Un. de Valladolid*, II (1929), p. 331-332 (nos 21 à 23).

Verdú, Archivo parroquial, ms. non vu: il a été publié par E. Arderiu et J. M. Roca: *Jacme d'Agramont, Regiment de preservacio a epidemia* (Lérida, 1910). M. Bohigas m'a aimablement communiqué une notice de ce ms. (Canibell, no 98).

Vich BC = Biblioteca de la Catedral, ms. 191. Cf. J. Gudiol, dans *Butlletí de la Biblioteca de Catalunya*, VIII (1928-1932), p. 96-97.

Zar. BC = Zaragoza, Biblioteca Capitular, mss. 1265, 1292 et 3180. Je n'ai pu voir ces mss. qui semblent avoir disparu. Voir J. M. March, dans *Butlletí de la Bibl. de Catalunya*, VI (1920-22), p. 257-366.
— Sur le ms. 1265: Alcoati, *Libre de la figura del uyl*, éd. L. Deztany (Barcelona, 1933).
— Sur le ms. 3180: *El «Libre de les medicines particulars»... de Ibn Wáfid*, éd. L. Faraudo de Saint Germain (Barcelona, 1943).

A la page 209, la subdivision XXI a été sautée: en voici le contenu.

XXI. VIN, EAU DE VIE

Voir Arnaldus de Villanova (De vinis) *et* Maino de Maineri.

1. Vinorum confectiones (*vins médicaux*). *Inc.* : "Vinum passularum conficitur sic : pro qualibet sarcinata... ": Mad. BN 138, fol. 6-7.
2. Virtuts de l'aygua ardent (*catalan*) : Mad. BN 105, fol. 122-124 vo.

VI

FERNAND COLOMB ET L'EUROPE INTELLECTUELLE DE SON TEMPS

Point n'est besoin de présenter ici Fernand Colomb, le second fils du découvreur de l'Amérique[1]. Il suffira de rappeler qu'à sa mort, en 1539, il possédait plus de 15 381 livres et plaquettes reliés en quelque 12 119 volumes. Bien rares devaient être les simples particuliers qui pussent alors se vanter d'avoir jamais réuni une collection aussi nombreuse.

Mais Fernand Colomb n'était pas, à proprement parler, un bibliophile. Aux manuscrits liturgiques richement enluminés et aux éditions, même

1. On trouvera l'essentiel de la bibliographie sur Fernand Colomb dans E. JOS, *Investigaciones sobre la vida y obras iniciales de Don Fernando Colón,* Sevilla, 1945.

— Y ajouter J. TORRE REVELLO, *Don Hernando Colón, su vida, su biblioteca, sus obras* dans *Revista de historia de América,* n° 19, juin 1945, p. 1-59. — E. JOS, *La "Historia del Almirante" y algunas questiones de esta historia* dans *Estudios geográficos,* t. X n° 16, 1949, p. 445-476.

— D. GARCIA ROJO, *Fernando Colón y la Biblioteca colombina* dans *Boletín de la Dirección general de archivos y bibliotecas,* año I, n° 7, oct. 1952, p. 25-29. — M. RUFFINI, *Fernando Colombo e i libri italiani di Siviglia,* Torino, 1960. — A. CIORANESCU, *Primera biografía de Cristóbal Colón : Fernando Colón y Bartolomé de Las Casas,* Tenerife, 1960.

Parmi les travaux déjà plus anciens, on retiendra particulièrement ceux de H. HARRISSE S. de la ROSA, J. BABELON, M. SERRANO Y SANZ, A. ESTEBAN ROMERO, J. HERNANDEZ DIAZ et A. MURO OREJON.

somptueuses, des œuvres les plus répandues, il préférait les simples cahiers d'étudiants, lorsqu'ils renfermaient des textes inédits, ou encore les opuscules de quelques pages dont il prévoyait avec raison que, sans lui, ils risquaient de se perdre à jamais pour la postérité.

La composition de cette extraordinaire bibliothèque peut être exactement connue grâce aux admirables répertoires qu'en a fait rédiger Fernand Colomb et que souvent même il a transcrits de sa propre main [2]. « Grandeur et décadence de la Colombine ! », clamait Henry Harrisse [3] : il faut bien reconnaître en effet que, du milieu du XVIe siècle à la fin du XIXe, le précieux dépôt confié au chapitre cathédral de Séville a trop souvent été traité avec une coupable négligence. La moitié, peut-être même les deux tiers du fonds primitif ont aujourd'hui disparu.

Mais le regret des richesses perdues ne doit pas conduire à sous-estimer l'importance du trésor bibliographique encore conservé. Les livres imprimés de la Bibliothèque colombine sont, aujourd'hui, universellement connus grâce à un monumental catalogue dont les sept volumes ont paru, irrégulièrement du reste, entre 1888 et 1948 [4].

Les manuscrits, en revanche, ne sont encore que trop exceptionnellement consultés des spécialistes : le monde savant aura donc appris avec joie que le soin d'en dresser scientifiquement le catalogue a récemment été confié à D. Tomás Marín, professeur de paléographie à l'Université de Séville.

***

Pour annoncer la mise en route de cette belle entreprise et comme pour ainsi mettre en lumière les difficultés auxquelles elle se heurte, D. Tomás Marín a eu l'excellente idée de publier une description très détaillée de l'un des manuscrits soumis à sa science [5].

2. Pour la description de ceux de ces répertoires qui sont aujourd'hui encore conservés, voir le travail fondamental de A. ESTEBAN ROMERO, *D. Fernando Colón : su personalidad literaria, repertorios bibliográficos y manuscritos,* Sevilla, 1939.

3. H. HARRISSE, *Grandeur et décadence de la Colombine* dans *Revue critique* du 18 mai 1885. — *Grandeza y decadencia de la Colombina,* Sevilla, 1886. — *Toujours la Colombine* dans *Revue critique* du 7 juin 1897.

4. *Biblioteca colombina : catálogo de sus libros impresos... con notas bibliográficas del Dr. D. Simón de la Rosa y López,* Sevilla, 1888, 1891, 1894, puis s. d. — t. VII, Madrid, 1948 ; t. III (2e éd.), Sevilla, 1952.

5. T. MARIN, *Un nuevo códice carolino* (*Bibl. colombina, ms. 101*) dans *Hispania sacra,* XII, 1959, p. 165-189.

Cet article de vingt-cinq pages mérite un long compte-rendu, car on y trouve déjà posés des problèmes qui réapparaîtront fatalement tout au long du catalogue projeté : nos suggestions et nos critiques doivent être ici d'autant plus franches qu'elles ont encore des chances d'être entendues à temps.

Le volume décrit par Don Tomás contient donc le *De promissionibus Dei* attribué à Prosper d'Aquitaine et un ensemble assez complexe de textes hagiographiques. En ce qui concerne le traité du pseudo-Prosper, il semble bien insuffisant de s'en remettre entièrement à l'*Admonitio* publiée dans la Patrologie de Migne, sans même indiquer qu'on croit y reconnaître aujourd'hui la dernière œuvre du saint évêque de Carthage Quodvultdeus (vers 444-450) [6]. Quoi qu'il en soit, le manuscrit lui-même date de l'époque carolingienne et il est annoncé comme devant ultérieurement porter le n° 101. En fait, il est actuellement coté 5-3-4, mais cela l'article ne le dit pas (pas plus qu'il n'indique l'ancienne cote du XVIIIe siècle [7]).

D. Tomás Marín rappelle naturellement que le volume en question a appartenu à Fernand Colomb, mais il croit suffisant de renvoyer le lecteur à l'introduction du catalogue qu'il prépare, dit-il, en collaboration avec notre compatriote M. Guy Fink. Cette échappatoire ne parvient pas à dissimuler une complète méconnaissance des méthodes de travail de Fernand Colomb et une ignorance quasi-totale du maniement de ses inventaires.

Traduisons plutôt : « Parmi les registres ou inventaires que fit personnellement des livres de la bibliothèque son fondateur Fernand Colomb, le plus connu est celui publié par A.-M. Huntington [8] en édition facsimilé. Pourtant, on n'y rencontre pas le manuscrit carolingien bien que sur son premier feuillet, dans la marge supérieure, il laisse voir le n° 7574 sous la forme et dans les conditions habituellement usitées dans d'autres volumes pour marquer le numéro correspondant au dit catalogue fernandin. »

Il serait en effet bien difficile que le n° 7574 pût apparaître dans le *Registrum B* (édité par Huntington) qui, précisément, s'arrête au n° 4231

6. Bibliographie indiquée par E. DEKKER, *Clavis patrum* dans *Sacris erudiri,* III, 1951 p. 77, n° 413 et P. GLORIEUX, *Pour revaloriser Migne,* Lille, 1952, p. 36 (P.L. 51). Voir surtout P. SCHEPENS, *Un traité à restituer à saint Quodvultdeus, évêque de Carthage au Ve siècle* dans *Recherches de science religieuse,* X, 1919, p. 230-243.

7. On trouvera la concordance entre les cotes du XVIIIe siècle et les numéros actuels grâce à G. FINK ERRERA, *A propos des bibliothèques d'Espagne : tables de concordances,* dans *Scriptorium,* XIII, 1959, p. 89-118.

8. A. M. HUNTINGTON, *Catalogue of the library of Fernand Columbus,* New-York, 190[illegible] (simple reproduction photographique du *Registrum B :* D. Tomás Marín espère en publier prochainement la transcription).

Mais il y a encore à cela une autre raison : le numéro 7574 est, dans le manuscrit, surmonté d'une petite barre horizontale : il fournit donc la cote topographique du volume. Lorsque les numéros d'enregistrement sont eux aussi reportés sur les livres, ils sont généralement inscrits dans un petit rectangle.

Les numéros d'enregistrement sont, du reste, faciles à trouver, constitués qu'ils sont par les nombres soulignés dans l'*Abecedarium B.* En cherchant à « *Martyrum nonnullorum vite et miracula* de mano » et à « *Prosperi de predictionibus et promissionibus Dei* de mano *sine fine* » on y découvre en effet le nombre 14185. On vérifie alors dans la table numérique transcrite à la suite du *Registrum B* (fol. 198-236) que le numéro 14185 correspond effectivement à la cote 7574.

La découverte de ce numéro 14185 peut sembler dépourvue de tout intérêt. Pas tellement, pensons-nous, puisque, au terme de recherches dont on lira plus loin l'exposé, elle nous incite à penser que le manuscrit carolingien de Séville a été acheté par Fernand Colomb, à Lyon, entre le 23 novembre et le 6 décembre 1535 (très probablement le 23 novembre). Faute d'avoir pu préciser cette circonstance, D. Tomás Marín s'étonne du titre copié sur la reliure et sur l'un des feuillets de garde : *De martyrio Irenei.* « Nous ne savons pas, écrit-il, ce qui a conduit l'annotateur du volume à désigner ainsi le contenu de la seconde partie qui, en réalité, ne répond que très partiellement à ce titre. »

Lorsque la reliure a été refaite au XVIIe siècle, le bibliothécaire sévillan Loaysa a dû, semble-t-il, reproduire une étiquette ancienne aujourd'hui disparue. Connaissant l'origine lyonnaise du manuscrit, on ne s'étonne plus de voir ainsi mettre en vedette Saint Irénée qui est justement à Lyon, dont il fut l'évêque, l'objet d'une toute particulière dévotion.

Renonçant à poursuivre plus avant l'examen du manuscrit carolingien de Séville, nous voudrions seulement avoir montré qu'il est impossible d'entreprendre sérieusement l'étude de l'un quelconque des livres de la Bibliothèque colombine sans avoir préalablement découvert dans quelle ville d'Europe il a été acheté par Fernand Colomb. Lorsque le lieu et la date d'acquisition ne se trouvent pas inscrits sur le volume lui-même, la connaissance du numéro d'enregistrement crée souvent une présomption intéressante : c'est du moins ce que suggère une première ébauche de statistique qu'il convient maintenant de présenter.

***

Quand le numéro d'enregistrement d'un livre de la Bibliothèque colombine est inférieur à 4232, il faut se reporter, comme on l'a dit plus haut, au fameux *Registrum B* publié en fac-similé par Huntington. On y trouve alors en quelques secondes, calligraphiée de la main même de Fernand Colomb, une belle notice donnant le nom de l'auteur, le titre de l'ouvrage, l'*incipit*, l'*explicit*, le format, l'adresse typographique ou l'indication qu'il s'agit d'un manuscrit, enfin, le lieu et la date d'acquisition de l'exemplaire ainsi décrit.

Depuis longtemps fascinés par ce magnifique inventaire, les bibliographes ont répété à l'envi que l'ordre des notices y est complètement arbitraire et que seules l'ultime maladie et la mort de Fernand Colomb en ont interrompu la confection.

Cette dernière affirmation n'est en réalité qu'une fleur de rhétorique : elle se trouve en flagrante contradiction avec le témoignage du propre secrétaire de Fernand Colomb, le bachelier Juan Pérez « ... *y esto hizo desde el primer libro hasta el libro 4231 y porque, después, evinieron los libros en grand cantidad, no se pudo llevar adelante y dejose de escribir más salvo que prosiguió por los números solamente hasta el postrero que está en la librería* »[9].

Ainsi donc Fernand Colomb a lui-même renoncé à poursuivre l'exécution de ce méticuleux inventaire, débordé qu'il fut par le trop rapide accroissement de ses collections à partir de 1530.

Partant d'un petit noyau de 238 volumes en 1509[10], le nombre des acquisitions enregistrées par l'*Abecedarium A* s'élevait déjà à 5878 aux alentours de 1526[11], mais il faut en déduire les n°s 925 à 2562, c'est-à-dire 1638 articles achetés en 1521 et perdus en mer lors du naufrage d'une caraque[12]. Le total se trouve donc réduit à moins de 4240. Les quelques acquisitions supplémentaires des années 1526-1529 compensent grosso-modo les ouvrages perdus ou éliminés pour diverses raisons. On n'est donc pas

9. Publié par H. HARRISSE, *Excerpta colombiniana,* Paris, 1887, p. 279.
10. E. JOS, *Investigaciones sobre Fernando Colón,* p. 52.
11. S. DE LA ROSA Y LOPEZ, *Los seises de la catedral de Sevilla,* Sevilla, 1904, p. 307
12. *Registrum A* sous la notice 2562 : "*Nota que todos los libros contenidos desde el número 925 hasta aquí son los que yo dexe en Venecia... y se anegaron en el mar*". Juan Pérez dit de même : "*se perdieron en una carraca que se anegó*", heureusement, ajoute-t-il, que Fernand Colomb en avait gardé par devers lui le *memorial* (texte dans H. HARRISSE, *Excerpta colombiniana,* p. 282.

étonné de constater que, dans la nouvelle numérotation adoptée pour les registre et abécédaire B, les articles 1 à 4184 ont tous été acquis avant 1529 tandis que les n°s 4232 à 15344 l'ont été entre 1530 et 1539.

Devant cette avalanche de presque onze mille ouvrages achetés en sept ans (1530-1536), Fernand Colomb avait dû simplifier quelque peu ses méthodes de travail. Lorsqu'il incorporait les nouvelles acquisitions dans l'*Abecedarium B* (selon l'ordre alphabétique des auteurs, des sujets ou des incipits), il n'en continuait pas moins à les doter d'un numéro d'enregistrement, celui-là même sous lequel il les aurait décrites dans le *Registrum B*, s'il l'avait continué. Ce numéro d'enregistrement (souligné dans l'*Abecedarium B*) n'étant plus, comme il semble au début l'avoir été, une cote topographique, il était dès lors impossible qu'il ne correspondît pas à un brouillon de registre aujourd'hui perdu. Tout permet de croire que ce brouillon était principalement constitué par un assemblage assez désordonné des cahiers sur lesquels, au cours de ses voyages, Fernand Colomb enregistrait les livres qu'il achetait.

Le *registrum A* était déjà l'original ou la copie d'un tel cahier puisqu'il décrivait, dans l'ordre approximatif où ils avaient été achetés, des volumes qui, pour la plupart, avaient ensuite été perdus en mer.

Au moment même où il renonçait à poursuivre plus avant la confection du *Registrum B*, Fernand Colomb travaillait sans doute à l'aide du cahier qu'il avait tenu en Italie de l'automne 1529 au printemps 1530. Le relevé des dates d'acquisition des derniers numéros (4185 à 4231) semble assez probant. On y note en effet, après un net changement d'encre :

4184 à 4194 : Gênes, 30 août 1529.
4195 à 4198 : Gênes, 3 septembre 1529.
4199 *Januensis civitatis historia manu scripta* (sans indication sur la date et le lieu de son acquisition).
4200 à 4207 : Gênes, 6 septembre 1529.
4208 : Gênes, septembre 1529.
4209 : Bologne, décembre 1529.
4210 : Plaisance en Lombardie, 9 octobre 1529.
4211 : Modène, 30 octobre 1529.
4212 : Modène, 29 octobre 1529.
4213 et 4214 : Bologne, 11 janvier 1530.
4215 à 4220 : Venise, 21 janvier 1530.
4221 à 4225 : Venise, 1530.
4226 à 4231 : 1530 (sans autre indication).

Le registre s'interrompt alors, mais ce petit spécimen prouve suffisamment que, à partir de 1529, les volumes ont pu, parfois, être enregistrés dans l'ordre approximatif des dates d'acquisition. On constate bien vite, en effet, que les n°s 7500 à 12400 ont été achetés entre septembre 1530 et novembre 1531 ; les n°s 13200 à 15100 l'ont de même été d'août 1535 à septembre 1536.

Il semble dès lors intéressant de mettre en parallèle l'itinéraire de Fernand Colomb [13] et les numéros d'enregistrement des volumes acquis par lui, au cours de ses déplacements, à partir de 1530.

Cette statistique ne peut malheureusement être qu'assez grossièrement esquissée puisque, faute de registre, elle doit, obligatoirement, partir des volumes actuellement conservés, à condition, naturellement, que Fernand Colomb y ait lui-même indiqué le lieu et la date d'acquisition et que, par surcroît, sa précieuse notule ait ensuite été respectée par les relieurs.

Mais, même dans ce cas, les erreurs sont inévitables, car les numéros d'enregistrement ne sont connus qu'indirectement par l'*Abecedarium B* et une certaine incertitude subsiste parfois sur la lecture exacte des chiffres. Si l'on travaille de seconde main, il faut tenir compte aussi des coquilles typographiques dont n'est pas exempt le catalogue des imprimés de la Colombine ; il faut se méfier, bien plus encore, des constantes inadvertances de Henry Harrisse [14].

Fernand Colomb lui-même était souvent négligent : au cours de ses voyages, il laissait parfois s'amonceler les livres avant de les enregistrer sur son cahier, quitte à combler ensuite son retard en attaquant le tas par le haut, c'est-à-dire en rétrogradant [15].

13. Sur les déplacements de Fernand Colomb pendant les années 1515-1524, voir S. DE LA ROSA Y LOPEZ, *El itinerario de D. Hernando Colón y su vocabulario topográfico de España* dans *Revista de archivos, bibliotecas y museos,* 1906, p. 106-118 et 260-274.

Plutôt que les itinéraires donnés par Harrisse dans ses différents ouvrages, il faut consulter celui de M. SERRANO Y SANZ, *Vida y escritos de D. Hernando Colón* dans *Historia del Almirante don Cristóbal Colón por su hijo don Hernando,* Madrid, 1932, p. L-LIII. Malgré son caractère très approximatif, on y relève encore un certain nombre d'erreurs.

14. Fernand Colomb utilise souvent, surtout dans les dates, une forme de chiffre *trois* que les lecteurs non avertis prennent habituellement pour un *deux* (1521 au lieu de 1531). Harrisse tombe très fréquemment dans cette erreur de telle sorte que les exemplaires de la Colombine lui semblent parfois avoir été achetés plusieurs années avant leur publication. On peut corriger maintes fautes des *Excerpta colombiniana* en se reportant à J. BABELON, *La Bibliothèque française de Fernand Colomb,* Paris, 1913. Malheureusement, M. Babelon n'a pas cherché les numéros d'enregistrement des livres qu'il décrit : son travail perd, de ce fait, du moins pour nous, une partie de son utilité.

15. Il lui arrivait aussi de remplacer, pour un même texte, une édition par une autre sans pour autant, modifier ses répertoires.

Mais tout ceci n'infirme pas sérieusement l'utilité du tableau présenté ci-après.

ANNÉE 1530

Rome,	17	septembre :	nos 7770-7889.
—	19	—	7835
—	20	—	7886-7969.
—	22	—	7981-8086.
—	23	—	8088.
—	24	—	8106-8154.
—	26	—	8168-8248.
—	27	—	8188-8208.
—	28	—	8233-8344.
—	30	—	8394-8443 et 8469.
—	1er	octobre :	8450-8453.
—	4	—	8492-8497.
—	7	—	7849, 8279 et 8506.
« Perara »[16],	27	—	8549.
Césène,	30	—	8523.
Bologne,	7	novembre :	8528-8559 et 8682-8692.
—	8	—	8536-8540.
—	11	—	8560.
—	12	—	8590.
—	13	—	8586-8605.
—	14	—	8525-8667.
—	17	—	8610-8732.
—	18	—	8708.
Modène,	22	—	8806.
—	27	—	8761-8917.
—	28	—	8768-8840.
Reggio,	30	—	8842-8914.
Parme,	2	décembre :	8849-8851.
—	3	—	8825-8832.

16. *Bibli. Col., Catálogo de sus impresos,* VI, p. 327. Il semble y avoir erreur ; peut-être s'agit-il de Pesaro, le livre en question contenant précisément les statuts municipaux de cette ville.

Plaisance,	6	—	8878.
—	8	—	8930-8942.
—	9	—	8955-8964.
—	10	—	8975.
Gênes,		mi-décembre :	8983-9113.

ANNÉE 1531

Savone,	2	janvier :	nos 9153-9162.
—	3	—	9148-9167.
—	4	—	9129-9133.
Turin,	11	—	9188-9235.
—	12	—	9217-9222.
—	13	—	9239-9241.
—	14	—	9237-9297.
—	18	—	9308-9311.
—	19	—	9313-9352.
—	21	—	9348-9404.
Asti,	25	—	9414-9424.
« Casalsanuas [17] »,	27	—	9426.
—	28	—	4404 (?)
Milan,		février :	9469-9971.
—	2	mars :	9987-9995.
Pavie,	6	—	10017.
Crémone,	11	—	10028-10038.
Mantoue,	16	—	10044-10049.
Ferrare,	20	—	10058-10068.
—	21	—	10099-10105.
—	22	—	10115-10147.
—	23	—	10150-10157.
—	24	—	10166.
Venise,	29	—	10171.
—	30	—	10174-10198.
—	31	—	10200-10206.

17. *Bibli. Col., Catálogo d. s. impr.*, VI, p. 338. Au lieu de *Casalsanuas*, lire *Casal - San V* c'est-à-dire Casal de Montferrat.

Padoue,	4	avril	:	10215-10230.
—	5	—		10232.
—	6	—		10238-10261.
—	8	—		10260.
—	10	—		10281-10334.
—	15	—		10294-10459.

Une certaine incertitude plane sur les numéros suivants jusqu'à 10856[18].

Trévise,	8	mai	:	10857.
Trente,	11	—		10861.
Innsbruck,	16	—		10866-10880.
Augsbourg,	20	—		10887.
—	22	—		10897-10926.
—	23	—		10932.
—	24	—		10940-11012.
—	25	—		11267 (?)
—	27	—		11017-11071.
—	28	—		11106-11254.
—	29	—		11133-11143.
—	31	—		11146-11192.
—	2	juin	:	11218-11227.
—	3	—		11234-11247.
—	5	—		11283-11287.
Ulm,	7	—		11291.
Constance,	11	—		11302-11313.
—	12	—		11348-11353.
Bâle,	16	—		11359-11368.
—	17	—		11401-11427.
—	19	—		11430-11439.
—	20	—		11453-11463.
—	21	—		11480-11523.
—	22	—		11507-11524.
Fribourg-en-Brisgau,	25	—		11531-11562.
—	26	—		11541-11571.

18. Cela est bien fâcheux, car ce groupe comprend une forte proportion de manuscrits. Il y a sans doute une cassure dûe au fait que les volumes précédemment acquis ont été regroupés à Venise en vue de leur expédition en Espagne par la voie maritime.

Strasbourg,	28	—	11578.
—	29	—	11583.
—	30	—	11611-11656.
—	1er	juillet :	11628-11631.
Spire,	7	—	11681.
Mayence,	10	—	11682-11685 et 11776.
Cologne,	15	—	11689-11736.
—	17	—	11708-11727.
—	18	—	11766-11768.
—	19	—	11781-11785.
Maëstricht,	22	—	11791.
Anvers,	26	—	11799-11811.
—	27	—	11880.
—	28	—	11812-11826.
—	29	—	11852-11891.
Bruxelles,	16	août :	11904-11932.
—	26	—	11937-11948.
Louvain,	11	septembre :	11967-11976.
—	12	—	11980-11997 et 12087.
—	19	—	12042-12043.
—	20	—	12046-12063.
—	22	—	12066-12083.
—	23	—	12070.
Anvers,	9	octobre :	12092-12112.
Paris,	19	—	7574 (?)
Poitiers [19]	28	—	12123.
Burgos,		mi-novembre :	12146-12398.

On pourrait faire sur cet itinéraire de nombreux commentaires. Le trajet Bologne, Modène, Reggio [20], Parme, Plaisance, Milan, Lodi, Crémone, Mantoue, Trévise, est celui-là même que, dans son testament, Fernand Colomb recommande au *sumista* qui devra périodiquement se rendre en Italie pour y acheter des livres. Il est même précisé que tous les ouvrages acquis dans les

19. *Bibl. Col., Cat.* VI, p. 216 ; "Puetiers de San Ilhario (?)" avec le millésime "1533 (?)" au lieu de 1531.

20. Voir l'excellent travail de J. HERNANDEZ DIAZ et A. MURO OREJON, *El testamento de don Hernando Colon,* p. 159. Au lieu de "*yra a Modena e Arezo e a Parma*", il faut lire : "*yra a Modena e a Rezo e a Parma*", Rezo étant, sous la plume de Fernand Colomb, Reggio (en Emilie) et non Arezzo. *Cf.* l'original du testament, fol. 307, ligne 6.

villes susdites devront être concentrés à Venise où il est facile de les amener par voie d'eau pour ensuite les charger sur un quelconque bateau se rendant à Cadix.

On connaît bien, d'autre part, dans ses détails pittoresques, la fin de ce long voyage, grâce à l'amusant témoignage de l'humaniste Nicolas Clénard [21], qui accompagna alors Fernand Colomb de Louvain à Salamanque en passant, dit-il, par Cambrai, Paris, Tours, Vitoria, Burgos, Valladolid [22] et Medina del Campo.

Surtout préoccupé de défendre en justice et à la Cour les intérêts de sa famille, Fernand Colomb arrête pratiquement ses achats en 1532 et 1533.

Il les reprend cependant à Alcalá de Henares et à Madrid en janvier-février 1534 [23], puis, l'année suivante, il part pour la France où ses acquisitions sont extrêmement nombreuses à Montpellier et à Lyon [24]. On ne peut

21. V. Chauvin et A. Roersch, *Etude sur la vie et les travaux de Nicolas Clénard* dans *Mémoires couronnés et autres mémoires publiés par l'Académie royale de Belgique,* LX, 1900-1901, p. 25-26. A. Roersch, *Correspondance de N. Clénard,* Bruxelles, 1940-1941, 3 vol. *Clénard peint par lui-même,* Bruxelles, 1942.

22. Valladolid, 29 novembre 1531 : 12452-12464.

—	1er	décembre	—	12455-12461.
—	2	—	—	12584.
—	4	—	—	12517-12526.
—	5	—	—	12547-12549.
—	14	—	—	12536.

Mais ces chiffres ne sont pas probants car, sous les nos 12450 à 12550, les ouvrages acquis à Valladolid (en novembre-décembre 1531) sont mélangés à ceux achetés à Lyon en août 1535. Tout se passe comme si l'enregistrement était simultanément préparé par deux personnes travaillant l'une sur le cahier de voyage tenu à Valladolid, l'autre sur le bordereau lyonnais.

23. Alcalá, 19 janvier 1534 : 12880-12891.

—	21	—	—	12974.
—	24	—	—	12901-12923.
—	28	—	—	12992-13065.
—	29	—	—	13033.
—	30	—	—	13061.
—	3	février	—	13117.
Madrid,	12	—	—	13121.

Le n° 13164 a été reçu, aussi, en 1534.

24. Montpellier, 27 juin 1535 : 4450-4541.

—	30	—	—	4568-4604.
—	3	juillet	—	4623-4732.
—	5	—	—	4766-4790.
—	6	—	—	4792-4858.
—	7	—	—	4799-4883.
—	8	—	—	4920-4958.
—	9	—	—	5003-5015.
—	12	—	—	5039-5131.
—	13	—	—	4995-5012.
—	14	—	—	5146-5195.

cependant utiliser qu'avec la plus extrême prudence les indications que nous avons réunies ici, en bas de page, sur les n°s 4450 à 5299 et 12400 à 13194 [25].

La suite présente au contraire une grande cohérence.

ANNÉE 1535

Lyon,	28-31 août :	n°s 13195-13227.
—	septembre :	13232-13947.
—	17 novembre :	13982.
—	21 —	14150-14153.
—	23 —	14152-14184.
—	6 décembre :	14203-14283.
—	10 —	14291-14293.
—	13 —	14286.
—	14 —	14298-14316.
—	15 —	14321.
—	18 —	14328.
—	24 —	14333-14348.

ANNÉE 1536

Lyon,	1er février :	n°s 14350-14360.
—	2 —	14358.

Lyon, fin juillet — 5209-5299.

Ces livres sont donc enregistrés dans un ordre grosso-modo chronologique au sein d'un groupe numérique bien délimité. Mais, ici encore, la circonspection s'impose car les achats de juin-juillet 1535 paraissent en quelque sorte amalgamés avec ceux effectués, en Italie, du printemps à l'automne 1530.

Pesaro,	30	août	1530 :	4830.
Pérouse,	2	septembre	—	4716.
—	3	—	—	4701, 4759, 4815, 5113, 5118, 5126.
—	4	—	—	4424, 4727, 4866, 4876, 5110, 7621, 7629, 7642, 764[4], 7658, 7668, 7740-7746.
Rome,	14	—	—	4738 et 7681-7732.

25. On peut en proposer le schéma suivant :
12400-12550 : Valladolid (novembre-décembre 1531) et Lyon (août 1535).
12550-12850 (?) : Lyon (août 1535) seulement.
12880-13164 : Alcalá, Madrid, etc. (1534).
13195 et sq. : Lyon à partir du 28 août 1535.

Avignon,	11	—	14363.
—	17	—	14377-14390.
—	18	mars :	14397.
—	20	—	14408.
—	?	avril :	14425.
—	24	—	14428-14432.
—	8	mai :	14448-14452.
Barcelone,		juin :	14501-14904.
Lérida,	2	juillet :	14922-14963.
Saragosse,	début	juillet :	14910-14935.
Valladolid,	21	août :	14962.
—	23	—	14974.
—	25	—	14998.
—	1er	septembre :	15024.
—	11	—	15057.
—	14	—	15080.
—	19	—	15109-15110.
—	20	—	15089.
—	20	octobre :	15175.

ANNÉE 1537[26]

Medina del Campo,		juin :	15234-15275.
Séville,	20	août :	15282.

⁂

Il serait vain d'épiloguer : les chiffres parlent d'eux-mêmes, quelle que soit la marge d'imprécision qu'ils laissent subsister.

On a vu comment, dans le cas d'un manuscrit du IXe ou Xe siècle, ils permettent d'orienter, avec quelque vraisemblance, vers la région lyonnaise, un paléographe qui tâtonnait dans le vaste domaine de la minuscule caroline.

En fait, les manuscrits de la Bibliothèque colombine datent pour la plupart du XVe siècle, c'est dire que la connaissance de leur lieu d'acquisition

26. Certains numéros postérieurs à 15000 semblent parfois faire double emploi avec des enregistrements antérieurs.

permet souvent de supputer leur origine ; elle facilite en tout cas l'identification des anciens propriétaires et annotateurs.

Fernand Colomb achetait parfois, en une seule journée, de telles quantités de livres qu'il s'y trouvait fatalement un certain nombre de volumes provenant d'une même collection alors mise en vente. On imagine les possibilités toutes nouvelles que peuvent, dans ces conditions, offrir les trésors de la Colombine pour l'étude des anciennes bibliothèques : caractéristiques apparaissent, à cet égard, les ouvrages acquis à Lyon en septembre 1535.

On peut aussi comparer les acquisitions faites dans différentes villes (à Padoue et à Barcelone par exemple) [27] ; on voit ainsi s'esquisser, sur une base purement statistique, la physionomie particulière de chacun des grands centres intellectuels de l'Europe au début du XVIe siècle.

27. Imaginons par exemple qu'on veuille chercher les livres acquis à Bruxelles, le 16 août 1531. D'après notre tableau, ces ouvrages doivent plus particulièrement correspondre aux n°s 11900-11935 (11892-11936 au mieux, 11904-11932 au pire). Un cahier spécial fournit, avec les cotes actuelles, ceux de ces numéros qui apparaissent encore dans les sept tomes du catalogue des imprimés de la Colombine. Pour les autres, il faut se reporter à la table (non reproduite par Huntington) qui fait suite à l'original du *Registrum B* : on y relève (fol. 131 à 187) l'indication des colonnes de l'*Abécedarium B* dans lesquelles a été indexé chacun des volumes portant les numéros faisant l'objet de l'enquête. Connaissant ainsi les auteurs ou les titres des manuscrits, on peut utiliser le fichier alphabétique *ad hoc.* Sur la manière de trouver, dans le *Compendium librorum,* le résumé des textes perdus ou impossibles à identifier, voir G. BEAUJOUAN, *Fernand Colomb et le traité d'astrologie d'Henri le Navigateur* dans *Romania,* LXXXII, 1961, fasc. 1, pp. 96-105.

VII

FERNAND COLOMB ET LE MARCHÉ DU LIVRE SCIENTIFIQUE À LYON EN 1535-1536

Résumé

Au cours du séjour qu'il fit à Lyon, de juillet 1535 à février 1536, Fernand Colomb (le fils du découvreur de l'Amérique) a acquis près de 1600 volumes, dont un certain nombre de manuscrits.

A la fin de ceux de ces livres qui sont encore conservés à la Bibliothèque Colombine de Séville, se trouve l'indication de leur prix de vente.

La communication explique comment on peut reconstituer le contenu des volumes aujourd'hui malheureusement perdus. L'accent est mis sur l'intérêt des manuscrits scientifiques.

Fernand Colomb (Hernando Colón) était le fils puîné et bâtard de Christophe Colomb, le découvreur de l'Amérique.

A sa mort, en 1539, il possédait près de 15400 ouvrages [1] que, riche et célibataire endurci, il avait passionnément rassemblés tout au long de sa vie, pour constituer, à Séville, une bibliothèque exemplaire : collection aujourd'hui encore, en partie, conservée par la cathédrale de Séville, à la Bibliothèque justement dénommée Colombine.

Fernand Colomb était le contraire d'un esthète bibliophile dilettante ; il voulait doter l'Espagne d'un centre de recherche exemplaire. A cet égard, il apparaît, dans l'histoire de la gestion des bibliothèques, comme une personnalité tout à fait hors du commun, dont l'oeuvre, exceptionnelle pour son temps, est restée, jusqu'à il y a peu, encore très mal étudiée.

Fernand Colomb a, lui-même, magistralement décrit les 4231 premiers volumes de sa bibliothèque : cet inventaire autographe est bien connu, car il a été publié, en fac-similé, par A. M. Huntington[2] : il ne s'y trouve pas de livres achetés à Lyon.

Pour l'ensemble de le bibliothèque - donc pour les 11150 numéros suivants, de 4232 à 15381 - nous disposons de l'*Abécédaire B* , index général alphabétique des auteurs classés par prénoms, des titres des ouvrages anonymes et des incipits des principales oeuvres.

Dans cet Index général alphabétique[3] dont nous reproduisons ici le haut de la colonne 802, les numéros soulignés sont les cotes primitivement attribuées à chaque livre. Dans un article du *Journal des savants* d'octobre - décembre 1960[4], j'ai pu montrer que cette ancienne numérotation reflète, dans une certaine mesure, l'itinéraire de Fernand Colomb à travers l'Europe et la chronologie de ses achats.

Le plus souvent, en effet, Fernand Colomb portait, sur les ouvrages eux-mêmes, le lieu et la date de leur acquisition ainsi que le prix payé et le cours de la monnaie dépensée. Par exemple, l'optique de Witelo, dans l'édition parue à Nuremberg en 1535 : "Este libro costo 36 sueldos en Leon a 6 de diziembre de 1535 y el ducado vale 47 sueldos y medio". (Ce livre coûta 36 sous, à Lyon, le 6 décembre 1535 et le ducat vaut 47 sous et demi). Le numéro d'enregistrement par F. Colomb est 14226[5].

Heureusement la Bibliothèque Colombine a publié, à partir de 1888, un catalogue de ses livres imprimés, dans lequel sont indiqués, lorsque cela est possible, à la fois, les anciens numéros et les conditions de l'achat par Fernand Colomb[6]. Ceci m'a permis l'établissement d'une sorte de grille, dont on trouvera le détail dans mon article du *Journal des savants* déjà cité, et dont voici l'essentiel pour ce qui est du séjour de Fernand Colomb à Lyon.

Tout de suite avant de venir à Lyon, Fernand Colomb fait un fructueux séjour à Montpellier où, du 27 juin au 14 juillet 1535, il acquiert près de 750 volumes (n°s 4450 à 5195). A Lyon, des achats ont lieu dès la fin de juillet 1535 (n°s 5209 à 5299) et en août (n°s 12400 à 12850 ; mais, dans le groupe 12400 - 12550, les acquisitions lyonnaises se trouvent mélangées avec des ouvrages achetés, à Valladolid, en novembre-décembre 1531).

Outre les aléas qui entraînent quelques exceptions particulières à nos concordances - nous y reviendrons - les groupes, que nous venons d'évoquer, doivent être traités avec une très grande prudence. La suite présente, au contraire, une solide cohérence :

Année 1535

Lyon,	28-31 août	:	n°s 13195-13227.
_	septembre	:	13232-13947.
_	17 novembre	:	13982.
_	21 _	:	14150-14153.
_	23 _	:	14152-14184.
_	6 décembre	:	14203-14283.
_	10 _	:	14291-14293.
_	13 _	:	14286.
_	14 _	:	14298-14316.
_	15 _	:	14321.
_	18 _	:	14328.
_	24 _	:	14333-14348.

Année 1536

Lyon,	1er février	:	n°s 14350-14360.
_	2 _	:	14358.

Fernand Colomb séjourne ensuite, jusqu'en mai 1536, à Avignon où il acquiert une centaine d'ouvrages (n°s 14363 à 14452) ; il prend enfin, sans hâte, le chemin du retour vers Séville, en s'arrêtant, pour y faire de nouveaux achats, à Barcelone, Lérida, Saragosse, Valladolid et Medina del Campo.

Les éléments chiffrés ici donnés ne sont pas d'une précision absolue.

Comme on le voit, il y a souvent des trous entre le dernier numéro d'un groupe et le premier numéro du groupe suivant. Ceci est dû au fait que notre grille n'a pu prendre en compte, ni la plupart des manuscrits, ni surtout les nombreux imprimés disparus ; et même pour les imprimés aujourd'hui encore conservés, il y a parfois doute sur l'ancien numéro qui leur est attribué.

A cela s'ajoutent les exceptions imputables à Fernand Colomb lui-même, par exemple, lorsqu'il remplaçait un volume détérioré par un neuf, lorsqu'il faisait grouper plusieurs ouvrages sous une même reliure ou lorsqu'il jugeait souhaitables certains rapprochements. Pour illustrer ce dernier cas, voici une oeuvre d'Albert Dürer, *De varietate figurarum* (Nuremberg, 1534) : Fernand Colomb indique, lui-même, qu'il l'a achetée, à Lyon, en août 1535, pour 17 sous. Ce volume aurait dû recevoir une cote entre 12400 et 12850 ; en fait, Fernand Colomb lui a attribué le numéro 10668, manifestement pour le rapprocher d'une autre édition latine de Dürer, enregistrée sous le n° 10667 : *De symmetria partium humanorum corporum* (Nuremberg, 1532).

Sous réserve donc d'une petite marge d'incertitude et de ces déplacements qui, se produisant dans les deux sens, finissent par se compenser, on peut s'aventurer à estimer que Fernand Colomb a dû acheter, à Lyon, environ mille six cents ouvrages (une centaine entre les anciennes cotes 5200 et 5300, environ 300 dans le groupe 12550-12850, plus de 1150 pour l'ensemble 13195-14360 : soit un total de 1550, auquel s'ajoute une proportion indéterminée des n°s 12400 à 12550). Mais revenons aux assez exceptionnelles possibilités qu'offre le grand abécédaire manuscrit, dont est ici reproduit le haut de la colonne 802 ; Fernand Colomb y répertorie, par exemple : " Jacobi Angeli puncta medicine 3 voluminum per alphabetum, de mano. 13627 ; 13628 ; 13629  " Les numéros soulignés sont les anciennes cotes qui, selon notre grille, correspondent à "Lyon, septembre 1535". Il s'agit des manuscrits aujourd'hui conservés sous les cotes 5-7-16, 17 et 18. Effectivement, au feuillet 222^v du troisième tome, se lit la note autographe de F. Colomb : "Esta parte juntamente con las otras dos me costo 30 sueldos en Leon por setiembre de mil y quinientos y 35 assi enquadernados..."(7).

Pour ce qui est du 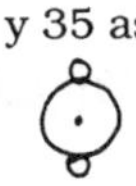, il relève d'un codage bibliographique assez sophistiqué dont, heureusement, la clef est donnée dans la *Memoria* du serviteur de Fernand Colomb, le bachelier Juan Pérez(8). Le rond principal indique qu'il s'agit d'un grand format (effectivement, 405 x 300 mm) ; le point central précise que les pages sont à deux colonnes ; quant aux sortes de petits boutons, celui du haut fait connaître que les chapitres sont pourvus de titres (*capítulos epitomáticos*), celui du bas atteste la présence d'une indexation alphabétique.

Une part importante des ouvrages légués par Fernand Colomb a été perdue ou volée. Malgré cela, il est possible de se faire une idée globale des ouvrages achetés ensemble dans telle ou telle circonstance : ceci grâce à une table numérique(9) renvoyant aux colonnes de l'index général alphabétique dont je viens de parler. Est ici reproduit un fragment de cette table numérique concernant les numéros 13600 et suivants, correspondant à des achats effectués, à Lyon, en septembre 1535.

Prenons-y, par exemple, le n° 13622 : la table numérique renvoie, pour lui, à la colonne 802 (celle, précisément, dont le fac-similé illustre la présente communication). Et, de fait, on y trouve bien : "Jacobi Almain Reportata phisicalia de mano 13622 "(le cercle parti indique un petit in-folio et les points précisent que les pages sont à deux colonnes). Il s'agit de l'actuel manuscrit 7-6-12 qui a bien été acheté, à Lyon, en septembre 1535 (pour un sou) et qui, notons-le, a la même origine que les *Puncta medicine* de Jacques Angeli, ces manuscrits ayant en commun d'avoir appartenu au médecin lyonnais Antoine de Tolède.

Sans quitter, ni Lyon, ni les oeuvres du théologien Jacques Almain (mort

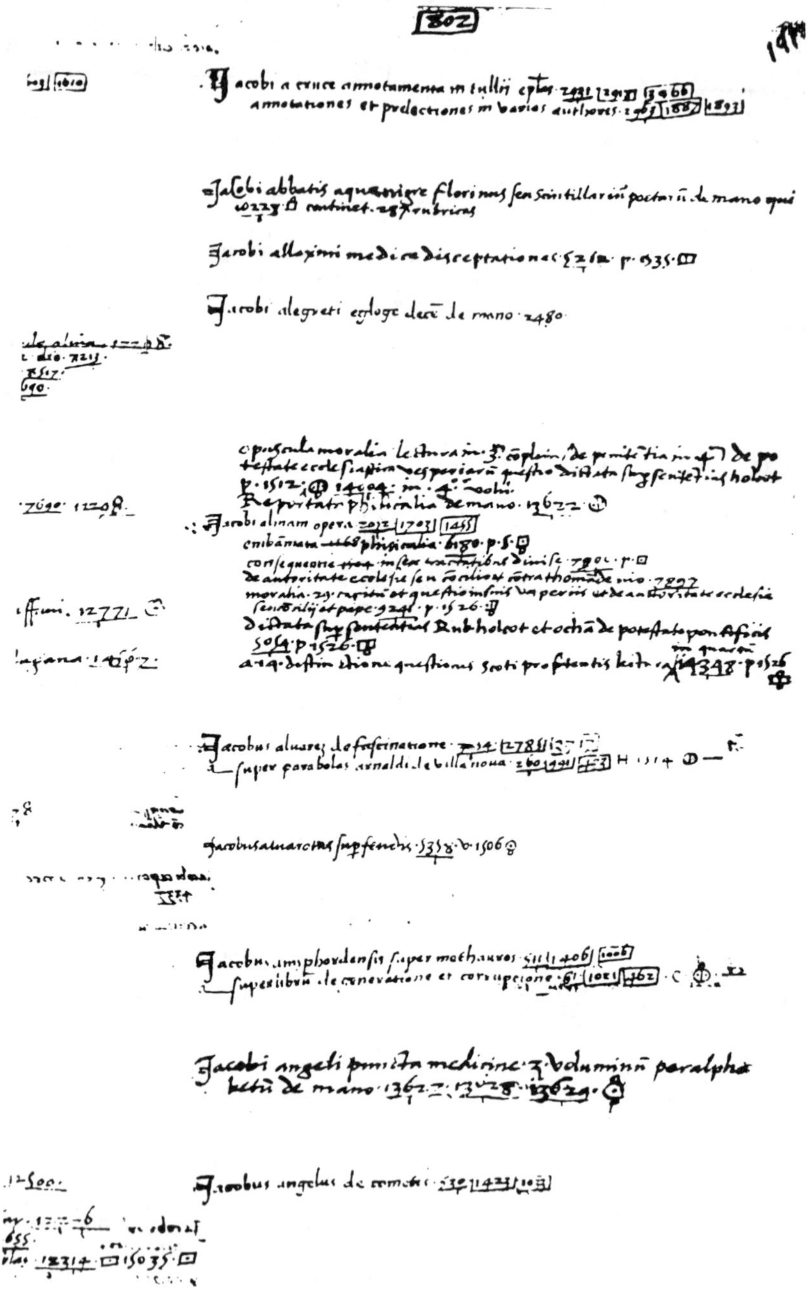

Grand « abécédaire » de Fernand Colomb ou « Index général alphabétique ».

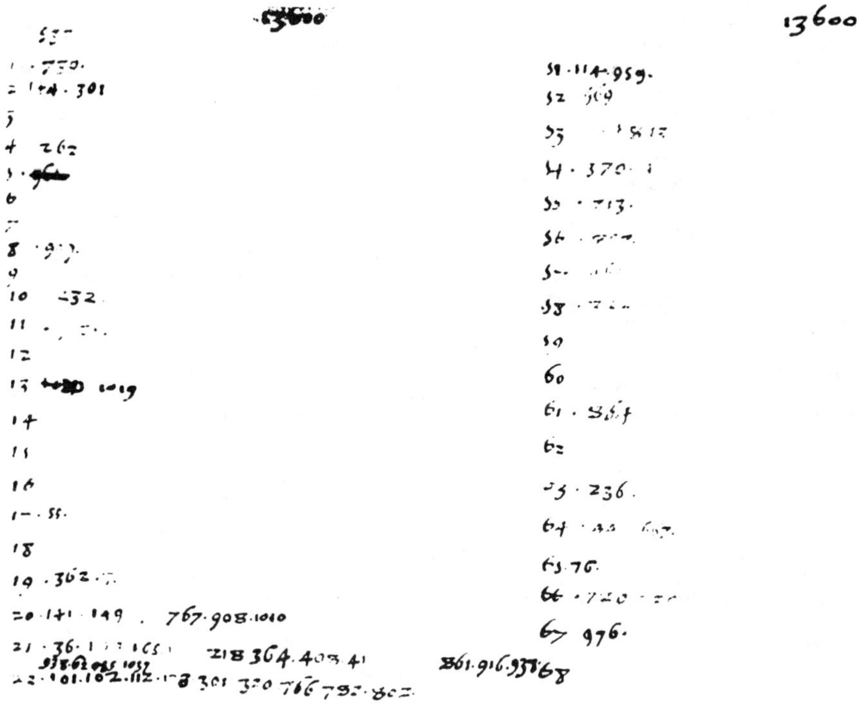

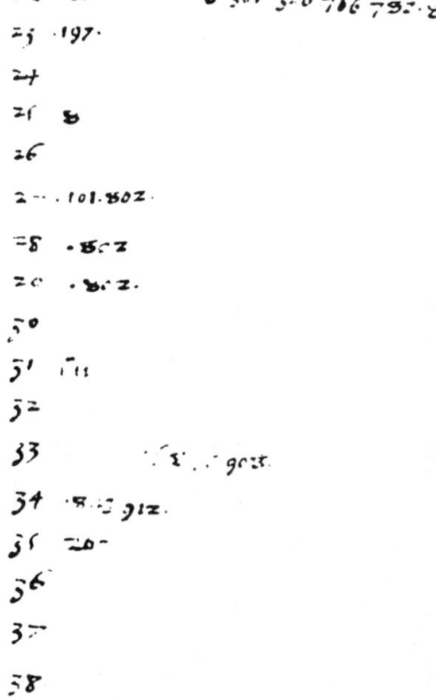

SIGNES EMPLOYÉS PAR FERNAND COLOMB POUR LES CATALOGUES DE SA BIBLIOTHÈQUE.

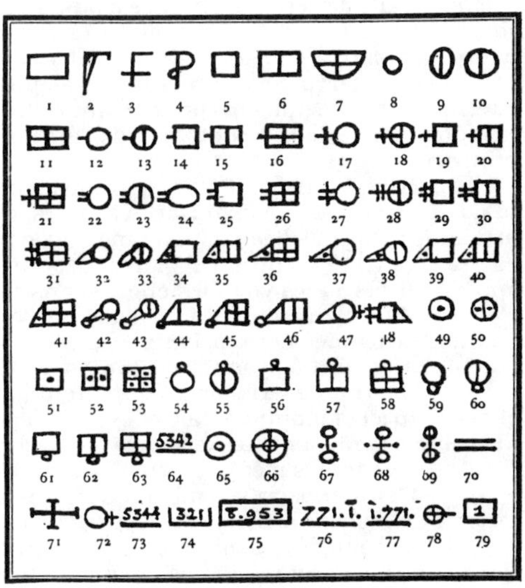

Index numérique. Signes conventionnels employés par Fernand Colomb.

en 1515) je donne en note (10) un spécimen de la manière dont sont traités les imprimés dans le grand abécédaire de Fernand colomb.

En regardant la table numérique des cotes 13600 et suivantes, on aura remarqué que certains numéros ne renvoient à rien ; il ne faudrait cependant pas croire qu'ils ne correspondent à aucun volume. La vérité est que la tabulation numérique de Fernand Colomb est restée inachevée : elle couvre seulement les 1040 premières colonnes (de A à *Magna*). Se trouvent donc exclues les références enregistrées de "*Magna quidem...*" à Z et, aussi, celles qui, faute de place à l'endroit correspondant de l'abécédaire, s'étaient trouvées rejetées dans le supplément où, naturellement, sont particulièrement représentés les auteurs ayant beaucoup écrit.

Pour quiconque recherche le maximum de témoignages sur les manuscrits perdus et sur le marché du livre dans les villes où Fernand Colomb a fait ses achats, il serait souhaitable que soit achevée cette indexation numérique malheureusement interrompue - à moins, évidemment, que l'ensemble des anciens répertoires de la Bibliothèque Colombine soit soumis à une exploitation informatisée -.

Les choses étant ce qu'elles sont, il est impossible de présenter ici une étude exhaustive s'appuyant sur des bases rigoureusement quantitatives.

Quelques impressions, d'ordre général, se dégagent cependant.

Parmi ces quelque mille six cents livres que Fernand Colomb a acquis à Lyon, en 1535-36, prédomine une masse de volumes répondant à des préoccupations juridiques ou ecclésiastiques. A Lyon, Fernand Colomb s'est, aussi, montré particulièrement friand de petites brochures écrites en français ; nous devons lui en être reconnaissants, car il s'agit d'une littérature généralement mal conservée. Les catalogues de Henry Harrisse(11) et de Jean Babelon(12) ont bien mis en évidence la richesse de la Bibliothèque Colombine à cet égard. Fernand Colomb n'ayant fait qu'un très bref séjour à Paris (en octobre 1531) il se rattrape, à Lyon, en y collectionnant les brochures parisiennes. Remarquable est également l'importance des publications bâloises portant la mention expresse qu'elles ont bien été payées à Lyon.

Apparaît ainsi, pour Lyon, le profil d'un marché tourné vers le clergé et, surtout, vers une classe moyenne qui lit. Le fait que Lyon n'ait pas alors d'université se dénote par une certaine absence d'ouvrages difficiles (livres encore, pour une part, scolastiques) que l'on voit Fernand Colomb acheter, en plus grande proportion, à Padoue, à Milan, à Louvain, à Montpellier et même à Avignon.

Ces caractères généraux des acquisitions lyonnaises de Fernand Colomb se retrouvent, évidemment, pour ce qui concerne les sciences. Soulignons d'emblée la prédominance de la médecine et de l'arithmétique, la place aussi faite à la science populaire.

Sous les n°s 13600 et suivants(déjà, ci-dessus, pris en exemple) se trouve plus d'une trentaine de manuscrits achetés, à Lyon, en septembre 1535(13). Il s'agit surtout de textes médicaux ou, au moins, de manuscrits semblant avoir appartenu à des médecins(14). Faute de place ici pour une présentation détaillée, relevons simplement parmi les volumes encore conservés à Séville :

-Les manuscrits du médecin Johannes de Bursalia, qui copia toute une série de textes médicaux à Paris et à Montpellier, entre 1452 et 1457, avant de, peut-être, s'installer à Lyon : n°s 13621 et 13633 = actuels 5-1-45 et 5-2-35(15).

-Les manuscrits ayant appartenu au médecin lyonnais Antoine de Tolède: j'ai déjà cité ici la monumentale encyclopédie médicale de Jacques Angeli (cf. note 7) et le volume contenant les *Reportata* de Jacques Almain(16).

-Les traités médicaux du n° 13620 = actuel 5-1-2(17).

Ces manuscrits semblent s'être trouvés chez un même détenteur, lorsque Fernand Colomb les a acquis en septembre 1535(18).

L'étude des acquisitions de Fernand Colomb pourrait alimenter une réflexion sur les prix relatifs des manuscrits et des imprimés(19). Fernand Colomb achetait des manuscrits des XIVe et XVe siècles, essentiellement pour les textes qu'ils contenaient. Le prix de ceux-ci ne semble pas comporter une forte sur-cote par rapport aux imprimés.

Parmi les livres les plus coûteux achetés à Lyon, se trouvent les éditions, en grec, d'auteurs comme Platon et Euclide (l'un et l'autre, Bâle, 1533) ou encore Strabon (Venise, 1516) et surtout l'édition aldine de Galien (Venise, 1525). Sur cette dernière, Fernand Colomb croit bon de préciser : "Estas obras de Galieno en cinco volumenes se venden en Leon por catorze escudos del Sol y comprelas yo a cierto cambio a los 17 de deziembre de 1535 en Leon, de forma que no me salieron sino en seis escudos" (*Catal.* III, 153). Dans l'explication de cette réduction de la dépense (de 14 à 6 écus), "*cierto cambio* " ne semble pas se référer à un change favorable de la monnaie, mais à une opération de "barat" ou de troc dont, du reste, la contrepartie demeure inconnaissable.

Lors de son séjour à Lyon, Fernand Colomb semble s'être spécialement intéressé à la bibliographie, fort embrouillée[20], des anciennes éditions de Galien dont il a alors acquis un certain nombre (*Catal.* III, 149-164).

Fernand Colomb ne réachetait évidemment pas, à Lyon, les volumes, médicaux ou autres, qu'il venait de se procurer à Montpellier.

Dans une communication présentée ici-même, Hervé L'Huillier a excellemment analysé l'arithmétique commerciale d'Etienne de La Roche. Fernand Colomb la possédait dans l'édition originale (Lyon, 1520), mais c'est à Montpellier qu'il l'avait acquise, pour 17 sous, le 6 juillet 1535[21]. Figurent, en revanche, au nombre de ses emplettes lyonnaises, l'arithmétique de Jean de Lortie, c'est-à-dire l'Espagnol fr. Juan de Ortega (version française : Lyon, 1515), le traité latin de Jean Dolz sur les proportions (Montauban, 1518), l'*Algorismus* de Georg von Peurbach (Vienne, 1534), etc.

Les nouveautés les plus importantes viennent souvent de l'aire culturelle germanique : publiées, par exemple à Nuremberg, comme le *De triangulis* de Regiomontanus (1533) ou les deux volumes déjà cités de Dürer (1534) et de Witelo (1535). Il est difficile de dire si Fernand Colomb a trouvé de tels ouvrages chez des libraires lyonnais ou s'il les a spécialement fait venir à Lyon. La même question se pose pour les assez nombreuses impressions bâloises qu'il a payées à Lyon.

Cette communication visait, avant tout, a attirer l'attention des historiens du livre sur les possibilités encore inexploitées qu'offre le grand "abécédaire" ou "index général alphabétique" dressé par Fernand Colomb.

Tout naturellement, j'ai illustré mon propos, en privilégiant les ouvrages conservés. Or, rien ne prouve que le taux de conservation ne varie pas sensiblement selon les domaines du savoir.

Il n'est donc pas sûr que cette approche préliminaire reflète fidèlement le marché du livre à Lyon, d'autant qu'il faut tenir compte des motivations personnelles de Fernand Colomb et surtout des acquisitions précédemment réalisées par lui.

Sans tirer des conclusions prématurées ou téméraires, on peut tenter de dégager une vue d'ensemble. Le commerce du livre, à Lyon, était évidemment très important. Pourtant, par comparaison avec d'autres villes qui, elles, étaient alors des centres universitaires, le marché lyonnais des publications scientifiques apparaît un peu décevant, au moins en ces années 1535-1536.

Cette date, justement y est peut-être pour quelque chose. On a comme l'impression que, alors, la plupart des grands textes antiques et médiévaux avaient déjà été rendus accessibles, mais sans que les bienfaits de la Renaissance se soient encore profondément fait sentir dans le domaine scientifique. Mais peut-être suis-je victime de mes préjugés de médiéviste.

NOTES

(1). Sur le nombre total des ouvrages possédés par Fernand Colomb, voir Tomás MARÍN MARTÍNEZ, *Obras y libros de Hernando Colón* , Madrid, 1970, p. 595-610.

(2). Archer M. HUNTINGTON, *Catalogue of the library of Ferdinand Columbus reproduced in facsimile* , New York, 1905 ; reprint, 1967.

(3). C'est le répertoire n° 9 dans T. MARIN, *op. cit.*, p. 451-516.

(4). Guy BEAUJOUAN, "Fernand Colomb et l'Europe intellectuelle de son temps", dans *Journal des Savants* , octobre-décembre 1960, p. 145-159.

(5). *Catal.* VII 226 (ref. ci-après, note 6).

(6). *Biblioteca Colombina : Catálogo de sus libros impresos... con notas bibliográficas* de Simón de la ROSA LÓPEZ, t. 1 à 6 (Sevilla, 1888), t.7 (Madrid, 1948). Abr. *Catal.*

(7). Bruno DELMAS, "Le chancelier Jacques Angeli et la médecine à Montpellier au milieu du XVe siècle", dans *Ecole nationale des Chartes, Positions des thèses ... de 1966*, Paris, 1966, p. 23-28. Du même,"Jacques Angeli (1390-1455), un grand médecin de l'Université de Montpellier au début du XVe siècle", dans *Actes du 110e Congrès national des sociétés savantes ,Montpellier, 1985, Section d'histoire des sciences*, t. 2, *Histoire de l'Ecole médicale de Montpellier*, Paris, 1985, p. 39-54.

(8).Edition critique de la *Memoria* de Juan PEREZ dans T. MARÍN, *op. cit.*, p. 61 sq.

(9). Seconde partie du répertoire n° 10 : T. MARÍN, *op. cit.*, p. 580-587.

(10). "Jacobi Almain : a 14^{a} distinctione questionis Scoti profitentis lectura 14348 . P. 1526 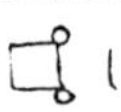 (". Donc n° 14348 (achat à Lyon, le 24 décembre 1535). Ed. Paris, 1526, in-8° à longues lignes (il n'y a pas de point dans les deux petits carrés); têtes de chapitres et table. Les numéros placés dans des rectangles renvoient aux répertoires de Fernand Colomb dits *Libro de las materias* et *Libro de los epítomes* . Ainsi peut-on connaître le contenu de textes rares aujourd'hui disparus. Cf. Guy BEAUJOUAN, "Fernand Colomb et le traité d'astrologie d'Henri le Navigateur", dans *Romania* , 82, 1961, p. 96-105. Par commodité, nous reproduisons d'après Harrisse (voir, ci-dessous, note 11) un tableau des signes conventionnels employés par Fernand Colomb, mais il vaut mieux en chercher la clef dans la *Memoria* de Juan PEREZ, telle qu'elle est publiée par T. MARÍN (voir, ci-dessus, note 8).

(11). Henry HARRISSE, *Excerpta Colombiniana*, Paris, 1987.

(12). Jean BABELON, *La bibliothèque française de Fernand Colomb* , Paris, 1913.

(13). Guy BEAUJOUAN, "Manuscrits scientifiques médiévaux de la

Bibliothèque Colombine de Séville", dans *Actes du dixième congrès international d'histoire des sciences : Ithaca*, Paris, 1964, I, p. 631-634.

(14). Voici quelques exemples supplémentaires, avec l'ancien numéro d'enregistrement par Fernand Colomb et la colonne de l'abécédaire fournissant l'information :

N° 13608 (col. 909) : "Jo. de Aquila. Reginaldus de flebotomia, in versu, de mano".

N° 13611 (col. 721) : "Grammatices fragmentum, de mano".

N° 13623 (col. 197) : "Bartholomei Romelos (?) chirurgia in gallico, de mano".

N° 13624 (col. 179) : "Repertorium alphabeticum secundi Canonis (Avicenne) de mano".

N° 13630 (col. 1082) : "Alphabetum medicine, de mano, magnum et mutilatum."

(15). Au fol. 226^{v} du manuscrit 5-2-35, se trouve un catalogue des livres de ce Johannes de Bursalia (par ailleurs inconnu). Sur ce personnage, comme pour les textes médicaux cités ci-après, voir Guy BEAUJOUAN, "Manuscrits médicaux du Moyen Age conservés en Espagne", dans *Mélanges de la Casa de Velazquez* , t. 8, 1972, p. 161-221.

(16). Il s'agit, nous l'avons vu, de l'actuel manuscrit 7-6-12 (n° 13622 de Fernand Colomb). En voici le contenu : Jacobus Almain, Reportata Physicorum (fol. 3^{v}-40^{v}). _ Johannes Lagrenus (Paris, Collège de Navarre, 6 octobre 1505) Reportata physicalia (fol. 44^{v}-58). _ Symphorianus Champier, "in libellum quem Faber Stapulensis nuper edidit de anima" (fol.60-66^{v}). _ Sebastianus ab Aquila, De putrescente sanguine (fol. 67-74). _ Johannes Falco, Utrum somni conferant in morborum curatione (fol. 74-80). _ In Avicennam et Hippocratem (fol. 80-97^{v}).

(17). Contenu du manuscrit 5-1-2 : Nicolaus, Antidotarium (fol. 1-43). _ Arnaldus de Villanova, Medicationis parabole (fol. 43-56). _ Johannes Damascenus, Aphorismi cum glosis (fol. 56^{v}-60). _ Quest. super Antidotarium Nicolai (fol. 69-170). _ Pseudo-Aristoteles, Secretum secretorum (fol.170^{v}-177). _ Ratio sphere Pithagore (fol. 178^{v}-179).

(18). Possesseur d'au moins deux de ces manuscrits, Antoine de Tolède était déjà mort en 1524. Nous ignorons quel pouvait être, en 1535, le détenteur de cette collection.

(19). On ne peut, sans préalablement définir une méthode, entrer sérieusement dans cette comparaison du prix relatif des manuscrits et des imprimés. Limitons-nous à quelques exemples évoqués, par ailleurs, dans cette présente communication. Les trois grands volumes de l'encyclopédie médicale inédite de Jacques Angeli ont coûté 30 sous ; le second ensemble de textes copiés par Johannes de Bursalia (ms 5-2-35) deux sous ; le manuscrit de jacques Almain (7-6-12 décrit dans notre note 16) seulement un sou. A titre de comparaison, la plus onéreuse des acquisitions, à Lyon, de livres imprimés en français, est celle des six tomes du *Perceforêt* pour un écu d'or = environ 45 sous (cf. BABELON, *op. cit.* , p. XI). L'arithmétique de Jean de Lortie a été payée 76 deniers, donc plus de six sous.

(20). Cf. Richard J. DURLING, "A chronological census of Renaissance editions and translations of Galen", dans *Journal of the Warburg and Courtauld Institutes*, vol. XXIV, n°s 3-4, 1961, p. 231-305.

(21). J. BABELON (*supra* note 12) *op. cit.* , p. 99-100.

VIII

FERNAND COLOMB
ET LE TRAITÉ D'ASTROLOGIE
D'HENRI LE NAVIGATEUR

Le cinquième centenaire de la mort du grand Infant portugais vient de donner un certain regain d'actualité aux vieilles polémiques sur les rapports entre la culture scientifique et l'art nautique à l'époque des grandes découvertes maritimes : la question des origines de la navigation astronomique reste, plus que jamais, à l'ordre du jour [1].

Comment, pourtant, se défendre d'une certaine impression de tourner en rond lorsque, comme le disait naguère V. Magalhaes Godinho, on retrouve sans cesse « les mêmes sources mâchées et remâchées avec une enviable patience de bovin »[2].

Raison de plus pour ne négliger aucun texte inédit ! Ceci nous encourage à présenter ici, malgré le caractère assez conjectural de sa lecture et de son interprétation, un document jusqu'ici inconnu, sur le traité d'astrologie attribué à l'Infant Henri.

*
* *

Cette attribution remonte à l'année 1866 : c'est alors, en effet, que fut, pour la première fois, signalée, parmi les si pré-

---

1. G. Beaujouan, *Science livresque et art nautique au XVe siècle* (tirage ronéotypé) ; cet assez long rapport sera prochainement imprimé dans *Le navire et l'économie maritime : travaux du cinquième colloque... tenu à Lisbonne les 14-16 septembre 1960, présentés par Michel Mollat*, Paris, S. E. V. P. E. N.

2. V. M. Godinho, *Les grandes découvertes* dans *Bulletin des études portugaises*, XVI, 1952, p. 3.

cieuses notices que Fernand Colomb nous a laissées de ses propres livres, l'importante description que voici.

« 4129. Libro en español de mano llamado secreto de los secretos de astrologia compuesto por el infante don Enrrique de Portugal. *Incipit* : « aqui se comiença un libro que se llama segredo... ». *Desinit* : « ... a Dios fazer como su merced fuere; a Dios gracias ». Es en 4°. Costo en Salamanca tres reales a 21 de abril de 1525 [1] ».

Dès le XVIIe siècle, le volume ainsi décrit avait disparu de la Bibliothèque colombine de Séville où il devrait normalement se trouver [2].

Un ancien catalogue de manuscrits ayant appartenu à l'érudit, également sévillan, Argote de Molina (1548-1598) fait justement état de « *Secretos de astrologia por el infante Don Enrique de Portugal* ».

Argote de Molina a-t-il fait copier l'exemplaire de la Colombine ou se l'est-il, plus simplement, approprié ? La question ne peut être tranchée avec certitude [3].

---

1. B. J. Gallardo, *Ensayo de una biblioteca española de libros raros y curiosos*, t. II, (Madrid, 1866) col. 553. Le *Registrum B* de Fernand Colomb a été, depuis, reproduit en fac-similé : A. M. Huntington, *Catalogue of the library of Ferdinand Columbus*, New-York, 1905. Il sera prochainement publié par D. Tomás Marin, professeur de paléographie à l'Université de Séville.

2. Ce n'est pas le lieu de présenter ici l'amoureux passionné des livres qu'a été le fils du découvreur de l'Amérique, Fernand Colomb (1488-1539). Les travaux classiques publiés sur lui par H. Harrisse, S. de la Rosa, J. Babelon, A. Esteban Romero, J. Hernandez Diaz, etc. sont recensés dans E. Jos, *Investigaciones sobre la vida y obras iniciales de Fernando Colón*, Sevilla, 1945. Y ajouter M. Ruffini, *Fernando Colombo e i libri italiani di Siviglia*, Torino, 1960 et A. Cioranescu, *Primera biografia de Cristobal Colón : Fernando Colón y Bartolomé de Las Casas*, Tenerife, 1960.

3. A. Millares Carlo, *La biblioteca de Gonzalo Argote de Molina* dans *Revista de filologia española*, X, 1923, p. 137-152. Il existe une troublante ressemblance entre les manuscrits 2, 14, 25, 27, 29, 41 d'Argote et ceux portant dans le *Registrum B* de F. Colomb les n°s 3282, 3291, 4127, 4176, 4129 et 4174. Tous cependant n'ont pas été volés puisque le 41 = 4174 semble être l'actuel 5-2-21 de la Bibliothèque colombine. Autre exemple :

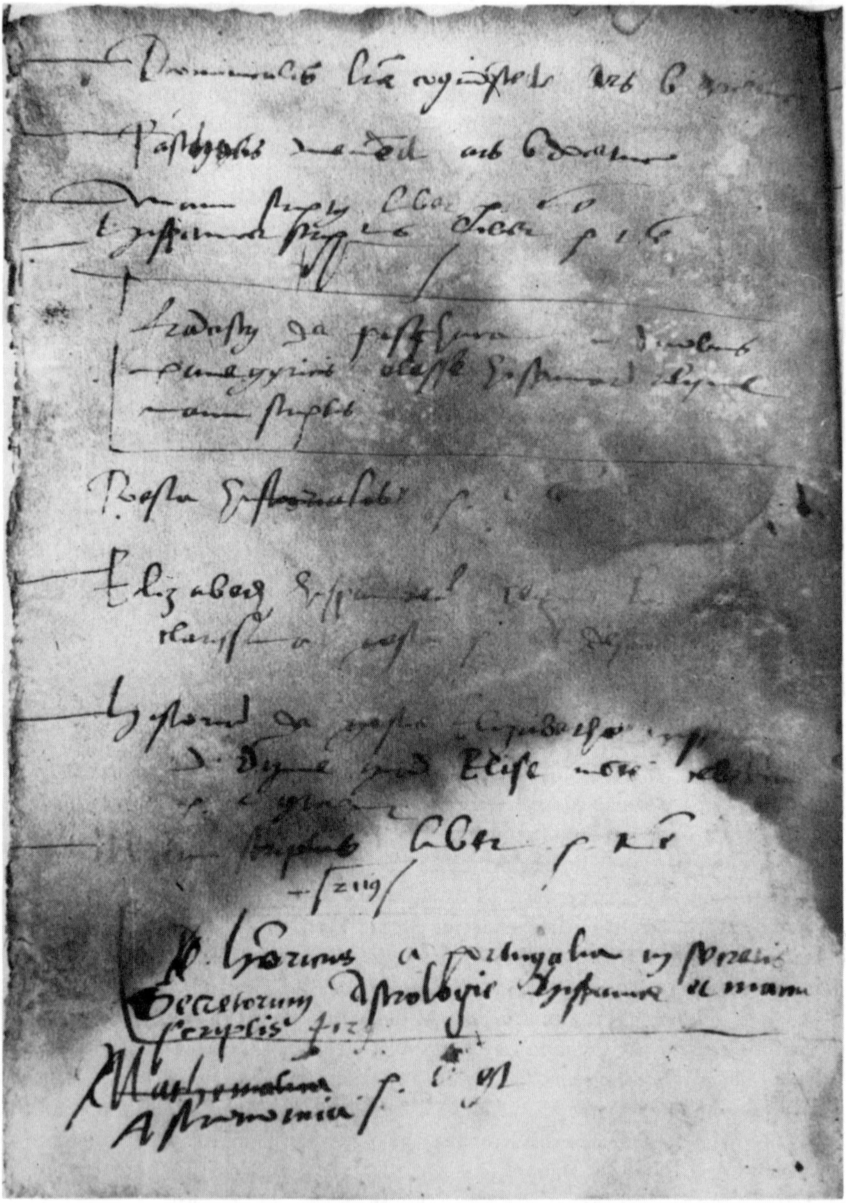

Résumé du traité d'astrologie de l'infant Henri de Portugal

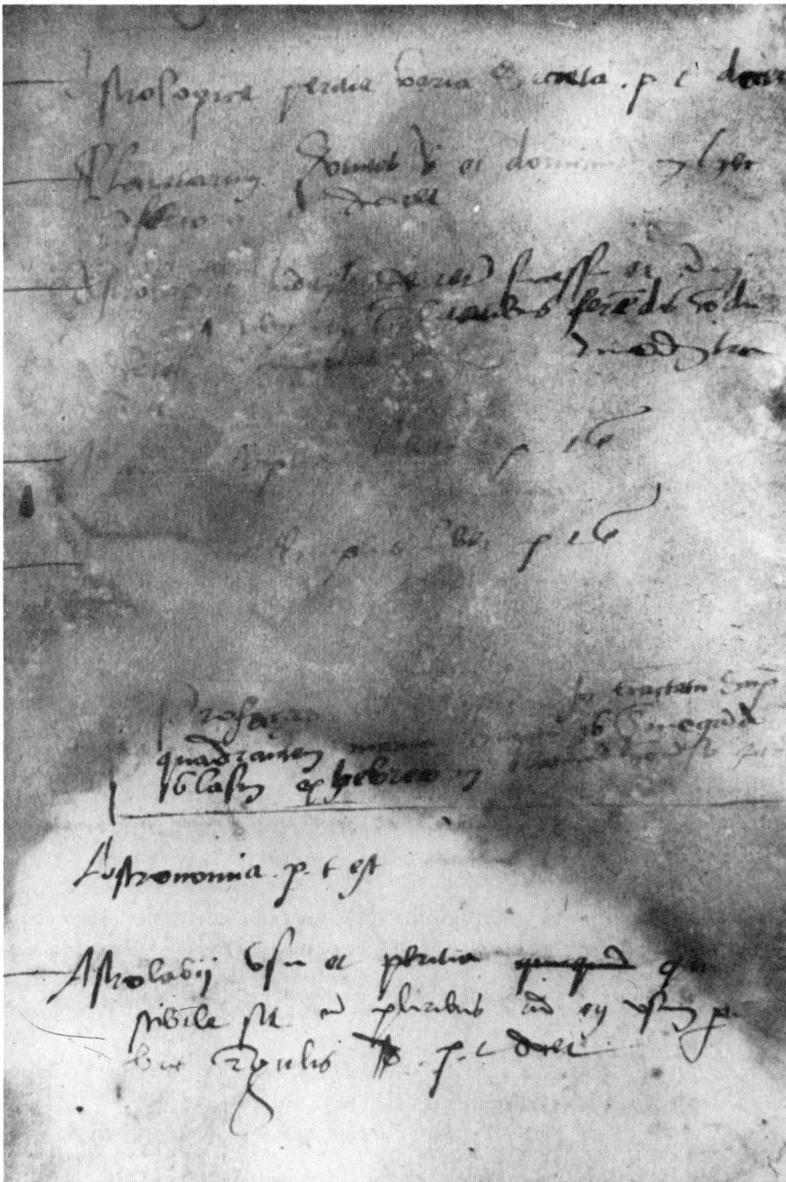

dans le *Compendium librorum* de Fernand Colomb.

100

Armando Sousa Gomes a signalé, en 1938, une version portugaise du *Secret des secrets* connu au moyen âge sous le nom d'Aristote : il a, du même coup, ébauché la thèse selon laquelle l'Infant Henri aurait, de quelque manière, participé à l'élaboration de cet important manuscrit [1].

Il serait prématuré (voire imprudent) d'épiloguer sur ce *Segredo dos segredos* jalousement gardé jusqu'ici dans une collection privée, mais dont M. A. Moreira de Sá annonce la prochaine publication [2].

On ne saurait pourtant oublier les objections soulevées par Joaquim de Carvalho [3] : il a catégoriquement nié que le secret des secrets portugais pût être identifié avec le secret des secrets d'astrologie composé, en espagnol, par l'Infant Henri de Portugal et acheté, à Salamanque, par Fernand Colomb.

*
* *

Fernand Colomb a rédigé ou fait dresser de sa bibliothèque un si grand nombre de répertoires que la tentation nous est venue de rechercher s'il n'était pas possible de trouver, à l'intérieur de l'un d'eux, quelques indications supplémentaires sur ce mystérieux traité d'astrologie.

---

le 42 « *Ludovicus Vegius de astrologia* » (resté inidentifiable pour Millares) est sans doute à rapprocher du « *Ludovici Rigii libri 2 de judiciis astronomicis de mano* » (F. C. nº 10768, actuel 5-6-22).

Si donc Argote a emprunté à la Colombine d'assez nombreux manuscrits, il en a du moins restitué quelques-uns après les avoir fait copier. Mais comment, dans ces conditions, pouvait-il écrire que les livres de Fernand Colomb étaient alors « emprisonnés » sans servir à personne ? « . . . *agora estan encarcelados*. . . *no siendo a nadie de provecho lo que se dejó para aprovechamiento y estudio de los ingenios* ».

1. A. Sousa Gomes, *O livro « Segredo dos Segredos » e o Infante D. Henrique* dans *O Instituto* (Coimbra) XCIII, 1938, p. 193-220.

2. A. Moreira de Sá, *O Infante D. Henrique e a Universidade*, Lisboa, 1960, p. 93.

3. J. de Carvalho, *A propósito da atribuição do « Secreto de los secretos de astrologia » ao Infante D. Henrique* dans ses *Estudos sobre a cultura portuguesa do século XV*, Coimbra, 1949, p. 283-361.

Joaquim de Carvalho s'était déjà, du reste, engagé sur cette voie : non content de collationner la notice de Fernand Colomb maintes fois reproduite d'après le *Registrum B*, il s'était reporté à l'*Abecedarium* B (qui en est, en quelque sorte, la table alphabétique)[1] et il y avait relevé, à la colonne 552, l'indication suivante :

« *Enricus a Portugalia in secretis secretorum astrologie hispanice et manuscriptis. 4129* ».

Le numéro 4129 (souligné) renvoie à la notice du *Registrum B*. Mais il est aussitôt suivi — et cela J. de Carvalho ne le dit pas — du nombre |2119| inscrit dans un rectangle dont il manque le côté supérieur.

Bien qu'il fût le meilleur spécialiste des autographes de Fernand Colomb, A. Esteban Romero a cru qu'il fallait renoncer a trouver la signification des chiffres ainsi encadrés [2]. La solution est pourtant fort simple : il suffit de se reporter au témoignage même du secrétaire de Colomb, la « *Memoria de la orden que llevaba Colon en su libreria* » par le bachelier Juan Perez [3]. « *. . .el que esta entre tres rayas de esta manera |321| es el numero que tiene la materia del tal libro en el libro de las materias de que arriba hicimos mencion* ».

Les quatre volumes de ce *libro de las materias* se retrouvent aujourd'hui encore à la Bibliothèque colombine, mais sous une autre dénomination, celle de *Compendium librorum*. Les trois premiers tomes, dereliés et en partie pourris par l'humidité, ont été retirés de la vitrine où sont exposés les autres anciens répertoires de Fernand Colomb. Leur mauvais état de conservation matérielle en rend malaisées la consultation et la lecture. On peut cependant y déchiffrer sous le n° 2119 le résumé suivant :

---

1. Dans l'original du *Registrum B*, le n° 4129 est suivi des nombres 134, 552 et 866 : ces nombres renvoient aux colonnes de l'*Abecedarium B*.

2. A. Esteban Romero, *Don Fernando Colón, su personalidad literaria, repertorios bibliográficos y manuscritos*, Sevilla, 1939.

3. H. Harrisse, *Excerpta colombiniana*, Paris, 1887, p. 277.

102

2119
D*ominus* He*n*ricus a Portugalia in secretis || secretorum astrologie hispanice et manu || scriptis 4129.
Mathematica [*rayé*]
Astronomia p. t. est.
— Astrologice peritie varia secreta p. t. docet ||
— Planetarum v*ir*tutes b. et dominiu*m* in hec || i*n*feriora d. docet.
— Astrologicis judiciis de rer*um* successu et a*n*ni || tempestatibus atque qualitatibus fere*n*dis co*n*du- || centes canones per totum admod*um* tra- || dit.
— Manu scriptus liber p. t. e*st*.
— Hispanice scriptus liber p. t. e*st*

Le papier est, par endroits, à tel point délavé et décomposé que, sans une méticuleuse comparaison avec des formules analogues employées aux feuillets épargnés par l'humidité, il serait impossible de déchiffrer certains mots comme *admodum*, ou *manu* et *hispanice* dans les deux dernières lignes. Les sigles *b.*, *d.* et *p. t.* auraient, d'autre part, gardé tout leur mystère si, dans le mémoire déjà cité, le propre secrétaire de Fernand Colomb n'avait jugé utile d'en donner la clef à la postérité [1] :

1. H. Harrisse, *Excerpta*, p. 272.

« *Tambien se ha de advertir que en estos libros hay algunas abreviaturas y adoquiera que hallaren una* b *quiere decir* breviter, *y una* d *quiere decir* diffuse, *y adonde esta una* t *quiere decir* per totum, *porque fue necesario y muy provechoso que se dijese si el autor o libro que trata aquella materia la trata breve o difusamente o en el todo...* »

*
* *

Il est dès lors possible de récapituler. Le traité de l'Infant pris dans son ensemble (*per totum*) enseigne divers secrets du savoir astrologique. Il enseigne brièvement les vertus des planètes et, de façon diffuse, leur influence sur le monde d'ici-bas. Il transmet comme il se doit (*admodum*) des règles commodes conduisant à porter des jugements astrologiques sur la marche des événements (ou le succès des choses) et les qualités... de l'année. Il est entièrement (*per totum*) manuscrit et rédigé en espagnol.

Ces indications sont sommaires : elles ruinent cependant l'idée qu'il puisse s'agir d'un manuel d'astronomie nautique tombant sous le coup de la fameuse « politique du secret » si chère au regretté Jaime Cortesão.

Elles ne s'accordent pas, non plus, avec le contenu du traité d'astrologie attribué à Enrique de Villena [1] : il n'y a donc pas eu confusion entre les deux Henris [2].

Reste le *Secret des secrets* pseudo-aristotélicien. Si importantes que soient les variantes entre ses différentes versions, ce texte comprend, dans le meilleur cas, quatre parties [3].

---

1. Madrid, Bibl. nac. ms. reservado 2. Cf. F. Vera, *El tratado de astrologia del marqués de Villena* dans *Erudición ibero-ultramarina*, I, 1930, p. 19-67 et J. M. Millás Vallicrosa, *El « Libro de astrologia » de don Enrique de Villena* dans ses *Estudios sobre historia de la ciencia española*, Madrid, 1949, p. 399-420. L'attribution de ce traité à Enrique de Villena nous paraît beaucoup moins certaine que ne le prétend le Prof. Millás.

2. J. de Carvalho, *Est. cult. port. do sec. XV*, p. 327-329.

3. R. Steele, *Secretum secretorum cum glossis et notulis* dans *Opera hactenus inedita Rogeri Baconi*, fasc. V, Oxford, 1930. Cf. J. Monfrin, *Le secret des secrets, recherches sur les traductions françaises* dans *École nat. des chartes. Positions des thèses*, Paris, 1947, p. 93-99. — Sur les versions espagnoles indications encore utiles de Knust, *Ein Beitrag zur Kenntnis der Eskurialbi-*

104

— Conseils moraux à l'usage des rois.
— Régime de santé.
— Mélanges de philosophie naturelle et de politique.
— Traité de physiognomonie.

Même s'il est bien spécifié que les rois doivent s'entourer des conseils d'un bon astrologue et qu'il ne leur convient pas de recourir aux médicaments ou à la saignée, de déclarer la guerre ou de partir en voyage sans tenir compte des positions respectives des planètes, à supposer même que ces sporadiques allusions à l'astrologie judiciaire aient paru justifier le titre « *Secreto de los secretos de astrologia* », on ne saurait dire du *Secretum secretorum* ou de l'un quelconque de ses commentaires que « *astrologice peritie varia secreta* per totum *docet* » [1]. Mais ne préjugeons pas de ce que sera exactement le contenu de l'ouvrage dont M. Moreira de Sá annonce la publication ; gardons-nous, en un mot, de nous poser en partie ou en arbitre dans une polémique à laquelle nous n'avons voulu participer que pour apporter une pièce à conviction.

*
* *

Si mince que soit le présent article, il voudrait dépasser son objet propre en attirant l'attention du monde érudit sur les immenses possibilités qu'offrent encore les anciens inventaires de la Bibliothèque colombine de Séville.

Les deux tiers environ des volumes jadis possédés par le fils du découvreur de l'Amérique sont aujourd'hui perdus : certains

---

bliothek dans *Jahrbuch f. rom. u. engl. Litt.*, X, 1869. Cf. L. A. Kasten, *Seudo Aristoteles, Poridat de las poridades*, Madrid, 1957. — Sur le contenu de la version portugaise, A. Sousa Gomes, *loc. cit.*, p. 199-200.

1. On penserait plutôt aux trois derniers livres du « *Libro complido en los judizios de las estrellas* » d'Alin Aben Ragel dont il existe, du reste, une version judéo-portugaise de 1411. Cf. l'éd. de G. Hilty, Madrid, 1954 ; I. Gonzalez Llubera, *Two old portuguese astrological texts in hebrew characters* dans *Romance philology*, VI, 1952-1953, p. 267-272. — A. Moreira de Sá, *loc. cit.* Mais il a dû circuler dans l'entourage de l'Infant bien d'autres traités cf. G. Beaujouan, *Note additionnelle sur l'horoscope de l'Infant Dom Henrique* dans G. Eanes de Zurara, *Chronique de Guinée : (préf. et trad. de L. Bourdon)*, Dakar, 1960, p. 269 sq. (texte p. 68).

d'entre eux contenaient (les registres et les abécédaires en font foi) des textes, par ailleurs, complètement inconnus. Il serait urgent d'en dresser la liste et d'en relever les analyses dans le *Compendium librorum* avant que ce précieux répertoire, jamais consulté mais déjà très endommagé, finisse irrémédiablement de tomber en ruine. On souhaiterait que soient systématiquement entreprises la lecture, sous rayons ultraviolets, des parties les plus détériorées et leur prompte restauration au *laminator*.

Note additionnelle : Le présent article était déjà mis en pages lorsque parut un nouveau travail du professeur A. Moreira de Sá, *A próxima edição de tres traduções portuguesas inéditas do século XV* dans *Boletin internacional de bibliografia luso-brasileira*, vol. I, nº 4 (oct.-déc. 1960), p. 563-585. Les pages 579 et suivantes y sont consacrées à la version portugaise du *Secretum secretorum* déjà décrite par A. Sousa Gomes : elles ne modifient pas les données du problème, nous dispensant ainsi d'apporter le moindre correctif à notre démonstration. — G. B.

Note de 1991 concernant la republication de cet article dans le présent volume de "Variorum": Dans la transcription donnée à la page VIII 102, quelques mots illisibles ont pu, maintenant, être restitués grâce aux recherches de D. Tomas Marin, d'après les *Proposiciones* constituant la seconde partie du *Libro de las materias* de Fernand Colomb. Voir Tomas Marin Martinez, *Obras y libros de Hernando Colon* (Madrid, 1970), p. 375-380 et 846-847. Guy Beaujouan, *Hernando Colon, adquiridor de manuscritos cientificos*, dans *Hernando Colon y su época* (Sevilla, 1991), p. 47-59, spécialement p. 51-52, ou dans *Boletin de la Real Academia Sevillana de Buenas Letras*, XVIII (1990), même pagination.

IX

SCIENCE LIVRESQUE ET ART NAUTIQUE AU XVe SIÈCLE

I. — PRÉALABLE MÉTHODOLOGIQUE *

On ne peut honnêtement parler des liens d'interdépendance qui ont pu exister entre la science livresque et l'art nautique du XVe siècle sans se poser, en conscience, une question préalable : les cloisonnements qu'on imagine entre les « clercs » et les marins du Moyen Age ne sont-ils pas, en réalité, la simple projection dans le passé de l'incompréhension qui prévaut, aujourd'hui encore, entre historiens des sciences et historiens de la marine, entre philologues et ingénieurs, entre paléographes et sociologues?

Si ce rapport ne faisait qu'attirer l'attention des historiens de la science médiévale sur l'intérêt que présentent pour eux les importantes publications réalisées à l'occasion du 5e centenaire de la mort d'Henri le Navigateur, il aurait déjà rempli son office [1].

Saluons donc avec enthousiasme les admirables *Portugaliae monumenta cartographica* de MM. Armando Cortesão et A. Teixeira da Mota, réalisation monumentale qui résistera à l'épreuve du temps.

Nul n'a le droit d'ignorer, non plus, le magnifique tableau, à la fois si ample et si humain, que trace des grandes découvertes ce prince de l'esprit que fut Jaime Cortesão [2]. Les 12 petits volumes de la *Colecção henriquina* constituent des initiations rarement originales, mais souvent fort utiles.

---

* Avant de présenter le texte publié ci-après, M. Beaujouan rappelle que sa communication devait être une annexe au rapport de Jaime Cortesão ; il évoque la longue conversation qu'il eut, trois mois plus tôt, avec cet homme exceptionnel et, avec une profonde émotion, il rend hommage à sa mémoire.

(1) Je dois de tout particuliers remerciements à M. J. Cortesão, à Mlle V. Rau, à M. L. Bourdon, à M. I.S. Révah et à M. J. Barradas de Carvalho.

(2) J. Cortesão, *Os descobrimentos portugueses*, éd. Arcadia (t. I et 1er fascicule du t. II).

L'une des révélations de ces dernières années a été la publication par A. T. Chumosvsky des trois routiers inédits d'Ahmad ibn-Madjid, le pilote arabe de Vasco de Gama [1]. En rendant ces textes accessibles aux érudits qui ne savent pas le russe, la Commission du centenaire de l'Infant s'est acquis un nouveau titre à leur reconnaissance.

Ayons cependant le mérite de la franchise et reconnaissons que, à l'étranger, on reproche parfois à l'historiographie portugaise d'enjoliver la réalité. Cette accusation de supernationalisme portée contre nos amis lusitaniens fait, à certains égards, pendant à la *leyenda negra* anti-espagnole : l'une et l'autre prennent trop souvent leur source dans une méconnaissance scandaleuse de la péninsule Ibérique et de ses problèmes.

Si l'on craint cependant de se laisser prendre à de patriotiques complaisances, les articles, jusqu'ici trop peu connus, de Duarte Leite offrent la plus acerbe et la plus savante des mises en garde. Grâces soient rendues à V. Magalhães Godinho de les avoir tout récemment ordonnés, annotés et republiés [2].

Ainsi contraint de choisir entre des thèses passionnément contradictoires, l'érudit spécialisé dans l'étude des manuscrits médiévaux se trouve, à vrai dire, dans une situation embarrassante : du seul fait d'une certaine déformation professionnelle qui l'induit à l'hypercritique des textes, il risque de se trouver, malgré lui, rangé parmi les tenants de l'école négativiste et accusé « de mesurer la grandeur des desseins et des pensées d'autrui à l'échelle de sa propre médiocrité » [3].

Écoutons Jaime Cortesão : « Dominés qu'ils sont, les uns par une obéissance aveugle à la lettre des textes connus et explicites ou par le zèle rigoriste d'une stricte et sèche exactitude, les autres par la manie de la contradiction et de la démolition, tous par la peur des interprétations audacieuses, si logiques soient-elles, certains historiens tombent dans l'erreur d'écrire l'histoire comme s'ils disposaient de tous les documents qui ont existé ou qui auraient pu exister. » [4]

Ce reproche est particulièrement grave sous la plume d'un savant qui, précisément, a contribué, plus que personne, à faire accepter la théorie selon laquelle Henri le Navigateur et les rois du Portugal auraient entouré du plus complet secret tout ce qui touchait aux

---

(1) T.A. Chumovsky, *Três roteiros desconhecidos de Ahmàd ibn-Madjid o piloto árabe d Vasco de Gama*, Lisbonne, 1960. — Costa Brochado, *O piloto árabe de Vasco de Gama*, Lisbonne, 1959.

(2) D. Leite, *História dos descobrimentos :* organização. V. Magalhães Godinho, Lisbonne, 1958-1962.

(3) J. Cortesão, *Os descobrimentos*, pp. 110-111.

(4) *Ibid.*, p. 337.

découvertes maritimes, allant jusqu'à provoquer la suppression des archives, la disparition des livres scientifiques et des cartes géographiques, la mutilation des chroniques et la diffusion de données techniques intentionnellement faussées dans le but d'induire en erreur d'éventuels concurrents étrangers (impossibilité de revenir de Guinée autrement qu'en caravelle, sous-évaluation de la mesure du degré terrestre, latitudes volontairement erronées attribuées à certains points importants, etc.) [1].

La thèse du secret n'est pas, dans sa totalité, universellement admise. Telle cependant qu'elle se présente dans le substantiel petit volume de la *Colecção henriquina*, elle écrase le lecteur le plus rétif sous un tel faisceau de présomptions que, bon gré mal gré, il doit bien lui reconnaître une grande part de vérité.

Si donc il faut attribuer à la politique du secret (et non à la négligence ou au tremblement de terre de 1755) l'extrême rareté des documents, si, par conséquent, nous admettons que, de ce fait, les témoignages dont nous disposons émanent trop souvent d'étrangers mal informés ou intentionnellement trompés, nous devons choisir entre deux attitudes extrêmes.

La première consiste à étudier les grands voyages d'exploration maritime en précisant les conditions géographiques et nautiques sans lesquelles leur réalisation eût été matériellement impossible : la méthode géographico-nautique amène, de la sorte, indépendamment des sources écrites, à présupposer comme obligatoires certaines connaissances scientifiques chez les marins du XVe siècle (navigation astronomique à l'époque de l'Infant, découverte précabralienne du Brésil, etc.). L'absence de documents explicites ne constitue donc pas une preuve contraire pour les historiens de cette école. Et c'est ainsi que tend à se généraliser un certain scepticisme quant à l'utilité des méthodes traditionnellement appliquées à l'établissement, à la datation et à la critique des textes.

L'autre attitude est celle du médiéviste non marin. Il reconnaît volontiers combien a été féconde l'œuvre d'un Gago Coutinho [2], surtout en ce qui concerne le régime des vents et des courants (domaine, par ailleurs, étranger à la science livresque du XVe siècle) ; il s'alarme au contraire de certaines mauvaises habitudes comme celles qui consistent à utiliser de la même manière les sources primaires et les reconstitutions tardives [3], à recourir au hasard (en original ou en traduction) à n'importe quelle édition, à interpréter enfin les

(1) J. Cortesão, *A política de sigilo nos descobrimentos* (Col. henriquina), Lisbonne, 1960.

(2) G. Coutinho, *A náutica dos descobrimentos*, Lisbonne, 1952.

(3) V. Magalhães Godinho, « Les grandes découvertes », dans *Bulletin des études portugaises* XVI (1952), p. 12.

textes en donnant aux mots des acceptions qu'ils ne devaient acquérir que plus tard.

En lisant les travaux consacrés à l'histoire maritime, on a trop souvent l'impression d'y trouver les personnages du XVe siècle déguisés en hommes du XVIe, les innovations techniques et les découvertes systématiquement vieillies, la culture d'avant 1480 confondue avec celle créée par la diffusion de l'imprimerie [1].

II. — ENCORE LES ORIGINES DE LA NAVIGATION ASTRONOMIQUE [2]

On éprouve quelque honte à reparler encore d'un problème qui a fait couler tellement d'encre [3]. Le contraste est, en effet, frappant entre la masse énorme de la bibliographie relative à la navigation astronomique avant 1480 et le fait que les textes invoqués sont au nombre de trois (une dizaine de lignes au total).

a) *L'astrologie navale*

Avant de présenter à leur sujet quelques observations, il n'est pas inutile de rappeler ici qu'il existait, au XIVe siècle, une sorte d'astronomie nautique sans que, pour autant, on ignorât la boussole ou on prît à bord la hauteur des étoiles. La partie astrologique de l'atlas catalan de 1375 en fournit un bon exemple : la détermination des heures nocturnes et l'étude des marées s'y mêlent à des prescriptions superstitieuses.

On rencontre par ailleurs, dans plusieurs manuscrits [4], un texte

---

(1) J'ai tiré grand profit de la belle thèse, encore inédite, de L. DE MATOS, *L'expansion portugaise dans la littérature latine de la Renaissance* (exemplaires dactylographiés à la Sorbonne).

(2) Bonne mise au point : L. MENDONÇA DE ALBUQUERQUE, « O primeiro guia náutico português e o problema das latitudes na marinha dos séculos XVe XVIe », dans *Revista da Universidade de Coïmbre*, Coïmbre, vol. XIX, 1960. [Du même, *Introdução à história dos descobrimentos*, Coïmbre, 1962.]

(3) G. BEAUJOUAN et E. POULLE, « Les origines de la navigation astronomique aux XIVe et XVe siècles », dans *Le navire et l'économie maritime* (dir. M. MOLLAT) : colloque de 1956, Paris, 1957, pp. 103-118. — A. TEIXEIRA DA MOTA, « L'art de naviguer en Méditerranée du XIIIe au XVIIe siècle et la création de la navigation astronomique dans les océans », dans *Le navire*... (dir. M. MOLLAT) : 2e colloque, 1957, Paris, 1958, pp. 127-154. — R.A. LAGUARDA TRÍAS, *Comentarios sobre los orígenes de la navegación astronómica*, Madrid, 1959. — T.O. MARCONDES DE SOUZA, « A astronomia náutica na época dos descobrimentos marítimos : ensaio crítico », dans *Revista de Historia*, São Paulo, nº 41, 1960, etc..., etc... Utile réimpression : A. FONTOURA DA COSTA, *A ciência náutica dos Portugueses na época dos descobrimentos*, Lisbonne, 1958 (*Col. henriquina*).

(4) G. LACOMBE, *Aristoteles latinus*, vol. I, Rome, 1939, pp. 88 et 186-187.

intitulé *astronomia navalis* ou *astrologia navalis*. Il s'agit, en réalité, d'une petite œuvre pseudo-aristotélicienne traduite, vers 1260, par Barthélemy de Messine et plus connue sous le titre *De signis aquarum et ventorum et tempestatum et serenitatum*.

Ce genre d'astrologie météorologique n'était pas étranger à Christophe Colomb, lui qui, le 13 janvier 1493, *queria ver en que paraba la conjuncion de la luna con el sol, que esperaba a 17 deste mes*, lui aussi qui avouait être rentré au port, pour la Noël 1502, parce qu'il n'osait pas attendre l'opposition de Saturne sur des mers aussi bouleversées (lettre aux Rois Catholiques du 7 juillet 1503).

De telles conceptions avaient cours au Portugal dès avant 1433. Dans son *livro da montaria*, Jean Ier cite, en effet, l'astrologue João Gil et tout spécialement la *segunda parte do seu livro que falla da tempestade e ventos e chuyvas e pedriscos*. Ce Juan Gil était, vers 1350, au service des rois d'Aragon [1]. Son livre est inédit, mais on en conserve une copie faite, au début du XVe siècle, par un juif portugais : elle mériterait d'être sérieusement étudiée [2].

Parmi les précurseurs catalans de l'astronomie nautique portugaise, on cite souvent Ramon Lull dont l'*astrolabium nocturnum* ou *sphera horarum noctis* préfigure le *Regimento para se saber as horas de noite pela estrela do norte e suas guardas* du manuel d'Evora. Cet appareil était seulement connu jusqu'ici grâce à un texte dépourvu de toute allusion à la navigation, le *liber principiorum medicinae* (dist. X, cap. 30) [3]. Au contraire, dans la *Nova geometria* de Lull, telle que l'a révélée l'édition de J. M. Millás Vallicrosa [4], l'utilisation nautique de l'instrument apparaît explicitement *pro hominibus qui vadunt de nocte sive per terram, sive per mare*. On peut ainsi savoir l'heure en observant les *duas stellas que vocantur duos fratres per marinarios et que circuunt stellam septentrionalem*. On est encore loin du *Regimento da estrella do norte* destiné à trouver la latitude exacte en tenant compte du petit cercle de 3°1/2 que l'étoile polaire décrivait, au XVe siècle, autour du pôle.

Suivant les traces de M. de Reparaz, les historiens espagnols continuent à affirmer comme une vérité d'évidence que, dès le XIVe siècle, les Catalans pratiquaient une navigation astronomique déjà très évoluée. Faisant allusion à l'exploration du « Riu de l'or » par Jaime Ferrer (1346) et aux expéditions de 1342 et 1386 en direc-

---

(1) L. Pereira da Silva, *Obras completas*, vol. III, Lisbonne, 1946, pp. 43-55.

(2) Oxford, Bodleian library, laud. or. 282.

(3) Ed. Moguntiae, 1721, vol. I (*in fine*).

(4) J.M. Millás Vallicrosa, *El libro de la « Nova geometria » de Ramon Lull*, Barcelone, 1953, pp. 78-79.

tion des Canaries, l'éminent historien de la science médiévale J. M. Millás Vallicrosa ne craint pas d'écrire [1] :

Tales viajes marítimos eran ya viajes de altura, y se estaba en condiciones de realizarlos con éxito, porque ya se disponía de un instrumental bastante perfecto de astrolabios y cuadrantes para tomar la altura del sol o de una estrella, y, además, también se disponía de almanaques con los cuales se conocía la declinación boreal o austral de cada dia, la cual, sumada o restada de la altura meridiana, daba la latitud.

Les arguments invoqués à l'appui de cette thèse se réduisent au fait que certains dessinateurs de cartes nautiques étaient en même temps des constructeurs d'astrolabes : ceci n'a rien d'étonnant puisque la pièce la plus délicate de l'astrolabe médiéval, l'araignée, était en réalité une sorte de carte céleste.

Sans nier que, du fait même de leur engouement pour l'astrologie judiciaire, les Catalans eussent, au XIVe siècle, la culture scientifique nécessaire à la réalisation de navigations d'après la hauteur du soleil [2], on ne peut croire qu'ils en aient profité, c'est du moins ce qui ressort de la nature même des cartes nautiques catalanes.

Si, du reste, Yafuda Cresques, le fameux Jacques de Majorque, avait enseigné à l'Infant Henri et à ses collaborateurs une astronomie nautique aussi perfectionnée, on comprendrait mal le caractère modeste et balbutiant des trois uniques témoignages qu'on puisse invoquer pour le Portugal, entre 1450 et 1480.

Le premier d'entre eux est celui de Nicolas Lanckmann, l'ambassadeur qui accompagna Eleonor de Portugal, lors de son mariage avec Frédéric III, en 1451 [3] : il se réfère à un voyage effectué de Lisbonne à Pise par une flotte de dix navires pourvus de maîtres astrologues bons connaisseurs des routes selon les étoiles et le pôle... *magistris astrologis juxta stellas et polum viarum bene doctis.* Duarte Leite a nié qu'il pût s'agir ici d'une navigation d'après la hauteur du pôle et des étoiles ; il a objecté que, même au XVIe siècle, une telle technique était jugée inutile sur un semblable parcours et que, par surcroît, la présence d'astrologues n'avait rien d'étonnant, une aussi belle noce ne pouvant se célébrer sans qu'on établît quelque horoscope.

---

(1) J.M. Millás Vallicrosa, *Nuevos estudios sobre historia de la ciencia española*, Barcelone, 1960, p. 301. Mis à part ce point particulier, l'ouvrage est remarquable.

(2) J.M. Millás Vallicrosa, *Las tablas astronómicas del rey don Pedro el Ceremonioso*, Barcelone, 1962. Cf. R. A. Laguarda Trías, « La declinación solar en las tablas astronómicas de don Pedro el Ceremonioso », dans *Sefarad* XXIV (1964), pp. 111-120.

(3) A. Caetano de Sousa, dans *Provas da História genealógica da casa real portuguesa*, Coïmbre, 1947. I, 3, p. 346, cf. L. Mendonça de Albuquerque, *O primeiro guia*, pp. 17-19.

b) *Cadamosto et la lance de Marco Polo*

La scène se passe en juin 1455, à l'embouchure de la Gambie, lorsque Alvise de Cadamosto voit, pour la première fois, la Croix du Sud. Il se trouve alors à 13° de latitude nord et il le précise en disant : *Nelli giorni che noi stemmo sopra la bocca di questo fiume, non vedemmo piu che una volta la tramontana e ne pareva molto bassa sopra il mare, e pero la convenivamo vedere con tempo molto chiaro e ne pareva sopra il mare l'altezza di una lancia* [1].

Chacun a voulu annexer ce texte à ses propres théories et, tandis que certains vantaient « la méthode portugaise de la lance », Duarte Leite stigmatisait l'ignorance crasse de Cadamosto *mostrando assim desconhecer os rudimentos da métrica astronómica* [2]. Le texte n'en restait pas moins incompréhensible. Constatant, avec raison, combien était fautive l'édition de Ramusio et lui préférant, pour cela, la leçon publiée en 1508, Crone [3] et Leite considérèrent que, au lieu de *l'altezza di una lanza*, il fallait lire *la terza di una lanza*. Bien qu'ils n'indiquassent pas la raison de ce choix, on peut imaginer qu'ils supposaient l'œil de l'observateur placé à une distance de la lance égale à la longueur de celle-ci. Ainsi se trouverait défini l'angle dont la tangente trigonométrique est un tiers, ce qui donnerait une culmination de la polaire à 18°, soit à peu près 13° + 3° 1/2 (en ajoutant à la latitude la hauteur de l'étoile au-dessus du pôle).

Mais cette interprétation (seulement suggérée) semble bien n'être, en réalité, qu'une vue de l'esprit. En 1948, en effet, l'Académie portugaise de l'Histoire a publié, avec des notes de Damião Peres, une copie manuscrite des *Voyages* conservée à Venise et datant du XVe siècle [4]. Ce texte, meilleur que ceux connus jusqu'ici, infirme l'hypothèse de Duarte Leite. La Tramontane n'y apparaît pas un tiers de lance au-dessus de la mer, mais bel et bien une lance entière : *ne parea sopra el mar lalteza de una lanza.*

L'emploi de la lance comme instrument astronomique (ou comme mesure d'angle) mérite donc d'être étudié. Je n'en connais qu'un autre exemple, mais il est digne d'attention bien qu'il date du tout début du XIVe siècle [5].

Abordant en effet la question, alors si controversée, de l'habitabilité de la région équatoriale et des antipodes, Pierre d'Abano se

(1) J.M. da Silva Marques, *Descobrimentos portugueses* (suppl. au t. I), Lisbonne, 1944, p. 320.

(2) D. Leite, *História dos descobrimentos*, I, pp. 132-133, 395. Note de V. M. Godinho, p. 405.

(3) G.R. Crone, *The voyages of Cadamosto*, Londres, 1937, p. 61.

(4) *Viagens de Luis de Cadamosto*, Lisbonne, 1948, pp. 58 et 155.

(5) Ce passage de la communication a, depuis, été repris par R. A. Laguarda Trías, *Las más antiguas determinaciones de latitud en el Atlántico y el Indico*, Madrid, 1963.

réfère à une conversation qu'il eut, entre 1293 et 1310, avec Marco Polo [1]. Il écrit ainsi dans le *Conciliator* (differentia LXVII) [2] :

In regionibus Zinçorum apparet stella magna ut saccus et novi hominem qui vidit ipsam et dixit mihi quod habet lumen modicum sicut petia nubis et est semper australis. De ipsa quoque cum aliis mihi retulit Marcus Venetus omnium circuitor et diligens indagator quod eandem vidit stellam sub polo antarctico et est magnam habens caudam cuius pinxit talem fore figuram.

Retulit etiam quod vidit polum antarcticum a terra elevatum quantitate lancee militis longe in apparentia et arcticum occultatum.

La *lancea militis* de Marco Polo est, sans doute, la *lancia* ou *lanza* de Cadamosto : le rapprochement s'impose d'autant plus que les deux hommes étaient Vénitiens [3]. Mais la comparaison entre les deux textes doit être poussée plus loin. La constellation australe décrite par Marco Polo semble être le Nuage de Magellan, celle repérée par Cadamosto est, sans doute, la Croix du Sud avec les étoiles α et β du Centaure. Dans le premier cas c'est le pôle antarctique qui a la hauteur d'une lance, dans le second c'est l'étoile polaire. Il n'en reste pas moins troublant que les deux premières descriptions européennes du ciel austral indiquent l'une et l'autre le pôle à la hauteur d'une lance de soldat.

Cette fameuse lance n'apparaît pas dans le livre de Marco Polo, ni dans ses versions française et italienne, ni même dans l'adaptation latine de Francesco Pipino que l'Infant Pierre rapporta, peut-être, de Venise (en 1428) et qui se retrouve, déjà traduite en portugais, dans la bibliothèque de D. Duarte (1433-1438) [4]. Il y est bien question de la hauteur croissante de la polaire au fur et à mesure qu'on remonte vers le Nord, mais elle y est évaluée en coudées que Ferrand a voulu identifier avec des *isba* arabes (au mépris, notons-le, des chiffres donnés par Marco Polo) [5].

---

(1) Voir la belle étude de L. OLSCHKI, « Marco Polo, Dante Alighieri e la cosmografia medievale », dans *Oriente poliano* (*studi in occasione del VII centenario della nascita di Marco Polo*), Rome, 1952, pp. 45-65.

(2) Ed. Venise, 1548, fol. 106.

(3) Rien dans H. KAHANE, « Venetian nautical terms », dans *Romance philology*, VII (1953-54), pp. 156-170 et 333-342.

(4) F.M. ESTEVES PEREIRA, *O livro de Marco Polo... conforme à impressão de Valentim Fernandes*, Lisbonne, 1922, surtout pp. XXXVII-XXXIX.

(5) G. FERRAND, *Introduction à l'astronomie nautique arabe*, Paris, 1928, pp. 156-157. Le mot *isba* était connu en Occident comme graduation du carré des ombres de l'astrolabe, c'est-à-dire avec un sens différent. « *Scito quod sint in quadrante qui est positus in dorso astrolabii duo latera divisa unumquodcumque eorum per XII divisiones et unaqueque divisio nominatur isbaa quod latine sonat digitus et possumus dicere punctum* ». (Traduction de Messahalla par Johannes Hispanus dans J.M. MILLÁS VALLICROSA, *Traducciones orientales de Toledo*, Madrid, 1942, pp. 276-277). — Selon R. A. Laguardia Trías, la lance serait l'équivalent du mot latin *hasta*, lui-même homonyme du vocable désignant, en Inde, la coudée; le coude astronomique vaudrait 1° 54′.

Le témoignage de Cadamosto se prête, dès lors, à deux interprétations diamétralement opposées.

On peut tout d'abord supposer que, au cours d'une conversation sur les régions équatoriales et le ciel austral, quelqu'un lui a montré le passage de Pierre d'Abano consacré à ces questions. Il a cru que la constellation en forme de sac était celle-là même qu'il avait observée en Afrique ; la lance ne serait alors, dans son récit, qu'une mauvaise réminiscence littéraire.

Autre interprétation : il existait, en 1455, dans les milieux nautiques portugais, une connaissance plus précise qu'on ne l'imagine des techniques appliquées par les pilotes de l'Océan Indien.

La première de ces deux conclusions a mes préférences, mais la seconde a l'avantage d'un certain parallélisme avec les observations présentées par E.G.R. Taylor et le commandant Teixeira da Mota à propos du texte de Diogo Gomes auquel j'en viens maintenant.

c) *La « table » du quadrant de Diogo Gomes... et l'Océan Indien*

Constituant la seule description connue d'une observation astronomique sérieuse faite, avant 1480, par un navigateur européen [1], ces quelques lignes méritent d'être traitées avec un soin tout particulier. Au lieu de cela, elles sont généralement citées d'après des traductions, on ne peut plus défectueuses. Ouvrons l'édition la plus récente, celle publiée en 1959 dans la collection, par ailleurs admirable, du *Centro de estudos da Guiné portuguesa* [2] :

Et ego habebam quadrantem, quando ivi ad partes istas, et scripsi in tabula quadrantis altitudinem poli arctici, et ipsum meliorem inveni quam cartam. Certum est quod in carta videtur via marinandi, sed semel errata nunquam redeunt ad primum propositum.

Voici la traduction proposée (je souligne les contresens).

« Et j'avais un quadrant quand je parcourus *tous* ces pays et j'ai noté sur la table de ce quadrant la hauteur du pôle arctique et je l'ai trouv*ée* meilleu*re* que *sur la* carte. Il est certain que sur la carte l'on voit les routes à parcourir sur mer, *mais beaucoup d'erreurs accumulées ne portent jamais au propos principal.* »

On reconnaîtra aisément que :

1° *ipsum* est masculin et se rapporte à *quadrantem*, non à *altitudinem ;*

---

(1) J'exclus le voyage qu'aurait fait au nord du 54e parallèle le carme anglais, Nicolas de Lynn, en 1360, porteur d'un astrolabe. Voir G. Sarton, *Introduction to the History of Science*, vol. III, Baltimore, 1948, p. 1501.

(2) Th. Monod, R. Mauny et G. Duval, *De la première découverte de la Guinée : récit par Diogo Gomes*, Bissau, 1959, pp. 54-55.

2° *cartam* fait pendant à *ipsum* « j'ai trouvé le quadrant meilleur que la carte » ;

3° *errata* n'est pas le nominatif pluriel de *erratum* (ce qui n'irait pas avec *semel* une fois) ; c'est l'ablatif absolu féminin de *erratus* se rapportant à *via* sous-entendu. Il aurait fallu imprimer *semel errata* entre virgules.

La traduction de 1959 marque donc un net recul par rapport à celles données par Bensaude [1] et Crone [2] :

« Et moi, j'avais un quadrant lorsque je suis allé à ces endroits et j'écrivis sur la table du quadrant l'altitude du pôle arctique et j'ai trouvé le quadrant lui-même meilleur que la carte. Il est certain que sur la carte on voit la route maritime, mais une fois qu'elle est fausse, on ne revient jamais au but primitivement fixé. »

La traduction dont nous faisons le procès est, en fait, très inspirée de la version portugaise publiée en 1899 par Gabriel Pereira ; cette dernière, à son tour, jouit d'un regain de popularité du fait qu'elle a été réimprimée telle quelle, en 1945, avec une annotation par ailleurs excellente, dans les *Documentos sobre a expansão portuguesa* de Magalhães Godinho [3].

Ainsi le texte se rapporte aux îles du Cap Vert. Il n'y est pas question de comparer la latitude obtenue grâce au quadrant avec celle indiquée sur une carte plate à parallèles gradués (comme le laisse croire la traduction fautive). Le navigateur est, au contraire, porteur d'une carte nautique de type encore purement médiéval. Il sait que pour trouver une île dans l'Atlantique la carte indique la direction à suivre (par rapport à l'aiguille de la boussole) et la distance à parcourir. Si, par malheur, on est passé à côté, il n'y a plus rien à faire (cela arrivait souvent surtout pour les Açores) [4]. L'emploi du quadrant est un meilleur système, car, une fois qu'on est parvenu à la bonne latitude, il suffit de s'y tenir. Ces considérations sont fort pertinentes et elles semblent vouloir se donner pour originales et nouvelles. L'auteur, du reste, ne pratique pas une véritable navigation astronomique : il fait, sans doute à terre, une observation précise pour permettre ultérieurement à autrui de se bien placer en latitude.

Reste à déterminer la date de l'observation et sa nature exacte.

---

(1) J. Bensaude, *L'astronomie nautique au Portugal à l'époque des grandes découvertes*, Berne, 1912, p. 106.

(2) G.R. Crone, *Voyages of Cadamosto*, p. 101.

(3) Vol. I, p. 94.

(4) J. Cortesão, *Descobrimentos portugueses*, p. 268, d'après une étude du Cdt. J. Moreira Campos.

Altitudo poli arctici désigne la latitude nord sans qu'on puisse dire, pour autant, si elle a été calculée d'après la hauteur du soleil ou d'après celle (dûment corrigée) de l'étoile polaire. *Tabula* peut être soit une planche (celle dont est faite le quadrant), soit une table astronomique (en l'occurrence celle de la déclinaison solaire pour chaque jour de l'année) : les deux sens apparaissent (le second plus fréquemment cependant) dans le traité de quadrant le plus populaire du Moyen Age, celui de Robertus Anglicus. La question de la date est encore plus délicate : elle peut être fixée entre 1456 et 1462 si le passage incriminé est bien tel que Diogo Gomes l'a dicté à Martin Behaim. Il faut, au contraire, la reporter jusqu'en 1484, s'il s'agit d'une incidente de Behaim évoquant un souvenir personnel : c'est ce que prétendait, non sans vraisemblance, Duarte Leite. Il est actuellement difficile de prendre parti car la critique globale du *De prima inventione Guinee* n'a pas encore été faite : J. Saraiva [1] et Magalhães Godinho [2] ne nous ont donné qu'un petit avant-goût de leurs conclusions. On reste, en attendant, indécis entre deux systèmes également valables.

1° *Tabula* désigne le bois même du quadrant et l'observation date de 1456-1462. On admet alors l'interprétation de E.G.R. Taylor [3] et du commandant Teixeira da Mota [4]. Diogo Gomes observe la hauteur de la polaire pour une position déterminée des gardes, il marque sur le limbe du quadrant le point où tombe le fil à plomb. On saura ainsi, lors d'un voyage ultérieur, quand on aura atteint la bonne latitude. Cette technique ressemble étrangement à celle pratiquée dans l'Océan Indien et à celle enseignée dans le supplément au *Repertorio dos tempos* de Valentim Fernandes publié en 1563, supplément que, du fait de son caractère élémentaire, E.G.R. Taylor a daté d'avant 1480 et baptisé *navigating manuel of Columbus*.

Le silence des traités d'astrolabe et l'absence de cartes nautiques graduées en latitude : telles étaient jusqu'ici les deux objections les plus sérieuses faites à la possibilité d'une navigation astronomique antérieure à 1480. La thèse Taylor-Teixeira da Mota fournit, à cet égard, une explication satisfaisante : dans cette première phase, l'astrolabe et la carte n'auraient servi à rien.

(1) J. Saraiva, *Valentim Fernandes autor da relação de Diogo Gomes* dans *Arquivo da bibliografia portuguesa*, I-4 (1955), p. 165.

(2) D. Leite, *História*, pp. 147 et 404-410 (Notes de V.M. Godinho).

(3) E.G.R. Taylor, « The navigating manual of Columbus », dans *Bolletino civico Instituto colombiano*, I (janvier-mars 1953), pp. 32-45, et *The haven-finding art*, London, 1956

(4) Voir *supra* et A. Teixeira da Mota, « A arte de navegar no Mediterrâneo nos séculos xiii-xvii e a criação da navegação astronómica no Atlântico e Indico » dans *Anais do Clube militar naval* (Lisbonne, 1957) : c'est la version originale de l'article cité plus haut.

Mais il y a une seconde interprétation possible du texte de Gomes et Behaim.

2° La *tabula* serait une table des déclinaisons solaires et l'interpolation de Behaim se rapporterait aux alentours de 1485. Nous nous trouverions en présence d'une observation analogue à celles faites, à la même époque, par José Vizinho.

La tabula quadrantis mérite de retenir l'attention et il faut, sur ce point comme sur bien d'autres, en revenir à ce qu'a dit Bensaude en parlant des éphémérides de Regiomontanus [1].

« Bien plus de valeur au point de vue de l'origine des tables nautiques ont les tables jointes au traité du quadrant de maître *Robertus Anglicus*, écrit à Montpellier vers 1276, c'est-à-dire deux siècles avant Regimontanus. »

Ces cinq tables n'ont pas été publiées par Tannery [2] parce qu'elles ne paraissent pas l'œuvre de Robertus Anglicus et parce qu'elles varient d'un manuscrit à l'autre : c'est précisément ce qui leur confère à nos yeux un grand prix.

Les quatre premières indiquent la longitude quotidienne du soleil, à midi, pour un cycle de quatre années (dont par conséquent une bissextile), la cinquième donne la déclinaison solaire pour chacun des 360 degrés du zodiaque avec (comme chez Azarquiel ou plus tard chez Zacut et dans les *regimentos* portugais) une obliquité de l'écliptique de 23° 33'.

Ces tables permettent de déterminer très simplement la « hauteur du pôle » d'après la hauteur méridienne du soleil. Si on les a préférées à un calendrier donnant immédiatement la déclinaison en face de chaque jour, c'est uniquement parce qu'on a pensé que, par le biais du degré occupé par le soleil dans chaque signe du zodiaque, il était plus facile d'introduire les corrections rendues nécessaires par la trépidation ou la précession des équinoxes.

C'est bien à tort qu'on imagine un laborieux enfantement faisant sortir les *regimentos* des almanachs et ceux-ci des tables astronomiques. J. M. Millás Vallicrosa a bien montré qu'il s'agit au contraire de deux traditions parallèles et ininterrompues qui prennent leur source dans des œuvres différentes d'Azarquiel [3].

Les tables du *Tractatus quadrantis* mériteraient donc d'être étudiées systématiquement. On objectera que, dans la plupart des très nombreux manuscrits de ce texte, elles n'ont pas été transcrites : cela ne

(1) J. Bensaude, *L'astronomie nautique*, p. 29.

(2) P. Tannery, « Le traité du quadrant de maître Robert Anglès », dans *Notices et extraits des manuscrits*, Paris, 1897, XXXV, 2, pp. 560-640 ou P. Tannery, *Mémoires scientifiques*, t. V, pp. 118-197.

(3) J.M. Millás Vallicrosa, *Estudios sobre Azarquiel*, Madrid-Grenade, 1943-1950.

veut pas dire qu'elles étaient inutiles, c'est au contraire la preuve qu'elles étaient vendues avec l'instrument lui-même dont elles étaient inséparables, tel le *Librete o cuadernillo de pergamino* dont parle Enrique de Villena [1].

Peu importe du reste que le *De prima inventione Guinee* se réfère à une rudimentaire observation de la polaire par Diogo Gomes en 1456-1462, ou à une table des déclinaisons solaires entre les mains de Behaim en 1485 : ce qui compte c'est la véritable révolution qui s'est produite autour de 1480.

La naissance de la navigation astronomique a été beaucoup moins un problème scientifique qu'une question d'organisation. Le relevé systématique des latitudes sur la côte africaine en 1484-1485 et la mise en service des grands astrolabes en bois qui préfigurent déjà les astrolabes nautiques du XVIe siècle tant ils sont différents de leurs complexes homonymes du Moyen Age, l'élaboration de *Regimentos* spécialement destinés aux marins, la minutieuse préparation de missions scientifiques comme celle de Pero da Covilhã : voilà bien les indices et les premiers résultats de ce qu'on appellerait aujourd'hui une « politique de la science ».

Les légendes qui entourent l'Infant Henri ne doivent pas retirer à Jean II de Portugal l'immense mérite d'avoir su — avant aucun autre État — organiser l'exploitation technique des connaissances théoriques de son époque.

III. — LA DIFFUSION DES CONNAISSANCES THÉORIQUES AU XVe SIÈCLE

Comment ne pas souscrire aux pertinentes observations présentées en 1952 par Magalhães Godinho ? « N'a-t-on pas trop souvent, écrivait-il, brossé de vastes fresques du genre : l'état des connaissances à la veille des grandes découvertes ? On y jette pêle-mêle d'Ailly et Marco Polo, Mandeville et les géographes musulmans, la cartographie catalane ou génoise et le traité de la sphère de Sacrobosco, les missions des franciscains en Tartarie et le *Libro del conocimiento*, la géographie de Ptolémée et les voyages des Vikings, que sais-je encore ? On nous présente le prince Henri dépouillant méthodiquement toute cette immense littérature sans nous dire comment il aurait pu se la procurer, puis la méditant avant d'en dégager de lumineux plans.

(1) J.M. Millás Vallicrosa, *Estudios sobre historia de la ciencia española*, Barcelone, 1949, p. 425.

Des hommes, un tout petit nombre d'hommes irréels, anachroniques, flottant à la surface d'un environnement, non moins fantastique, construit pour les besoins de la cause. » [1]

Avant de montrer combien cet environnement fantastique est, surtout, fantaisiste, nous étudierons le cas d'un homme, bien réel lui, Diego Ortiz.

a) *Diego Ortiz et la « junta dos matematicos » de Jean II*

Après les exagérations de l'érudition allemande qui attribuait à Martin Behaim les progrès réalisés par l'astronomie nautique sous le règne de Jean II, on considère aujourd'hui, sans doute avec raison, que, au sein du petit groupe d'experts dont s'est entouré le « Prince parfait », c'est le médecin juif, José Vizinho, qui a joué le rôle déterminant.

Diego Ortiz semble au contraire souffrir, parmi les historiens, d'un certain discrédit auquel n'est pas sans contribuer quelque peu sa double qualité d'Espagnol et d'évêque.

Je ne veux pas retracer ici la biographie, encore mal connue [2], de ce curieux personnage qui devint, en 1469, professeur d'astrologie à l'université de Salamanque. Il y mêla malencontreusement les orbes célestes à la politique en prenant parti pour Jeanne dite la *Beltraneja* (contre Isabelle la Catholique) et en fondant imprudemment sur l'astrologie son espoir, bien vite déçu, de voir triompher, d'une façon décisive, l'intervention militaire portugaise. Cette imprudence l'obligea à s'expatrier (1475) : inutile de dire qu'il trouva, au Portugal, auprès de Jean II, le meilleur des accueils. C'est ainsi qu'on le voit intervenir, comme cosmographe, dans deux affaires particulièrement importantes, le rejet du plan de Colomb en 1483 et la préparation d'une carte fixant l'itinéraire de Pero da Covilhã (celui-ci devait, on le sait, traverser la Méditerranée et descendre la mer Rouge à la recherche des Indes et du royaume du Prêtre Jean : cette mission terrestre date de 1487 et elle fait pendant à l'expédition maritime de Bartolomeu Dias [3]).

On peut mesurer l'influence que devait exercer Diego Ortiz au fait que, peu après, il occupa le siège épiscopal de Tanger (1491-

---

(1) V. Magalhães Godinho, *Les grandes découvertes*, p. 3. Ceci semble viser A. Ballesteros Beretta, *Génesis del descubrimiento*, Barcelone, 1947.

(2) A. de Lucena e Val , *D. Diogo Ortiz de Vilhegas*, Gaia, 1934 : cette mauvaise biographie romancée est inutilisable. — Précieuses indications dans F. de Alm ida, *História da Igreja em Portugal*, t. II, pp. 606-607, et t. III, pp. 905-906 et 981 ainsi que dans F. Cantera Burgos, *El judío salmantino Abraham Zacut*, Madrid, 1931, pp. 320-323.

(3) Voir les belles pages de J. Cortesão, *Descobrimentos*, pp. 514-531, et *Política de sigilo*, pp. 106-126.

1500) puis ceux de Ceuta (1500-1505) et de Viseu (1505-1519). Le 22 juillet 1505, il prononça l'éloge public de Duarte Pacheco.

Au cours de ces dernières années, nous avons eu l'occasion de travailler sur les volumes mêmes qu'a eus entre les mains Diego Ortiz, et voici comment [1].

Le 5 mai 1954, le Chef de l'Etat espagnol décida de retirer du Palais Royal de Madrid, pour les « restituer » à l'Université de Salamanque, quelque onze cents manuscrits ayant jadis appartenu aux quatre *Colegios mayores* de cette dernière ville.

En s'aidant d'anciens inventaires dressés en 1799 et en y vérifiant le numéro d'ordre alors porté sur la première page de chaque manuscrit, on a pu reconnaître auquel des quatre collèges appartenait primitivement chacun des volumes ainsi transférés.

Les traités scientifiques médiévaux apparaissent, de la sorte, particulièrement nombreux, dès le milieu du xve siècle, dans la bibliothèque du *Colegio Viejo de San Bartolomé* (fondé en 1418 par Diego de Anaya).

Le fait est d'autant plus curieux que cet illustre établissement de Salamanque était, en principe, prévu pour dix canonistes et cinq théologiens. Mais, peu à peu, à la faveur d'une sorte de franc-maçonnerie entre les *colegiales*, la tradition s'établit de choisir parmi eux les professeurs d'astrologie de l'Université et leurs suppléants. Les manuscrits scientifiques du collège s'avèrent ainsi fort utiles et Diego Ortiz, qui résidait dans la maison depuis 1457, en fut certainement l'un des utilisateurs [2].

Voici donc, avec leur ancien numéro d'ordre (S. B.) et leur cote actuelle à l'Université de Salamanque (Sal.), les principaux volumes qu'il a dû consulter : les cinq premiers se trouvaient déjà en 1440 dans la bibliothèque du Collège de San-Bartolomé [3], les cinq suivants y entrèrent très probablement avant 1475.

1° La *Mathematica* de l'énigmatique savant anglais Philippus Elephantis [4] (S. B. 83, Sal. 2085).

2° L'*Algorismus* de Johannes Hispalensis et la *Sphera volubilis* de Costa ben Luca (S. B. 282, Sal. 2338).

---

(1) G. Beaujouan, *Manuscrits scientifiques médiévaux de l'Université de Salamanque et de ses « colegios mayores »*, Bordeaux, 1962 (fasc. XXXII de la *Bibliothèque de l'École des hautes études hispaniques*).

(2) J. Roxas y Contreras, marqués de Alventos, *Historia del colegio viejo de San Bartolomé*, t. I, Madrid, 1766, p. 169.

(3) Ancien inventaire de 1440 dans le ms. espagnol 524 de la Bibliothèque Nationale de Paris.

4) G. Beaujouan, « La science anglaise dans les bibliothèques de Salamanque au xve siècle » dans *Mediaeval and Renaissance Studies*, vol. V (Londres, 1961), pp. 249-269, surtout pp. 263 et sq.

3° L'*Algorismus*, la *Sphera* et le *Compotus* de Johannes de Sacrobosco, le *Quadrans* de Robertus Anglicus (avec les tables de la déclinaison solaire pour 1292-1295), l'*Opus armillarum* et divers ouvrages de comput, l'*Astrolabium* de Messahalla, les petits traités astronomiques de Thebit ben Corat, les *Tables de Tolède* ou d'Azarchel, la *Perspectiva* de Roger Bacon (S. B. 96, Sal. 2662).

4° Le Commentaire de Robertus Anglicus sur la *Sphera* de Johannes de Sacrobosco, l'*expositio* de la *Theorica planetarum*, le *Quadrans* de Robertus Anglicus (avec tables de la longitude et de la déclinaison du soleil), le *Quadrans novus* de Profatius Judeus, la *Practica geometrie* de Dominicus de Clavasio (S. B. 84, Sal. 1693).

5° Le *Liber de aggregationibus scientie stellarum* d'Alfraganus et les traités astrologiques d'Alcabitius, Ptolémée, Almansor, Zael Benbriz, Messahalla et Abenragel (S. B. 175, Sal. 2051).

6° Les *Eléments* d'Euclide (S. B. 81, Sal. 2624).

7° L'*Astrolabium* de Messahalla, la *Theorica planetarum* de Campanus, le *Quadrans* de Robertus Anglicus et un commentaire sur la *Sphera* de Johannes de Sacrobosco (S. B. 80, Sal. 2353).

8° La *Géographie* de Ptolémée (S. B. 85, Sal. 2495).

9° La lettre du Prêtre Jean (S. B. 298, Sal. 2238).

10° Une curieuse géographie espagnole adaptée d'un texte arabe et sans doute rédigée à Grenade : elle est riche en renseignements sur l'Inde (S. B. 86, Sal. 2086).

Sauf le dernier, qui est en castillan, tous ces textes sont en latin : bien que l'influence judéo-arabe y soit prépondérante et que la péninsule Ibérique ait généralement été le point de départ de leur diffusion, ils appartiennent au patrimoine alors commun à toutes les universités européennes. On y retrouve, copiés ou commentés, les éléments constitutifs du *corpus* qui forme, selon nous, la charpente de l'enseignement scientifique des universités au XIVe siècle et au début du XVe : l'algorisme et la sphère de Sacrobosco, le quadrant de Robertus Anglicus, l'astrolabe de Messahalla et la Théorie des planètes.

Il faut ajouter que la bibliothèque de San Bartolomé était, au milieu du XVe siècle, la plus riche de Salamanque ; son contenu nous est parvenu dans sa quasi-totalité et il peut, à ce titre, être considéré comme caractéristique.

Ne quittons pas le Collège de San Bartolomé sans constater que Diego Ortiz s'y lia d'une grande amitié avec l'astronome Juan de Salaya (cette intimité lui valut d'être nommé professeur à l'Université). Il n'est pas sans intérêt de rappeler que ce même Juan de Salaya établit, sous la dictée même de l'auteur, la première version espagnole des canons de l'almanach perpétuel de Zacut, ceci, la date est importante, en 1481. Les relations étaient sans doute beaucoup plus étroites qu'on ne l'imagine entre Zacut, Salaya, Ortiz et Vizinho.

Je m'excuse d'avoir fait aussi longtemps étalage de mes propres recherches ; je voulais simplement rappeler ainsi que, même pour le xve siècle, l'histoire de la culture d'un pays ne peut pas se faire, comme celle de la littérature, en se fiant au seul critère de la langue. Les manuscrits médiévaux n'ont livré qu'une faible partie de leur secret ; lorsqu'on est parvenu en effet à identifier leur contenu (généralement connu par ailleurs), il reste à les étudier en fonction même des hommes qui les ont effectivement utilisés.

b) *L'évaluation de la culture scientifique portugaise au* xve *siècle*

Il a paru, ces dernières années, d'excellentes introductions à l'histoire intellectuelle du Portugal au xve siècle : on ne saurait que louer le lumineux petit livre de M. Rodrigues Lapa [1], le solide ouvrage de A. J. da Costa Pimpão [2] et l'ample *História da cultura em Portugal* d'A. J. Saraiva [3].

Mais, si les bilans d'ensemble sont les bienvenus, en raison, notamment, de l'orientation bibliographique qu'ils fournissent, c'est surtout de solides études, faites à la loupe, qu'on a aujourd'hui besoin.

Celles de Joaquim de Carvalho fournissent un excellent modèle [4]. On peut ranger dans cette tradition les solides annotations de L. Bourdon sur la *Chronique de Guinée* [5] et la thèse déjà citée de Luís de Matos sur la littérature latine relative aux découvertes. Au terme d'une très minutieuse étude sur les sources de Duarte Pacheco, J. Barradas de Carvalho achève de renouveler une matière qu'on aurait pu croire, bien à tort, épuisée [6].

On objectera sans doute que ces ruminations moroses, si chères

(1) M. Rodrigues Lapa, *Lições de Literatura portuguesa,* 4e éd., Coïmbre, 1956.

(2) A.J. da Costa Pimpão, *História da Literatura portuguesa : Idade média,* 2e éd. Coïmbre, 1959.

(3) A.J. Saraiva, *História da cultura em Portugal,* Lisbonne, 1950-1955 (2 vol.). Excellent chapitre de L. Albuquerque sur « Les navigations et les origines de la mentalité scientifique » (t. II, pp. 369-507).

(4) J. de Carvalho, *Estudos sobre a cultura portuguesa do século XV,* Coïmbre, 1949.

(5) G. Eanes de Zurara, *Chronique de Guinée : préf. et trad.* de L. Bourdon (notes de L. Bourdon, E. Serra Rafols, Th. Monod, R. Ricard, R. Mauny), Dakar, 1960 (Mémoires de l'I.F.A.N. n° 60).

(6) Duarte Pacheco savait mal le latin. Il utilisa, par exemple, le *De situ orbis* de Pomponius Mela d'après la version espagnole du médecin, peut-être aragonais, Juan Faras (l'astronome « mestre João » qui accompagna Cabral en 1500). Dans le manuscrit 50 V 19 de la bibliothèque d'Ajuda, cette traduction a suscité des annotations dont J. Barradas a démontré que certaines sont de la main même de Duarte Pacheco.

aux érudits, n'ont en réalité rien à voir avec la grande histoire de l'expansion maritime : c'est une grave erreur.

Dans ses *Descobrimentos portugueses* (t. I, p. 217, et t. II, pp. 19-20) Jaime Cortesão continue, par exemple, à affirmer que l'*Imago mundi* de Pierre d'Ailly était bien connue au Portugal, à l'époque d'Henri le Navigateur. Le texte du cardinal français ayant eu sur Christophe Colomb l'influence que l'on sait, sa prétendue circulation parmi les collaborateurs de l'Infant se trouve *ipso facto* liée au problème des navigations en direction de l'Occident avant 1492.

Il semble pourtant bien démontré [1] que le fameux maître Pierre, cité dans la *Chronique de Guinée*, ne peut pas être Pierre d'Ailly (début XVe s.) puisque Zurara le connaît par l'intermédiaire de la *General historia* qui date du XIIIe : il s'agit de Petrus Comestor.

On allègue comme autre preuve de l'influence exercée au Portugal par l'*Imago mundi*, la diffusion considérable dont aurait joui ce texte avant même d'être imprimé vers 1483. Il y a là une équivoque répandue, notamment par A. Ballesteros, et contre laquelle il importe de réagir. Lorsqu'on cite, en effet, l'affirmation d'Edmond Buron selon laquelle il existe à travers l'Europe près de deux cents manuscrits de Pierre d'Ailly, il ne faut pas oublier que les écrits ainsi dispersés sont au nombre de 174, ce qui fait, d'après Salembier, une douzaine de copies pour l'*Imago mundi*.

Il est un autre ouvrage que, par la force d'une mauvaise habitude, on se croit en droit de mêler, sans particulière justification, à l'histoire des grandes découvertes : ce sont les tables alphonsines.

En ce qui concerne le Portugal, le prétendu envoi de l'un des manuscrits originaux au roi Dinis est, on ne peut plus hypothétique ; quant à l'indice tiré de la conversion par Zurara des années de l'Incarnation en années de diverses autres ères, il est assez fragile [2].

Lorsqu'on répète que les tables alphonsines étaient connues de tout le monde dans la péninsule Ibérique, il ne faut pas oublier que ces tables, très tôt perdues, sont, aujourd'hui encore, inconnues : les canons originaux seuls conservés ne correspondent pas aux tables latines réapparues ensuite, dans le milieu universitaire parisien, et ultérieurement diffusées par l'imprimerie. Dans sa note 56 à l'*Imago mundi*, Colomb fait allusion aux *Tabule toletane*, c'est-à-dire aux tables d'Azarchel : cela n'autorise pas à prétendre qu'il maniait les tables alphonsines.

Disons, en un mot, qu'on n'a pas le droit de prêter, sans preuve, à n'importe qui, la lecture de n'importe quoi.

---

(1) J. de CARVALHO, *Estudos s. XV*, pp. 84-85.

(2) *Cronica da tomada de Ceuta*, ed. F.M. ESTEVES PEREIRA, Lisbonne, 1915, introd. p. XIX, texte cap. LXXXVII et CV.

Mais le scepticisme ne doit être ici qu'un préalable à l'emploi d'une méthode rigoureuse; il ne saurait dissimuler une volonté partisane de systématiquement minimiser la culture scientifique portugaise du xve siècle.

Il était ridicule de nier, par exemple, sous l'influence de Duarte Leite, que la *Sphère* de Sacrobosco ait été très largement connue au Portugal bien avant d'avoir été imprimée, vers 1509, dans le manuel nautique dit de Munich. L. de Albuquerque a donc eu raison d'attirer l'attention sur l'existence d'un fragment manuscrit du *Tractatus de sphera* dans le fonds du couvent d'Alcobaçs (aujourd'hui à la Bibliothèque nationale de Lisbonne) [1].

Toutes les équivoques ne sont pas, pour autant, dissipées. Mal conseillé du point de vue paléographique, M. de Albuquerque donne, en effet, de cette copie, une transcription souvent fautive : il serait injuste d'en inférer que le scribe portugais du xve siècle ne savait déjà plus le latin. Le texte était donc à la fois meilleur et moins exceptionnel qu'on ne nous le dit (la *Sphère* est, en effet, bel et bien citée, dans le *Livro da Montaria* de Jean Ier, dans la lettre adressée au roi Manuel par Maître Jean, le pilote de Cabral, et surtout dans l'*Esmeraldo* de Duarte Pacheco).

Ceci n'infirme pas, cependant, l'hypothèse selon laquelle la traduction portugaise de la *Sphère* n'aurait pas été faite d'après l'original latin, mais d'après une version espagnole. Il existe précisément une sphère castillane dont la diffusion semble associée à celle des œuvres de Zacut [2] : si le rapprochement s'avérait fondé, on en reviendrait, une fois de plus, au rôle joué par les savants de Salamanque, lors de la préparation d'une première ébauche de manuel nautique vers 1483.

Ces quelques exemples montrent bien qu'il vaut mieux faire abstraction des théories contradictoires sur les origines de la navigation astronomique, lorsqu'on cherche à déterminer objectivement le niveau de la culture scientifique portugaise au xve siècle : c'est précisément ce à quoi se refusent les hagiographes de l'Infant Henri.

On a, en effet, l'habitude de monter en épingle la charte du 12 octobre 1431 par laquelle l'Infant, protecteur de l'Université de Lisbonne, prévoit l'enseignement des arts libéraux (nommément énumérés) et ordonne d'en faire peindre les sept symboles dans les nouvelles salles de cours.

La grammaire, la logique et la musique faisant déjà auparavant

---

(1) L. Mendonça de Albuquerque, « Sobre um manuscrito quatrocentista do « Tratado da esfera » de Sacrobosco », dans *Revista da Faculdade de Ciências da Universidade de Coimbra*, Coïmbre, 1959, vol. XXVIII.

(2) Madrid, Bibl. nac., ms. 3385 ; fol. 188 ; Séville, Colombine, ms. 5-2-32, fol. 5.

l'objet d'un enseignement, A. Moreira de Sá croit que l'Infant a créé pour la rhétorique, l'arithmétique, la géométrie et l'astrologie, quatre chaires nouvelles pourvues, chacune, d'un professeur titulaire [1]. Il en tire, en ce qui concerne l'astronomie, des conclusions tellement audacieuses qu'elles se trouvent démenties par le témoignage même du roi Manuel reconnaissant, en 1503, que *se nom lee liçam nenhuma ordenada da çiemcya de estrelomia.*

Je crois, pour ma part, que l'arithmétique, la géométrie et l'astrologie se trouvaient enseignées par un même maître, sans doute le João Gallo qu'on nous donne, en 1437, comme *lente de matematica.*

A mi-chemin entre les dénégations maniaques de ceux qui cherchent à systématiquement rabaisser tout ce qui est portugais et les rêveries de ceux qui imaginent l'Infant organisant, à Sagres ou à Lisbonne, un enseignement *ex cathedra* de l'astronomie nautique, il faut bien croire, avec L. de Matos, qu'il se trouvait, au Portugal comme ailleurs, un certain nombre de gens ayant le petit bagage scientifique alors commun aux anciens « écoliers » des facultés des arts, surtout s'ils s'étaient laissés prendre aux certitudes trompeuses de l'astrologie judiciaire.

Ceci n'est pas en contradiction, bien au contraire, avec le fait qu'on ait connu au Portugal quelques traités astrologiques, par ailleurs fort peu répandus, comme le *Lybro de magyka* de Juan Gil [2], le *Libro complido en los judizios de las estrellas* de Ali aben Ragel [3].

Souhaitons que ces ouvrages soient, le plus tôt possible, accessibles dans d'impeccables éditions. En ce qui concerne la version portugaise du *Secret des secrets*, on sait maintenant qu'elle est toute différente du *Secreto de los secretos de astrologia* attribué, d'après Fernand Colomb, à l'Infant Henri le Navigateur lui-même [4].

Il reste donc bien du travail à faire; pourtant — en ce qui concerne, du moins, la première moitié du xve siècle — l'image semble peu à peu se dessiner d'une culture scientifique portugaise assez semblable (parce qu'influencée par elle) à celle qui fleurissait au xive, dans le Royaume d'Aragon, avec, dans les deux cas, une incontestable et bienfaisante prépondérance des Juifs.

Le livre de Juan Gil et la venue au Portugal de Jafuda Cresques s'inscrivent ainsi comme autant de témoignages d'un courant dont

---

(1) A. Moreira de Sá, *O Infante D. Henrique e a Universidade*, Lisbonne, 1960. Surtout les pp. 64-67, 92-98, 115 et la bibliographie.

(2) Voir *supra*.

(3) Ali aben Ragel, *El libro complido en los judizios de las estrellas...*, éd. Gerold Hilty, Madrid, 1954, pp. lx-lxi. G. Hilty manifeste l'intention de publier la version judéo-portugaise des quatre derniers livres : elle date, rappelons-le, de 1410-1411 (Oxford, Bodleian library, Laud. or. 310).

(4) Voir le *Supplément bibliographique* imprimé à la suite de cette communication.

le manuscrit 3339 de Madrid est, sans doute, le plus ancien et le plus spectaculaire indice [1] : on y trouve, en effet, un almanach copié à Coïmbre en 1339 et, toujours en portugais, une *Tavoa da altura do sol nos lugares que sa ladeza he* 40 *grados.*

CONCLUSIONS

Ayant, à l'époque de l'Infant Henri, des connaissances scientifiques à peu près égales à celles des Catalans, les Portugais n'ont alors, pas plus qu'eux, créé une véritable astronomie nautique utilisant des tables, pourtant très répandues, de déclinaison solaire. Tout au plus se sont-ils contentés d'un très rudimentaire recours à la hauteur de l'Etoile polaire.

On ne saurait souligner, avec trop de force, le fait suivant : l'immense pas fait en avant, sous l'énergique et clairvoyante impulsion de Jean II, ne tient pas du tout, comme on le croit si souvent, à un quelconque progrès de l'astronomie ; il est le résultat d'un remarquable effort d'organisation et de coordination. La préparation d'un manuel élémentaire d'astronomie nautique, le relevé systématique des latitudes le long de la côte africaine, la mise en service de grands astrolabes allégés de leur partie astrologique : voilà bien les trois initiatives qui marquent, entre 1483 et 1485, l'aurore de l'art nautique moderne : initiatives purement pratiques, terre à terre si l'on veut, mais combien plus importantes qu'une différence de quelques minutes dans une quelconque table astronomique.

L'Infant Henri le Navigateur est un tel géant que, même pour son cinquième centenaire, il n'a pas besoin qu'on lui fasse l'aumône et qu'on perde de vue, à cause de lui, la place exceptionnelle que doit occuper, dans l'histoire des techniques, ce très grand roi qu'a été Jean II de Portugal.

Comme le disait, avec une courageuse lucidité, le commandant Teixeira da Mota :

> *Esperemos que as comemorações de* 1960 *não venham criar novos mitos henriquinos, encabeçando no Infante ideias e propósitos que elle não teve* [2].

---

(1) L. Mendonça de Albuquerque, *Os Almanaques portugueses de Madrid*, Coïmbre, 1961. Sous l'influence de Rico y Sinobas, cet almanach a longtemps passé pour l'original des tables alphonsines : il est, en réalité, la simple adaptation de l'almanach établi en 1307 pour les coordonnées de Tortose. Voir J.M. Millás Vallicrosa, *Estudios sobre hist. de la ciencia esp.*, pp. 387-397, et *Estudios sobre Azarquiel*, pp. 402-405.

(2) A. Teixeira da Mota « A viagem de Bartolomeu Dias e as concepções geopolíticas de João II », dans *Boletim da Sociedade de Geografia de Lisboa* (décembre 1958), p. 301.

Au cours de notre rapide survol de quelques-uns des livres portugais les plus récents, deux thèmes lancinants nous ont maintes fois gênés.

D'abord celui du secret, surtout en ce qui concerne l'un des premiers et plus redoutables bénéficiaires de la science nautique portugaise : Christophe Colomb.

Qu'il s'agisse de la thèse d'E.G.R. Taylor selon laquelle Colomb utilisait, pour déterminer la latitude, le soleil comme une étoile fixe, ou bien des catégoriques affirmations de Jaime Cortesão selon lesquelles les Portugais auraient sciemment induit en erreur le « génial Génois » (degré terrestre de 14 lieues 1/6, latitude du cap de Bonne-Espérance à 45°, etc.), on reste un peu perplexe et on garde l'impression que, si ressassés qu'aient été les textes, le dernier mot n'a pas encore été dit [1].

En ce qui concerne, en particulier, l'évaluation de la circonférence terrestre et la longueur de la lieue nautique, il suffit de lire le récent et remarquable ouvrage de García Franco [2] pour comprendre que le problème est beaucoup plus complexe qu'on ne le dit habituellement : des questions de métrologie, actuellement presque insolubles, viennent en effet compliquer une étude, encore insuffisamment faite, des cartes nautiques et des manuscrits astronomiques.

Un autre leitmotiv est celui de la navigation dans l'Océan Indien.

Nous l'avons rencontré, dès avant 1460, tant à propos de la lance de Cadamosto qu'à l'occasion du quadrant de Diogo Gomes. Quelle qu'ait été, en 1498, la supériorité de l'astronomie nautique portugaise (grâce surtout à l'emploi des tables de déclinaison solaire) il est incontestable que les leçons d'Ibn Madjid [3] ont très fortement impressionné les compagnons de Vasco de Gama et très vite fait école. Elles ont ainsi conféré une nouvelle actualité à la navigation d'après la hauteur des étoiles. Il suffit, pour s'en convaincre, de relire la lettre écrite, dès le 1er mai 1500, par le pilote de Cabral : *otro tanto casy digo de las tablas de India ; ...como desconçertavan todos en las pulgadas* [4]. Même mention des *pulgadas*, en 1502, dans la carte de Cantino. On ne saurait donc faire preuve d'une trop grande prudence lorsqu'on cherche, dans des textes postérieurs à 1498, des indications susceptibles d'éclairer les procédés très rudimentaires appliqués au Portugal avant 1483.

Entre 1474 et 1508, entre la lettre de Toscanelli et la prise en

---

(1) R. A. Laguarda Trías, *Elucidario de las latitudes colombinas*, Madrid, 1963.

(2) S. García Franco, *La legua náutica en la edad media*, Madrid, 1957.

(3) A. Teixeira da Mota, *Méthodes de navigation et cartographie nautique dans l'Océan Indien avant le XVIIe siècle*, Lisbonne, 1963.

(4) La pulgada serait l'*isba* arabe employé dans l'Océan Indien : voir *supra*.

main des affaires maritimes par le futur Jean II d'une part, la nomination de Vespuce comme *piloto mayor* de la *Casa de la Contratación* de Séville d'autre part, que de progrès et de changements d'une année à l'autre. L'érudition traditionnelle n'a pas fait faillite en ce domaine. Le respect méticuleux des textes et de la chronologie s'impose plus que jamais : l'apport des Portugais à l'Histoire universelle n'en peut sortir que grandi.

Supplément bibliographique

(décembre 1961)

Au palmarès des beaux ouvrages patronnés par la *Comissão executiva das Comemorações do quinto centenário da morte do Infante D. Henrique*, il convient maintenant de faire figurer la *Bibliografia henriquina*, 2 vol. (Lisbonne, 1960) la publication de textes *Monumenta henricina* (Coïmbre) et les actes du *Congresso internacional de história dos Descobrimentos* (Lisbonne, 1961).

La question des débuts de la navigation astronomique reste plus que jamais à l'ordre du jour. Cf. Fernando Veiga de Oliveira, *A astronomia nos descobrimentos maritimos dos Portugueses* dans *Homenagem ao Infante D. Henrique* in *Arquivos da Universidade de Lisboa*, XIX, 1 da nova série (1960), pp. 12-43. — Luis Mendonça de Albuquerque, *Algumas observações sobre o problema das latitudes na marinharia dos descobrimentos* extrait de la *Revista da Faculdade de Ciências da Universidade de Coimbra*, XXIX (1960). — Sur les tables de déclinaison solaire et leur adaptation à la navigation : Rolando A. Laguarda Trías, « Origen hispánico de las tablas náuticas de declinación solar » dans *Revista general de marina* (septembre 1958). Du même auteur, « Las tablas náuticas de la expedición de Magallanes-Elcano » dans *Boletín de la Real Academia de la Historia*, CXLIV (1959), pp. 57-73. On doit encore à cet érudit uruguayen un essai *El Infante don Enrique y el arte de navegar de su tiempo* (Madrid, 1960) ; l'amiral J. Guillén y a joint quelques pages tendant à montrer que l'Infant a voulu imiter à Sagres le « *colegio de pilotos* » existant à Cadix.

La diffusion des tables astronomiques et des almanachs doit évidemment être mise en rapport avec l'indéniable engouement dont a joui, tout au long du xve siècle, l'astrologie judiciaire, au Portugal comme ailleurs : G. Beaujouan, « Note additionnelle sur l'horoscope de l'Infant Dom Henrique », dans G. Eanes de Zurara, *Chronique de Guinée : préf. et trad. de L. Bourdon* (Dakar, 1960), pp. 269-270 et 68. — I. González Llubera, « Two old portuguese astrological texts in hebrew characters » dans *Romance Philology*, VI (1952-1953), pp. 267-272. — A. Moreira de Sá, « A próxima edição de três traduções portuguesas do século XV » dans *Boletim internacional de bibliografia luso-brasileira*, vol. I, n° 4 (oct.-déc. 1960), pp. 563-585.

La version portugaise du « Secret des Secrets » vient d'être publiée : Pseudo Aristoteles, *Segredo dos segredos* (Lisbonne, 1960). Elle ne peut être identifiée avec le *Secreto de los secretos de astrologia compuesto por el infante don Enrique*, œuvre aujourd'hui perdue dont nous venons de découvrir, à la Bibliothèque Colombine de Séville, un résumé en latin : G. Beaujouan,

« Fernand Colomb et le traité d'astrologie d'Henri le Navigateur » dans *Romania*, LXXXII (1961), pp. 96-105.

Sur les cartes, on consultera avec profit Julio Rey Pastor et Ernesto García Camarero, *La cartografía mallorquina* (Madrid, 1960).

A la possibilité d'une navigation astronomique aux XIVe et XVe siècles, s'oppose le fait que la carte-portulan à lignes de rhumbs magnétiques ne permettait pas le report des latitudes. De telles cartes comporteraient cependant, pour la navigation dans l'Atlantique, une sorte d'échelle des latitudes tacitement donnée, pour trois degrés, par la distance entre le Cap Saint-Vincent et l'île Berlenga : R. A. LAGUARDA TRÍAS, *La aportación científica de Mallorquines y Portugueses a la cartografía náutica en los siglos XIV al XVI* (Madrid, 1963).

X

L'ASTRONOMIE DANS LA PÉNINSULE IBÉRIQUE A LA FIN DU MOYEN ÂGE

La science ibérique des XIVe et XVe siècles ne sera ici envisagée que dans la perspective des découvertes maritimes portugaises, notamment en ce qui concerne l'astronomie nautique.

Evitant de répéter ce qui se trouve déjà clairement synthétisé dans plusieurs excellentes mises au point du Pr Luis Mendonça de Albuquerque (1), nous tenterons simplement de «verser au dossier» ce qu'a pu nous apprendre un examen à peu près systématique des manuscrits scientifiques médiévaux conservés en Espagne.

* * *

I — CINQ TRAITS CARACTÉRISTIQUES DE LA SCIENCE IBÉRIQUE DE BAS MOYEN ÂGE (2)

Ils peuvent s'énumérer ainsi: imprégnation arabe, débilité des universités, large emploi des langues vernaculaires, rôle considérable joué par les Juifs, place importante faite à l'astrologie.

La tradition arabe assure à l'Espagne du bas Moyen Age un avantage scientifique moins net qu'on ne pourrait le croire. Tandis que les traductions arabo-latines du XIIe siècle sont alors massivement répandues grâce aux grandes universités européennes, les *Libros del saber de astronomia* d'Alphonse X de Castille ne connaissent qu'une diffusion extrêmement restreinte. Quant aux tables alphonsines aujourd'hui encore inconnues dans leur version originale (on n'en conserve que les canons), elles semblent avoir été utilisées, même dans la Péninsule ibérique, d'après leur adaptation latine parisienne, voire en s'aidant des canons de Jean de Saxe traduits en espagnol.

---

(1) L. ALBUQUERQUE, *Introdução a História dos Descobrimentos* (Coimbra, 1962); *Os almanaques* [voir ci-dessous note 7]; *As navegações e as origens da mentalidade científica*, dans A.-J. SARAIVA, *História da cultura em Portugal* (Lisboa, 1953), pp. 369-507. — Voir aussi l'excellente mise au point de V. MAGALHÃES GODINHO, dans D. LEITE, *História dos Descobrimentos*, vol. II (Lisboa, 1962), pp. 455-511.

(2) Exposé plus circonstancié avec références dans G. BEAUJOUAN, *La science en Espagne aux XIVe et XVe siècles* (Paris, 1967).

On ne peut que constater le volume véritablement insignifiant de la production scientifique issue des universités ibériques avant 1460. Cette remarque s'applique au Portugal, malgré la mention de Coimbra dans l'almanach de Madrid (1339), malgré aussi l'établissement d'un enseignement des arts libéraux à l'université de Lisbonne, en 1431, et l'épisodique mention d'un certain João Gallo comme professeur de mathématiques en 1437. Mais il faut tenir compte de l'attrait exercé par les universités étrangères (Paris, Bologne, Montpellier). En Espagne donc, les principaux foyers d'activité scientifique se situent en dehors du cadre universitaire (cour des rois d'Aragon, communautés juives de Majorque et de Tolède, entourage des archevêques de Séville, etc.). La chaire d'astrologie de l'université de Salamanque fait exception; le mouvement scientifique qui s'y rattache apparaît soudainement, aux alentours de 1460, avec une ampleur vraiment inusitée et, comme on le verra plus loin, il se trouve, dès l'origine, étroitement lié à ce qui se passe au Portugal.

La pauvreté de la science «scolastique» cn latin a pour contrepartie, dans la Péninsule, le précoce et très général emploi des parlers vernaculaires comme langue scientifique. Alors que, ailleurs, le latin contribue souvent au cloisonnement entre «clercs» et gens de métiers, l'utilisation des langues vulgaires constitue ici un facteur favorable à l'utilisation technique des connaissances théoriques. Révélatrices sont, à cet égard, les récentes publications du Pr Joaquim Barradas de Carvalho sur les sources de l'*Esmeraldo de situ orbis* (3): Duarte Pacheco préfère systématiquement aux ouvrages latins la documentation rédigée en portugais, en espagnol et même en italien. Il convient donc d'insister sur l'audience privilégiée rencontrée au Portugal, à la fin du Moyen Age, par les traités écrits en castillan.

Ici se pose le problème du rôle scientifique prééminent joué par les Juifs. Favorisés par leur connaissance des langues, formés par un enseignement moins cloisonné et plus personnalisé que celui des chrétiens, contraints surtout de se rendre indispensables à de puissants protecteurs, ils donnent à la science ibérique des XIVe et XVe siècles un caractère à la fois *artisanal* et *courtisan* qui la distingue fondamentalement de la scolastique universitaire.

Grâce à l'extraordinaire richesse des archives de Barcelone, les savants juifs du royaume d'Aragon sont bien mieux connus que ceux du reste de la Péninsule. Vivant dans une société financièrement et commercialement très évoluée, âprement concurrencés par les médecins chrétiens formés aux universités de Montpellier et de Lérida, voire à Valence, les Juifs de Catalogne ne jouissent pas, tant s'en faut, même au XIVe siècle, d'un quasi-monopole scientifique. Les rois d'Aragon les emploient à des tâches assez nettement spécialisées pour chacun d'eux (médecins, chirurgiens, astronomes, astrologues et constructeurs d'instruments, cartographes, etc.).

---

(3) J. Barradas de Carvalho, *As fontes de Duarte Pacheco Pereira no «Esmeraldo de situ orbis»*, (São Paulo, 1968): réédition d'articles publiés, depuis 1965, dans la *Revista de História*.

Une fois passée la brillante époque d'Alphonse X le Savant et dispersée la sorte d'académie juive dont il s'était entouré, la situation apparaît assez différente en Castille. Tentant fortune sans sérieuse concurrence universitaire dans un royaume qui manque, au XIVe siècle, d'administrateurs et de financiers, les médecins juifs de Castille donnent l'impression d'être moins spécialisés, moins professionnalisés que leurs coreligionnaires de Catalogne; ils profitent souvent de leur position auprès des grands pour s'occuper de toutes sortes d'affaires; le recours à l'astrologie peut les y aider.

Dans ces conditions, l'activité scientifique se trouve évidemment affectée par la vague de violence antijuive qui déferle sur l'Espagne en 1391, et par les conversions massives qui s'ensuivent. Ces dramatiques événements sonnent le glas de la primauté scientifique catalane; cependant la fin de celle-ci a aussi d'autres causes (crise économique et sociale qui éclate dès 1381, avènement de la dynastie castillane et absentéisme d'Alphonse le Magnanime, humanisme italianisant surtout qui, très tôt, tend à détrôner la culture de tradition hispano-arabe). En Castille, la situation change moins profondément; les médecins juifs restent indispensables, mais la vie intellectuelle est marquée par la psychologie inquiète des *conversos*.

Iria Gonçalves vient de publier une remarquable liste des médecins et chirurgiens qui, de 1434 à 1495, reçurent l'autorisation d'exercer au Portugal (4). 63,5% d'entre eux portent des noms indubitablement hébraïques; si l'on fait la part des cas douteux et des convertis, il ne reste aux vieux chrétiens qu'une proportion vraiment minime. Dans l'ambiance où se préparent les grandes découvertes, un rôle important revient aux Juifs médecins et astrologues (5) comme Yehuda ibn Yahia Negro qui annonce «per juizo destrellomia» l'expédition de 1415 contre Ceuta; José Guedelha «singular fysico e astrologo» dont Rui de Pina atteste, avec admiration, les prophétiques interventions aux couronnements de D. Duarte et d'Alphonse V; maître Rodrigo et José Vizinho, les deux médecins mathématiciens de Jean II; le célèbre Abraham Zacut. On pense aussi, bien que son origine ethnique soit incertaine, à l'aragonais Juan Faras, traducteur de Pomponius Mela et médecin du roit Manuel auquel il adresse la fameuse lettre du 1er mai 1500 sur les conditions de la navigation astronomique lors de l'expédition de Cabral (6).

Il serait fallacieux de dramatiser le rôle, pourtant considérable, que joue l'astrologie judiciaire. Dans la Péninsule ibérique, elle n'est pas l'objet de critiques aussi radicales que celles de Nicole Oresme, Henri de Hesse ou Jean Pic de la Mirandole. Les auteurs espagnols des XIVe et XVe siècles font généralement preuve à son égard d'une modération et d'un bon sens très

---

(4) I. GONÇALVES, *Físicos e cirurgiões quatrocentistas: as cartas de exame*, dans *Do tempo e da história*, vol. I (Lisboa, 1965), pp. 69-112.

(5) Voir l'étude de G. HILTY citée ci-dessous note 28.

(6) J. BARRADAS DE CARVALHO, *O descobrimento do Brasil através dos textos. III: A «Carta» de Mestre João*, dans *Revista de História* (São Paulo), vol. XXV, n.^e^ 71 (ano 1967), pp. 179-196.

conformes à la doctrine de saint Thomas (7). C'est dire que, trouvant les influences astrales parfaitement admissibles dans le cadre de la cosmologie aristotélicienne, ils prennent soin, cependant, de sauvegarder le libre arbitre de l'homme et la toute-puissance de Dieu. Ils s'opposent seulement, avec fermeté, à l'astrologie, lorsqu'elle est entachée de fatalisme musulman ou lorsque, personnalisant abusivement les intelligences motrices des sphères célestes, elle rejoint la Kabbale et la magie (Lope de Barrientos condamnant le Raziel). Pour Enrique de Villena, l'effet des influences astrales est, comme pour Ptolémée, «entre possible et nécessaire»; selon l'archiprêtre de Talavera, elle agit sur les corps, non sur les âmes. Au Portugal même, l'attitude exceptionnellement réservée de D. Duarte n'est pas tellement différente.

Les chrétiens trouvent en général les mêmes réserves dans les dires des Juifs. Hautement édifiante est, par exemple, la réponse d'Abraham aben Zarzal, lorsque Pierre le Cruel aux abois lui reproche de l'avoir systématiquement trompé par des prédictions flatteusement optimistes (8). Vue de l'intérieur, l'attitude des Juifs de cette époque, face à l'astrologie, se trouve, depuis peu, bien mise en lumière par les remarquables travaux de M. Georges Vajda sur Ibn Malka et sur Joseph ben Abraham ibn Waqar. D'aucuns considéraient même comme un privilège du «Peuple élu» le fait d'échapper au fatalisme des influences célestes, mais, incertains de leurs propres prédictions, ils dévaient bien se garder d'avouer une telle doctrine à leurs protecteurs chrétiens.

Tout ce contexte psychologique marque bien que, à la fin du Moyen Age — et mis à part les problèmes alors posés par le dérèglement du calendrier — l'astrologie était le but essentiel de l'activité des astronomes. Les historiens modernes des grandes découvertes écrivent parfois que certains éléments des tables astronomiques médiévales seraient dépourvus d'utilité astrologique (données permettant la détermination de la latitude terrestre, listes de coordonnées géographiques notamment). De telles affirmations doivent être énergiquement démenties, car elles finissent par donner lieu à l'argument spécieux selon lequel les nécessités de l'astronomie nautique expliqueraient seules la confection de telles tables.

II — LES ORIGINES DE LA CULTURE ASTRONOMIQUE PORTUGAISE

Sans remonter au très hypothétique enthousiasme pour l'astronomie qu'Alphonse X de Castille aurait insufflé à son petit-fils le roi Dinis, un évident intérêt pour cette science se manifeste, au Portugal, dès la première moitié

(7) G. BEAUJOUAN, dans *Ecole pratique des Hautes Etudes, IVe section: Annuaire* 1966-1967, pp. 313-322.

(8) Cité dans J. AMADOR DE LOS RÍOS, *Historia social, política y religiosa de los judíos de España y Portugal*, t. II (Madrid, 1876), p. 254. — Texte original: *Sumario de los reyes de España por el despensero mayor de la reyna Doña Leonor, muger del rey Don Juan el primero de Castilla*, publ. E. LLAGUNO AMIROLA (Madrid, 1781), p. 61.

du XIVe siècle. Le témoin capital est ici le manuscrit 3349 de la Biblioteca Nacional de Madrid dont le Pr Luis Mendonça de Albuquerque a publié une transcription intégrale précédée d'une savante introduction (9). Il s'agit d'un recueil factice regroupant sous une même reliure, mais pas toujours dans le bon ordre, les épaves d'au moins trois manuscrits astronomiques portugais nettement distincts, mais cependant, peut-être, copiés, à des époques différentes, par une seule et même main.

— L'une des parties se réfère à Coimbra et à l'année 1339; elle dérive notamment des tables d'Azarquiel et de l'almanach du juif Profatius de Montpellier, avec une mention expresse de cette dernière ville.

— Le morceau principal est la traduction portugaise de la version latine d'un almanach arabe composé à Tortose, d'après celui d'Azarquiel, pour l'année racine 1307 (10); une note finale se rapporte à 1321 (11).

— Les feuillets 1-2 et 8-9 reflètent une plus nette influence juive: à première vue surprenante, la «tauoa dos çomutes em Burgos» évoque l'activité astronomique déployée à Burgos par Salomon ben Pater ha-Kohen qui y traduisit, en 1322, le petit traité d'Ibn al-Haitham sur la forme de l'Univers.

En déterminant encore plus méticuleusement les sources de ces compilations portugaises, il sera possible de mieux cerner leur part de négligences ou d'initiatives personnelles.

On connaît par ailleurs, dès 1334, le nom d'un astrologue portugais, médecin d'Alphonse IV de Portugal et de sa fille Marie, épouse d'Alphonse XI de Castille. A la fin d'un texte astrologique dont, malheureusement, les dernières lignes sont seules conservées (Paris, Bibl. nat., lat. 7316A, fol. 180), se trouve en effet l'indication suivante:

«*Explicit hoc opusculum translatum et perfectum et correctum 15ª die martii, licet fuisset incoatum 11ª die, anno Domini 1334° apud civitatem Hyspalensem per Magistrum Alfonsum Dyonisii clericum et medicum illustrissimi*

(9) L. Mendonça de Albuquerque, *Os almanaques portugueses de Madrid* (Coimbra, 1961).

(10) J.-M. Millás Vallicrosa, *Almanaques catalanes y portugueses del siglo XIV de origen árabe*, dans ses *Estudios sobre historia de la ciencia española* (Barcelona, 1949), pp. 387-397. — Outre les versions latine, catalane et portugaise signalées par le Pr Millás, j'ai rencontré des adaptations castillanes de l'almanach de 1307 dans les mss. 115 de la cathédrale de Ségovie et 2138 de l'université de Salamanque.

(11) Il s'agit d'une note permettant de fixer la position des planètes par rapport à la neuvième sphère, c'est-à-dire en tenant compte de la précession des équinoxes: il est recommandé d'ajouter 10° 40′ pour l'année 1321 et, ensuite, une minute par an. Le Pr L. Mendonça de Albuquerque laisse croire que cette règle est due à l'adaptateur portugais et qu'elle n'a pas d'équivalent dans le modèle latin. En fait, le ms. 17961 de la Bibl. Nac. de Madrid suggère, lui aussi, une correction à cet almanach, en fonction du mouvement de la huitième sphère: il propose d'ajouter, sans indiquer de date, 11° 44′ 38″ pour le Soleil, 11° 58′ 26″ pour la Lune et les autres planètes. Cette prescription a certes été ajoutée après coup, mais, semble-t-il, à la faveur d'un espace laissé en blanc à cette intention. Le problème reste donc entier de savoir si la formule de 1321 doit être attribuée à l'adaptateur portugais ou si elle se trouvait déjà dans la copie latine que celui-ci avait sous les yeux.

principis domini Alfonsi regis Portugalie et filie sue domine Marie Castelle et Legionis regine. Et nota quod non curavit translator de ornatu verborum, sed de proprietate verborum interpretis...» (12). De toute évidence, il s'agit de la «translation» en latin d'une traduction de l'arabe dictée, en langue vulgaire, par un «interprète».

Le Portugais Afonso Dinis est, d'ailleurs, assez bien connu (13): de naissance illégitime, mais peut-être princière, il fit à Paris des études de médecine (1329-1332), puis de théologie (1342-1345); il occupa les sièges épiscopaux d'Idanha puis d'Evora et mourut en 1352. C'est, semble-t-il, à la demande du roi de Portugal qu'il rédigea un rapport sur la traduction du *Quadripartitum* de Ptolémée par Egidius de Thebaldis (14). On peut noter aussi que, dans la bibliothèque du monastère catalan de Santes Creus, Villanueva consulta un manuscrit (aujourd'hui perdu) qu'il décrit ainsi: «Tratado de astronomía en latín y catalán fechado en 1334 y del que parece ser autor Alfonso Dionis, clérigo y médico de Don Alfonso de Portugal» (15).

Il n'est pas surprenant de voir le protégé du roi de Portugal faire, à Séville, ses recherches sur l'astrologie. Malgré la rareté et l'extrême dispersion de la documentation utilisable, la grande cité andalouse se révèle de plus en plus à nous comme l'un des importants foyers scientifiques du XIVe siècle, notamment aux alentours de 1334.

C'est en effet à Séville que, en 1333 (1371 de l'ère d'Espagne), Pero Ferrandes traduit, d'arabe en castillan, l'«introductoire» astrologique d'al-Qabisi (16). C'est à Séville, en 1339, que David ben Joseph Abudraham écrit sur le calendrier juif. C'est à Séville que, en 1341, est faite, pour le florentin «Gueruccio figluolo di Cione Federighi», la traduction en italien

---

(12) L. THORNDIKE a publié tout ce fragment de texte, aux pages 136-137 de son article *Notes on some astronomical, astrological and mathematical manuscripts of the Bibliothèque Nationale, Paris*, dans *Journal of the Warburg and Courtauld Institutes*, XX (1957), pp. 112-172. Ce sont les canons de la table de l'«animodar» pour harmoniser, d'après la position de la lune, l'heure de la conception et celle de la naissance.

(13) Voir notamment E. WICKERSHEIMER, *Dictionnaire biographique des médecins en France au Moyen Age*, t. I (Paris, 1936), p. 20. — T. et J. CARRERAS Y ARTAU, *Historia de la filosofía española: filosofía cristiana de los siglos XIII al XV*, t. II (Madrid, 1943), pp. 492-493. — Très utile note de A. BIRKENMAJER, *Vermischte Untersuchungen zur Geschichte der mittelalterlichen Philosophie*, dans *Beiträge zur Geschichte der Philosophie des Mittelalters*, XX, 5 (1922), p. 212.

(14) Ce texte était encore conservé, au siècle dernier, dans un manuscrit appartenant au prince Boncompagni: cf. E. NARDUCCI, *Catalogo di manoscritti ora posseduti da D. Baldassare Boncompagni*, 2.ª ed. (Roma, 1892), p. 180, n.º 307 [cf. 1.ª ed. (Roma, 1862), n.º 313]. Voir aussi le catalogue de vente: *Biblioteca Boncompagni, vendite dal* 17 *gennaio al* 12 *febbraio* 1898, n.º 268.

(15) J. DOMÍNGUEZ BORDONA, *El escritorio y la primitiva biblioteca de Santes Creus* (Tarragona, 1952), p. 24; cf. J. VILLANUEVA, *Viaje literario*, t. XX, pp. 122 sq..

(16) Cathédrale de Ségovie, ms. 100, fol. 216-245v; cf. G. BEAUJOUAN, *Manuscrits scientifiques médiévaux de la cathédrale de Ségovie*, dans *Actes du XIe Congrès international d'histoire des sciences:* Varsovie-Cracovie, 24-31 août 1965, t. III (Varsovie, 1968), pp. 15-18.

de divers fragments des *Libros del saber de astronomía* d'Alphonse X de Castille (17). On pourrait citer aussi le commentateur d'Avicenne, Salomon ibn Ya 'ish (mort à Séville en 1345) et l'astronome Joseph ben Isaac ibn Waqar. C'est de Séville que part et à Séville que se termine la description du monde faite, peu après 1348, dans le *Libro del conoscimiento de todos los reynos* par un franciscain un peu mythomane, mais bien informé des premiers voyages alors tentés le long de la côte occidentale de l'Afrique. C'est à Séville que réside l'organisateur des tables astronomique de Pierre IV d'Aragon, le juif Jacob al-Corsi, lorsqu'il compose, en arabe, son traité d'astrolabe (1376), puis le traduit en hébreu (1378). L'archevêque de Séville D. Pedro Gomez Barroso fait écrire, vers 1380, deux célèbres médecins (Estéfano et Moïse ben Samuel de Roquemaure dit Jean d'Avignon) qui prêtent l'un et l'autre — le premier surtout — une certaine attention à l'astrologie (18). Un manuscrit de Léon (19) conserve un manuel d'arithmétique pratique rédigé en espagnol, à Séville, vers les années 1393-1400: en même temps qu'il fournit de précieuses indications sur la culture scientifique d'un marchand andalou d'alors, ce traité confirme évidemment, par ses problèmes, l'existence d'importantes relations commerciales entre Séville et Lisbonne (20).

Les Prs Armando Cortesão, Luís Mendonça de Albuquerque et Vitorino Magalhães Godinho ont déjà attiré l'attention sur les tables astronomiques en latin conservées dans le manuscrit 52-VI-25 de la bibliothèque du Palais da Ajuda à Lisbonne. Ce volume provient de la bibliothèque de Notre-Dame des Nécessités, établissement de Lisbonne dépendant de la congrégation italienne de l'Oratoire fondée par saint Philippe Neri. On ne peut malheureusement tirer de là aucun indice permettant de deviner la date à laquelle le manuscrit a été introduit au Portugal. Les feuillets 1 à 92 constituent la partie la plus importante: ils contiennent une suite de canons et de tables adaptant et amendant les tables alphonsines en prenant, comme point de départ, les années 1320-1321. Inconsciemment influencé par la tendance, aujourd'hui à la mode, qui consiste à déceler partout des symptômes d'influence catalane sur la science portugaise du xve siècle, V. Magalhães Godinho a cru voir un rapport entre cette année-racine 1320 et l'ère du roi d'Aragon, Pierre IV le Cérémonieux (21). En réalité, les tables de la première partie du manuscrit da Ajuda ont été composées à Paris. On peut y recon-

---

(17) E. Narducci, *Intorno ad una traduzione fatta nell'anno* 1341 *di una compilazione astronomica di Alfonso X ,re di Castiglia*, dans *Giornale Arcadico*, XLII (1864), pp. 81-112. — P. Knecht, *I libri astronomici di Alfonso X in una versione fiorentina del trecento* (Zaragoza, 1965).

(18) Voir, ci-dessus, note 7.

(19) Léon, Colegiata de S. Isidoro, ms. 46.

(20) Exemple, fol. 42v: «Un mercader se movio de Lisbona,... fue a Sevilla,... fue a Valencia,... a Toledo...».

(21) Sur les tables astronomiques de Pierre le Cérémonieux, voir ci-dessous note 32. Effectivement, l'ère de Pierre d'Aragon commence le 1ee mars 1320.

naître deux ouvrages du célèbre astronome de la Sorbonne, Jean de Murs (22): extraits du *Patefit* aux fol. 1-12v et tables de 1321 aux fol. 24-66v (23). Viennent ensuite, aux feuillets 67-92v, les *Tabule magne* d'un autre savant parisien, Jean de Linières (24).

Le ms. 52-VI-25 ayant été exécuté au début du xve siècle, on pouvait se demander s'il n'était pas sans rapports avec l'activité, à Paris, du médecin de Lisbonne, «phisicus Ulixbonensi», Rolandus Scriptoris (Roland l'Escripvain) (25) dont la Physiognomonie (à tendance astrologique) se trouve justement conservée dans un autre manuscrit du Palais da Ajuda (26), actuellement coté 52-XI-8. Au terme d'un examen attentif, rien ne permet cependant d'assigner aux deux volumes une origine commune.

Divers ouvrages d'astronomie et d'astrologie sont cités, entre 1415 et 1433, dans le *Livro da montaria* de Jean Ier de Portugal. Deux d'entre eux ont été récemment retrouvés sous forme de versions hispano-portugaises transcrites en caractères hébraïques: leur existence est d'ailleurs maintenant bien connue des historiens portugais des grandes découvertes, grâce à un article du Pr A. Moreira de Sá (27). Je me contente donc de signaler ce qu'apportent, à ce sujet, mes propres recherches.

M. Gerold Hilty a consacré une remarquable étude à la traduction judéo-portugaise du *Lybro conprydo en os juyzos das estrelas* d'Aly aben Ragel, version transcrite, en écriture, hébraïque carrée, par «Josef Franco, fils de Gedalia», en l'année 1411. Des arguments linguistiques évidents montrent qu'il s'agit d'un arrangement portugais de la traduction alphonsine en castillan dont, jusqu'ici, seuls les cinq premiers livres avaient été retrouvés, les trois derniers étant connus par la version latine d'Egidius de Thebaldis (28). Il m'a été donné de retrouver deux fragments de la partie du texte castillan considérée comme perdue: d'abord le livre VIII (manuscrit 115 de la cathédrale de Ségovie, fol. 8-85v), ensuite le début du livre VI (manuscrit 253 du collège de Santa Cruz à Valladolid, fol. 71 [LXXXVII] et sq.).

---

(22) Sur ce Johannes de Muris dont j'ai découvert de très intéressantes observations astronomiques dans le ms. O II 10 de l'Escorial, cf. G. Beaujouan, dans *École pratique des Hautes Études, IVe section: Annuaire* 1964-1965, pp. 259-260.

(23) Le nom de Jean de Murs apparaît expressément, au feuillet 66v, dans un petit épilogue versifié: «*Sum de Muris qui tot supponere curis...*».

(24) E. Poulle, notices *Jean de Murs* et *Jean de Lignères*, à paraître dans *Dictionary of scientific biography*, dir. Ch. C. Gillispie.

(25) E. Wickersheimer, *Dictionnaire biographique des médecins en France au Moyen Age*, t. II, pp. 723-724. — Ajouter les informations contenues dans le ms. de la Columbia University, Plimpton 173: cf. D. E. Smith, *Rara arithmetica* (Boston, 1908), pp. 446-447.

(26) A. da Silva Carvalho, dans *VIe Congrès international d'histoire de la médecine: Leyde-Amsterdam*, 1927, pp. 152-155.

(27) A. Moreira de Sá, *A próxima edição de três traduções portuguesas inéditas do século XV*, dans *Boletim internacional de Bibliografia luso-brasileira*, I, 4 (Out.-Dez. 1960), pp. 563-585.

(28) G. Hilty, *Zur judenportugiesischen Übersetzung des «Libro conplido»* (Berne, 1959) [extrait de *Vox romanica*, XVI 2, XVII 1 et 2].

Cette double trouvaille n'a pas seulement l'avantage d'éclairer les passages correspondants de l'édition du texte judéo-portugais que prépare le Pr G. Hilty, elle attire aussi l'attention sur la richesse et la vitalité de la tradition castillane où puise la culture astrologique portugaise du début du xve siècle.

Une semblable observation s'applique, quoi qu'on en dise, au «*grande livro de astronomia*» de Juan Gil de Castiello ou de Burgos. Ce personnage est connu par des documents des années 1350-1352 qui le montrent employé à copier divers livres (dont un d'astrologie) pour Pierre IV d'Aragon. Suivant L. Pereira da Silva et J. González Llubera, on a tiré de là la conclusion un peu hâtive que Juan Gil devait être seulement le copiste du traité d'«astronomie» connu sous son nom et que, par surcroît, cet ouvrage aurait été utilisé, *en catalan*, par le rédacteur du *Livro da montaria* de Jean Ier de Portugal et par l'auteur de la version judéo-portugaise du ms. Laud. or. 282 de la bibliothèque Bodléienne d'Oxford. Une telle façon de voir ne rend pas compte des nombreux «castillanismes» de la version judéo-portugaise. De plus, dans le ms. 5-2-32 de la Bibliothèque Colombine de Séville, le livre III de l'*Astronomia* de Juan Gil apparaît bel et bien en castillan sans que rien indique qu'il puisse s'agir d'une traduction. Mais je puis aujourd'hui verser au dossier un document nouveau.

Le manuscrit 1866 de la Biblioteca Nacional de Madrid contient une version castillane du *Quadripartitum* de Ptolémée et de son commentaire par Aly ibn Ridwan. Juan Gil est l'adaptateur de cet ensemble auquel il ajoute ses propres observations que, pour les distinguer de celles d'Aly, il introduit par les mots: «Dyxo Juan Gil...». Ceci prouve bien que Juan Gil écrit en espagnol et qu'il n'est pas un simple copiste, mais un astrologue professionnel. Il faut voir avec quelle vigueur il censure Aly qu'il n'hésite pas à traiter de menteur et de fou: «loco manifiestamente,... loco en que escrivo estas sus tales chufas».

Au delà de son intérêt propre, le cas de Juan Gil montre bien comment, influencés par l'extraordinaire richesse des archives de Barcelone et par la venue au Portugal du célèbre cartographe Jacques de Majorque, les historiens ont tendance à systématiquement grossir l'influence directe de la science catalane auprès de l'infant Henri le Navigateur.

C'est justement encore en castillan qu'était rédigé le «*Secreto de los secretos de astrologia compuesto por el infante don Enrique de Portugal*». Cet ouvrage est aujourd'hui perdu, mais il est décrit parmi les livres de Fernand Colomb qui l'avait acheté, à Salamanque, en 1525. Certains auraient voulu y reconnaître la version portugaise du «*Segredo dos segredos*» pseudo-aristotélicien (29). Cette identification ne tient plus maintenant que j'ai trouvé un bref résumé, en latin, du traité de l'Infant: il s'agissait bien d'un ouvrage

---

(29) Pseudo-ARISTOTELES, *Segredo dos segredos, tradução portuguesa, segundo um manuscrito inédito do séc. XV* [éd. A. MOREIRA DE SÁ] (Lisboa, 1960).

purement astrologique écrit en espagnol (30). Faut-il rappeler à cette occasion les dires d'Azurara sur l'horoscope de l'infant Henri (31).

Si donc Jacques de Majorque a pu exercer une influence déterminante sur la cartographie portugaise (et même là-dessus Duarte Leite a fait de troublantes réserves), rien ne montre qu'il ait révélé à l'entourage de l'Infant Henri des connaissances astronomiques susceptibles de faciliter la détermination des latitudes. Dans le ramassis de notes astrologiques et cosmographiques qui ouvre l'atlas catalan de 1375 attribué à ce même Jacques de Majorque (Jafuda Cresques, en collaboration avec son père Abraham), on est frappé par l'imprécision des valeurs attribuées à la hauteur du soleil: 15° à la mi-décembre, 50° à la mi-mars et à la mi-septembre, 70° à la mi-juin, tout ceci sans indication de latitude.

Il n'est pas question, bien sûr, de contester l'astronomie catalane du XIVe siècle dont je ne parle pas plus longuement ici, seulement parce que je ne pourrais que résumer le bel exposé historique récemment publié par le Pr Millás Vallicrosa en introduction à son édition trilingue des tables de Pierre d'Aragon (32). Encore faut-il souligner la présence d'astrologues non-catalans auprès de Henri le Navigateur.

C'est, curieusement, à l'époque où meurt le grand infant que se situe un tournant, et ceci sur deux plans: d'un côté, et sous réserve d'incertitudes maintes fois discutées, l'emploi très particulier du quadrant par Diogo Gomes, en 1462, aux îles du Cap Vert; d'autre part, la soudaine floraison des études astronomiques à l'Université de Salamanque. Sur ce dernier point, de nouvelles trouvailles me permettent d'ajouter diverses précisions à mon ouvrage de 1962 (33).

Il n'est pas possible de dire exactement à quelle date a été créé à Salamanque (comme à Bologne et à Cracovie) un enseignement officiel et régulier de l'astrologie. Au tout début du plus ancien des *libros de claustros* de l'université de Salamanque (34) est en effet consignée, à la date du 22 mars 1464, l'accession de Juan de Salaya à la chaire d'astrologie, celle-ci ayant été déclarée vacante par suite de la trop longue absence de son titulaire, Nicolas Polonio (ou Polono). Il est tentant d'identifier ce Nicolas Polonio (peut-être l'«Apollo-

---

(30) G. Beaujouan, *Fernand Colomb et le traité d'astrologie de Henri le Navigateur*, dans *Romania*, LXXXII (1961), pp. 96-105.

(31) G. Beaujouan, *Note additionnelle sur l'horoscope de l'Infant Dom Henrique*, dans G. Eanes de Zurara, *Chronique de Guinée*, préf. et trad. de L. Bourdon (Dakar, 1960), pp. 269-270 et 68.

(32) J.-M. Millás Vallicrosa, *Las tablas astronómicas del rey Don Pedro el Ceremonioso* (Barcelona, 1962). — Cf. E. Poulle, *A propos des tables astronomiques de Pierre d'Aragon* (Coimbra, 1966), extrait de *Revista da Faculdade de ciências*, vol. XXXIX.

(33) G. Beaujouan, *Manuscrits scientifiques médiévaux de l'Université de Salamanque et de ses «colegios mayores»* (Bordeaux, 1962).

(34) F. Marcos Rodríguez, *Extractos de los libros de claustros de la Universidad de Salamanca (*1464-1481*)*, (Salamanca, 1964), p. 51.

nius» de Nebrija) avec le Nicole de Poulaine qui fut astronome des ducs de Bourgogne vers 1466-1468 et même avec Nicolas de Pologne ou de Tuchow au diocèse de Cracovie (35). Faute d'espérer jamais savoir s'il fut ou non le premier détenteur de la chaire d'astrologie, on peut du moins constater que l'étude des influences célestes prit à Salamanque, aux alentours de 1460, une importance qu'elle n'y avait jamais eue auparavant.

Dès le tout début de cette brusque éclosion, les relations s'avèrent étroites entre astronomes de Salamanque et de Lisbonne (36), ceci à une époque où Abraham Zacut n'était encore qu'un enfant d'à peine une huitaine d'années. Le manuscrit 98-27 de la cathédrale de Tolède a été longuement décrit par le Pr Millás Vallicrosa (37), mais sans que sa notice, pourtant détaillée, fasse allusion aux notes astronomiques écrites à Salamanque vers 1458-1460 (38). Parmi ces notes, figurent (au fol. 123) des «*Canones super tabulas nunc noviter factas a quodam super civitate cuius longitudo est ab occidente vero* 22° 58′ *et ab equinociali latitudo* 39° 38′.» Cette cité n'est pas Salamanque pour laquelle sont, par ailleurs, données les valeurs 25° 46′ et 41° 19′. Il suffit de se reporter à la table des coordonnées géographiques (transcrite au fol. 75) pour découvrir quelle est la ville dont la longitude paraissait de 22° 58′ et la latitude de 39° 38′: il s'agit de Lisbonne. Dans l'almanach de Zacut traduit par José Vizinho, se retrouveront des évaluations très voisines: 22° 54′ et 39° 35′; la latitude de Lisbonne est, en réalité, 38° 42′.

Quel était l'auteur de ces tables considérées, vers 1458-1460, comme «maintenant nouvellement faites par quelqu'un» pour les coordonnées de Lisbonne? On pense évidemment à Juda ibn Verga qui se trouvait dans cette ville, en 1457 (39), et dont les tables astronomiques simplifiées sont

---

(35) E. WICKERSHEIMER, *Dictionnaire biographique des médecins en France au M. A.*, t. II, p. 578 (Nicolas de Tuchovia).

(36) Sur l'importance de Salamanque pour l'histoire intellectuelle portugaise: J. VERISSIMO SERRÃO, *Portugueses no estudo de Salamanca (*1250-1550*)*, (Lisboa, 1962).

(37) J.-M. MILLÁS VALLICROSA, *Las traducciones orientales en los manuscritos de la biblioteca catedral de Toledo* (Madrid, 1942), pp. 218-221.

(38) On remarquera les «*Conclusiones in magisterio Petri de Osma*»; deux «*conclusiones peregrine*» sont relatives à l'astrologie (fol. 60-61). — Figures astrologiques du 24 août 1458 «*ad meridianum civitatis Salmantine*» (fol. 75). — M*edii motus pro anno Christi completo* 1460» (fol. 130).

(39) Les textes essentiels se trouvent dans le manuscrit hébraïque n° 1005 de la Bibliothèque Nationale de Paris:

Fol. 110-118: Instrument servant à connaître le moment du lever et du coucher du Soleil pour les différentes longitudes et latitudes. Dans sa préface, Juda ibn Verga dit avoir inventé cet instrument afin que l'on puisse préciser le temps exact des diverses pratiques religieuses. L'ouvrage a été composé à Lisbonne vers 1457 (section III, ch. XXI).

Fol. 118*v*-119*:* Méthode pour mesurer les hauteurs par Juda ibn Verga.

Fol. 120-127*:* Abrégé d'astronomie par Juda ibn Verga. Les observations ont été faites à Lisbonne au cours de plusieurs années dont la dernière est 1457.

Cf. H. ZOTENBERG, *Catalogue des manuscrits hébreux et samaritains de la Bibliothèque impériale* (Paris, 1866), p. 181. — Voir aussi l'article Judah ibn Verga dans *Jewish*

l'une des sources que citera Abraham Zacut (40). D'autres documents nouveaux confirment ce subit essor des études astronomiques à Salamanque, par exemple au fol. 137v du ms. 23 de la cathédrale de Pampelune, des «*questiones astrologice*» apparemment datables de 1463 et plus ou moins en rapport, comme les notes du manuscrit de Tolède, avec Pierre d'Osma. Une telle activité scientifique se rattache évidemment à l'enseignement de Nicolas Polonio. De ce dernier n'était guère connu jusqu'ici que le nom. Pourtant, dans un traité d'astrologie encore inédit, composé en 1487, l'un des ultérieurs titulaires de la chaire d'astrologie, Diego de Torres, attribue expressément à Nicolas Polonio des tables astronomiques calculées pour les coordonnées de Salamanque: «*Para esto has de tener unas tablas que sean hechas para Salamanca asy como las que hyzo el Polonio*» (Madrid, ms. 3385, fol. 159) ou encore (*ibid.*, fol. 159v): «*Para esto* [*tomar el ascendente*] *has de tener las tablas del Polonio y de la ladeza de las cibdades que se toma por la altura del polo artico y por el astrolabio o por el quadrante*».

Ces tables de Polonio sont vraisemblablement celles dont les canons sont transcrits aux fol. 122v-128v du manuscrit d'Oxford, Bodl. Library, canon, misc. 27: «*Quoniam tabularum Alfonsi laboriosa difficultas... alie tabule utilissime que vocantur resolute eis* [*studentibus*] *proponuntur, in quibus se exerceant, ad civitatem Salamantinam in regno Castelle constitutam ordinate*». Les coordonnées adoptées pour Salamanque sont les mêmes que celles retenues dans le ms. 98-27 de Tolède, à savoir: «*longitudo a vero occidente* 25° 46′; *latitudo* 41° 19′». Le manuscrit d'Oxford ne contient malheureusement pas les tables illustrées par ces canons; tout au plus peut-on signaler, au fol. 118, une «*Tabula introitus solis in* 12 *signa et ascensiones ascendentis ad iddem tempus, facta ad Salaman., anno currente* 1461» (41). Il reste à étudier s'il existe un rapport entre les canons pour Salamanque du ms. d'Oxford et les tables en espagnol (apparemment pour 1460) transcrites aux fol. 139-152v du ms. 3385 de la Bibl. Nac. de Madrid. Ces deux manuscrits originaires de Salamanque contiennent, l'un et l'autre, les tables astronomiques de Jacob ben David Yomtob (Bonjorn en catalan, Bonae diei en latin) alias Sen Bonet Po'el. Il s'agit de tables destinées à calculer les conjonctions vraies et les éclipses du soleil et de la lune: elles sont établies pour la latitude de Perpignan (42° 30′) et en partant de l'année racine 1360. Les *canones breves* utilisés à Salamanque (*Inc.:* «Tractatus iste dividitur in duas partes...») sont cependant différents des canons les plus généralement répandus (*Inc.:*

Encyclopedia, VI, pp. 550-551. Il n'est pas sûr que l'astronome installé à Lisbonne en 1457 puisse être identifié avec le Juda ibn Verga (mort à Lisbonne en 1499), bien connu par son histoire de la persécution des Juifs. Cf. *Verga de Juda* édition du texte hébreu par Y. BAER (Jérusalem, 1946-1947).

(40) Zacut parle, à plusieurs reprises, de ce «savant universel Juda ben Verga qui vit en notre temps». Cf. F. CANTERA BURGOS, *El Judío salmantino Abraham Zacut* (Madrid, 1931), pp. 18, 55, 99, 102, 194, 202, 283, 298.

(41) L'entrée du Soleil dans le Bélier y est fixée, pour 1461, au 10 mars à 18 h, 0 m, 30 s, 1 t, et, *diebus equatis*, 18 h, 8 m, 38s.

«Quia scientia mathematicalis inter alias...») dont, par surcroît, il existe une version catalane (42). Les tables de «Jacob Puel» seront ultérieurement très fréquemment mentionnées par Abraham Zacut, mais il vaut la peine de souligner qu'elles étaient incorporées à l'enseignement de Nicolas Polonio, dès 1460, à une époque où il existait déjà de fructueuses relations entre les astronomes de Lisbonne et ceux de Salamanque.

Dans l'histoire de la préparation scientifique des grandes découvertes, une place peut-être importante semble revenir à Diego Ortiz de Calzadilla qui occupait la chaire d'astrologie de Salamanque depuis 1469. S'étant malencontreusement hasardé à prédire que la Beltraneja l'emporterait sur Isabelle la Catholique, il dut, en 1474, s'expatrier au Portugal où il allait devenir l'un des principaux cosmographes de Jean II. Il est possible d'évaluer assez exactement le bagage intellectuel de ce maître dit, au Portugal, Diogo Ortiz de Vilhegas. Outre les connaissances astronomiques alors enseignées à Salamanque, on peut lui reconnaître l'avantage d'avoir, très probablement, utilisé les manuscrits scientifiques possédés, en 1475, par le Colegio mayor de San Bartolomé dont il était boursier. J'ai déjà eu, en 1960, l'occasion d'attirer l'attention sur ceux de ces importants volumes qui sont encore conservés (43). Il est désormais facile d'en trouver, grâce à mon catalogue, la description détaillée (44). En plus de nombreux textes mathématiques, astrologiques ou relatifs aux instruments (dont, naturellement l'astrolabe de Messahalla et le quadrant de Robertus Anglicus avec ses tables), à côté aussi de la *Cosmographia* de Ptolémée et de la lettre du Prêtre Jean, se trouvait, au collège de San Bartolomé, une curieuse géographie en espagnol adaptée de l'arabe et riche en renseignements sur l'Inde (actuel ms. 2086 de l'Université de Salamanque). Le Pr Juan Vernet de Barcelone vient de signaler qu'il s'agit d'une traduction d'un texte écrit, vers 1140, par Muhammad al-Zuhri (45).

En 1475, au moment où Diego Ortiz quitte ainsi Salamanque pour le Portugal, Abraham Zacut n'a guère que 23 ou 25 ans; il a peut-être commencé, en 1473, les tables de son almanach, mais il n'en rédigera les canons originaux (en hébreu) qu'en 1478; il en dictera à Juan de Salaya une première version

---

(42) J.-M. Millás Vallicrosa, *Una traducción catalana de las tablas astronómicas (1361) de Jacob ben David Yomtob de Perpiñán*, dans ses *Nuevos estudios sobre historia de la ciencia española* (Barcelona, 1960), pp. 271-277.

(43) G. Beaujouan, *Science livresque et art nautique au XVe siècle*, dans *Les aspects internationaux de la découverte océanique aux XVe et XVIe siècles: actes du Ve colloque international d'histoire maritime* (Paris, 1966), pp. 61-85, notamment pp. 74-77.

(44) G. Beaujouan, *Manuscrits scientifiques médiévaux de l'université de Salamanque.* (Bordeaux, 1962): mss. 2085, 2338, 2662, 1693, 2051, 2624, 2353, 2495, 2238, 2086. Voir aussi pp. 6, 26-27 et 58.

(45) R. Basset, *Extrait de la description de l'Espagne tiré de l'ouvrage du géographe anonyme de Almeria*, dans *Homenaje a D. Francisco Codera* (Zaragoza, 1904) — Publication de la partie du texte castillan relative à l'Espagne, dans *Boletín de la Sociedad geográfica de Madrid* (Madrid, 1879), pp. 702-714.)

espagnole en 1481. Ces faits sont bien connus grâce à F. Cantera Burgos; ils sont en rapport direct avec le décisif pas en avant fait, au Portugal, sous l'impulsion de Jean II. L'importante question se pose ici de savoir si les plus anciens éléments du manuel nautique dit de Munich peuvent avoir été rédigés dès les années 1482-1485. Sur ce point, je ne puis rien ajouter aux conclusions du Pr Mendonça de Albuquerque (46) si ce n'est l'observation suivante. Les guides de Munich et d'Evora contiennent, entre autres choses, le «*Tratado da Esfera do mundo, tirada do latim em linguagem português*». Duarte Leite a suspecté cette traduction latino-portugaise de s'être, en réalité, inspirée d'une version espagnole (47). Justement, le *Tractatus de spera* était largement utilisé à Salamanque, non seulement dans le texte original, mais aussi sous la forme d'une traduction castillane dont, par surcroît, la tradition manuscrite semble liée à celle de l'almanach de Zacut (48). D'une comparaison encore superficielle, il semble résulter que les deux versions castillane et portugaise sont indépendantes l'une de l'autre.

III — QUELQUES REMARQUES EN VUE DE NOUVELLES RECHERCHES

Simple présentation de documents nouveaux susceptibles d'éclairer certains faits mal connus, l'exposé qui précède ne saurait déboucher sur des conclusions trop prétentieusement tranchantes. Il se dessine pourtant, au hasard des trouvailles de détail, une perspective d'ensemble qui s'harmonise, somme toute assez bien, avec les points de vue les plus raisonnables dégagés par ailleurs, notamment ceux du C^t A. Teixeira da Mota et du Pr Mendonça de Albuquerque.

Après que Bensaude ait ruiné la «légende allemande» qui prétendait attribuer à Regiomontanus et à Behaim tout le mérite des connaissances scientifiques mises en œuvre par les Grandes Découvertes, il s'est créé ce que l'on pourrait appeler, en schématisant, «la légende catalane» selon laquelle le Juif converti Jacques de Majorque aurait apporté à l'infant Henri, vers 1420-1427, tous les éléments d'une astronomie nautique déjà constituée ou sur le point de l'être.

A l'encontre de telles simplifications, les recherches actuelles semblent converger sur deux thèmes dont la contradiction n'est qu'apparente.

---

(46) L. MENDONÇA DE ALBUQUERQUE, *Os guias náuticos de Munique e Evora* (Lisboa, 1965), notamment p. 13. — Du même auteur, *O primeiro guia náutico português e o problema das latitudes na marinha dos séculos XV e XVI* (Coimbra, 1960): extr. de *Revista da Universidade de Coimbra*, vol. XIX.

(47) D. LEITE, *Acerca da «Cronica dos feitos de Guinee»* (Lisboa, 1941), p. 203, n. 202. — Voir L. MENDONÇA DE ALBUQUERQUE, *Os guias náuticos de Munique e Evora*, pp. 93-95.

(48) Madrid, Bibl. Nac., 3385, fol. 188-199v et Séville, Bibl. Colombine, ms. 5-2-32, fol. 5-41. Inc.: «El tractado de la espera distinguimos en quatro capitulos...» — Autre traduction espagnole de la *Sphère* de Sacrobosco, en 1493, par le «reverendo maestro de Veas» (Madrid, Bibl. Nac., ms. reservado 151).

D'une part, il est évident qu'il a existé au Portugal, depuis le début du XIVe siècle, une culture astronomique et astrologique comportant, naturellement, les connaissances requises pour déterminer correctement les latitudes. Ce savoir astronomique n'est pas un produit d'importation; il appartient, j'espère l'avoir montré ci-dessus, à un fonds commun judéo-castellano-portugais.

D'autre part, cependant, si l'on examine sereinement le difficile problème des débuts de la navigation astronomique, le pas décisif semble seulement franchi entre 1481 et 1485 avec trois nouveautés essentielles: le relevé systématique des latitudes le long de la côte occidentale de l'Afrique (Diogo de Azambuja, José Vizinho, Colomb), la mise en service de grands astrolabes en bois comme celui utilisé au Cap de Bonne Espérance par Bartolomeu Dias en 1488 (49), la rédaction peut-être aussi des plus anciens éléments du manuel nautique dit de Munich. Jean II de Portugal a eu l'immense mérite de savoir mettre la science de son époque au service d'une grande entreprise nationale: c'est en cela que son génie organisateur a un caractère révolutionnairement moderne.

A côté de ces constatations positives, il subsiste une zone d'ombre où se complaisent les historiens les plus imaginatifs. Mais l'érudit attaché à la lettre des textes doit, honnêtement, se poser une double question. Trouve-t-on des traces d'intérêt nautique dans la littérature astronomique antérieure à 1480? De par leur nature même, les manuscrits scientifiques médiévaux ne négligent-ils pas certaines pratiques de type empirique ou artisanal? Mises à part les allusions de récits des voyage relatifs à l'Océan Indien et les vues très personnelles de Pierre de Maricourt sur la possible combinaison de la boussole et de l'astrolabe (dans son *De magnete* de 1269), il n'y a qu'un seul instrument astronomique dont l'emploi, à bord des navires, soit incontestablement attesté par les textes scientifiques du Moyen Age: c'est le nocturlabe destiné à savoir l'heure la nuit (50); on le dénomme aussi astrolabe nocturne ou «*sphera horarum noctis*». Il n'y a pas lieu de revenir sur les textes de Raymond Lulle (51), sur la claire allusion de l'atlas catalan de 1375, ni sur la manière dont l'observation du mouvement des «gardes» ou «deux frères» prépare les *regimentos da estrela do norte*. Je voudrais simplement signaler que la *sphera noctis* fait l'object d'un petit traité non répertorié par L. Thorndike dans son *Catalogue of incipits of mediaeval*

---

(49) D. WATERS, *The sea or mariner's astrolabe* (Coimbra, 1966), pp. 8-16 [sep. da *Revista da Faculdade de Ciências*, vol. XXXIX]. — Sur les grands astrolabes simplifiés, souvent en bois, qu'on utilisait à la charnière des XVe et XVIe siècles, voir le tout récent article publié par le Cdt. D. WATERS dans *Art. Science... in the Renaissance*, ed. by C. S. SINGLETON (Baltimore, 1968).

(50) Sur cet instrument: E. GUYOT, *Le nocturlabe: De nachtwijzer of nocturniaal*, dans *Technica*, XI, n.º 129 (15 avril 1957), pp. 261 et sq. — S. GARCÍA FRANCO, *Instrumentos náuticos en el Museo Naval* (Madrid, 1959), pp. 112-123.

(51) *Opera omnia*, t. I, *De medicina*, cap. XXXVI. — *Nova geometria*, ed. MILLÁS VALLICROSA (Barcelona, 1953), pp. 78-79.

scientific writings in latin de 1963. Ce texte anonyme apparaît notamment dans le manuscrit (d'origine, semble-t-il, valencienne) qui contient, par ailleurs, la version latine de l'almanach de Tortose pour 1307 (52). A part cela, on chercherait en vain des allusions à la navigation, dans les manuscrits astronomico-astrologiques que nous avons étudiés; il va de soi qu'aucune signification spécifiquement nautique ne peut être reconnue, ni aux listes de coordonnées géographiques, ni aux calculs concernant les conjonctions et oppositions du Soleil et de la Lune. M. Poulle ne manquera pas, je pense, de récuser le caractère nautique des astrolabes-quadrants inspirés de Profatius (53). Je puis tout au plus signaler, dans un important manuscrit astrologique originaire de Séville et datable des environs de 1430, une belle rose des vents utilisée pour la prévision des marées (cathédrale de Ségovie, ms. 115, fol. 187) (54).

Tout ceci est bien peu de chose; de là la seconde question sur les astuces pratiques des gens de métier que méconnaîtraient les manuscrits scientifiques médiévaux. Typique est, à cet égard, la manière peu orthodoxe dont, selon E. G. R. Taylor et A. Teixeira da Mota, le quadrant aurait été utilisé par Diogo Gomes et Christophe Colomb. Les textes même les plus rebattus n'ont pas encore livré tous leurs secrets: tel est, par exemple, le cas pour la fameuse lance dont parle Cadamosto.

Résumons, aussi brièvement que possible, les données du problème, en nous appuyant désormais sur l'excellente édition critique publiée en 1966 (55). Alvise de Cadamosto se trouvait, en juin 1455, à l'embouchure de la Gambie, c'est-à-dire à 13° 30′ de latitude nord; alors, rapporte-t-il «*la tramontana... ne parea sopra el mar l'alteza de una lanza* (56). Comment comprendre cette référence à une lance pour indiquer la hauteur de l'étoile polaire? On a pu croire, jadis, qu'il fallait lire «*la terza di una lancia*» et donc, peut-être, entendre par là l'angle d'un peu plus de 18° dont la tangente trigonométrique est égale à 1/3. Mais, du plus ancien manuscrit publié en 1948 par Damião Peres, il résulte incontestablement que la leçon correcte est bien «*l'alteza de una lanza*». J'ai, pour ma part (57) insisté, en 1960, sur le fait que le texte de Cadamosto présente une frappante parenté avec

---

(52) Madrid, Bibl. Nac., ms. 17961, fol. 105v-106v: «*Spera noctis est quedam tabula rotunda que est divisa in XII partes equales... — ...ostendent principium noctis et tot hore earum transacte sunt a principio noctis*». Autre texte, apparemment différent, aux fol. 11v-12v du ms. 2621 de l'Université de Salamanque.

(53) Sur un «quadrant nouveau» de 1415 portant expressément mention de Ceuta, Tanger, Almería et Medinaceli, voir E. Poulle, *Le quadrant nouveau médiéval*, dans *Journal des Savants* (1964), surtout pp. 152-167.

(54) Voir, ci-dessus, note 16.

(55) *Le navigazioni atlantiche del Veneziano Alvise Da Mosto* a cura di Tullia Gasparrini Leporace, dans la série *Il nuovo Ramusio: raccolta di viaggi*, vol. V (Roma, 1966).

(56) Ed. T. Gasparrini Leporace, p. 86.

(57) G. Beaujouan, *Science livresque et art nautique au XVe siècle* [cf. ci-dessus, note 43], pp. 67-69.

un témoignage de Marco Polo recueilli par Pierre d'Abano: «*vidit polum antarcticum a terra elevatum quantitate lancee militis longe in apparentia*». Cette «lance de soldat» apparaissait donc comme un terme de métrologie applicable à une mesure d'angle. A la suite de ma communication, deux identifications ont été proposées.

Pour M. R. A. Laguarda Trías, cette lance serait le substantif latin *hasta*, lui-même homonyme d'un autre mot *hasta* qui, en Inde, signifierait coudée; la coudée astronomique vaudrait 1° 54′, ce qui, on le voit, ne correspond pas aux données de l'observation faite par Cadamosto (58).

M. Marcel Destombes m'a, en revanche, proposé une interprétation beaucoup plus vraisemblable. Dans la *Description des étoiles fixes* de Abd--al-Rahman al-Sufi (903-986), la lance (en arabe: *rumh*) est donnée comme la distance entre les étoiles α d'Andromède et γ de Pégase (59); la lance astronomique arabe vaudrait ainsi 6 coudées *(dzira)* de 2° 20′, soit 14°, ce qui s'accorde parfaitement, pour la hauteur de l'étoile polaire, avec la latitude de 13° 30‘ où se trouvait Cadamosto.

Ce recours à la terminologíe arabe semble confirmé par un autre texte également rédigé par Cadamosto: il s'agit de la relation du voyage effectué, en 1462, par Pedro de Cintra. On y lit, en effet, à propos de l'«ixola Rossa», c'est-à-dire l'île Shenge située à 7° 55′ de latitude nord: «*Da questa ixola Rosa par la tramontana l'alteza de un homo sopra el mar*» (60). Comme la «lance», la «hauteur d'un homme» se trouvait aussi, dès le Xe siècle, employée par Abd-el-Rahman al-Sufi, pour désigner une mesure angulaire: en arabe «kamat al-insan» = stature d'un homme. Il est tentant d'admettre, sans autre complication, que, pour Cadamosto, la «lance» de 14° est le double de la «hauteur d'un homme»: c'est ce que suggère le rapprochement des deux latitudes 13° 30′ et 7° 55′.

Particulièrement significatif apparaît aussi le désaccord entre les conclusions auxquelles peuvent conduire, d'une part, l'étude des manuscrito scientifiques médiévaux et, d'autre part, l'examen des anciennes cartes. Il semble pourtant, à première vue, y avoir un incontestable rapport entre, d'un côté, la non-mention d'applications nautiques dans les traités médiévaux d'instruments astronomiques et, de l'autre, l'absence de graduation en latitude sur les cartes destinées à la navigation aux XIVe et XVe siècles. Mais, récemment, M. Rolando Laguarda Trías a contesté ce point de vue en tentant d'appliquer au Moyen Age un témoignage de 1551, celui du cosmographe

---

(58) R. A. LAGUARDA TRÍAS, *Las más antiguas determinaciones de latitud en el Atlántico y el Indico* (Madrid, 1963), p. 44.

(59) ABD AL RAHMAN AL SOUFI, *Description des étoiles fixes composée au milieu du Xe siècle de notre ère*... traduction littérale par H. C. F. C. SCHJELLERUP (St.-Pétersbourg, 1874), pp. 26 et sq..

(60) *La navigazione del Portoghese Pedro de Cintra* (1462) *scritta de Alvise da Mosto*, éd. cit. par T. GASPARRINI LEPORACE (Roma, 1966), p. 122; identification de l'«ixola Rossa», p. 291.

Martín Cortés selon lequel la distance entre le cap St Vincent et la plus grande des îles Berlenga était traditionnellement considérée comme indiquant tacitement la valeur de trois degrés (61). R. Laguarda Trías a donc eu l'idée de mesurer cette distance sur les cartes et de retrouver ainsi, au moyen des échelles, la valeur éventuellement donnée, de la sorte, au degré de méridien terrestre. L'emploi de la «base St Vincent-Berlenga» apparaîtrait entre 1321 et 1327 avec, pour le degré, la valeur de 56 milles 2/3, chiffre couramment admis, tout au long du XIVe siècle, sous l'influence d'al-Farghani. Une mutation se produirait ensuite, grâce à Jacques de Majorque, aux alentours de 1424; les cartes évalueraient alors à 200 milles la distance St Vincent-Berlenga, soit, pour le degré, un module (emprunté à Ptolémée) de 66 milles 2/3. Chacun connaît l'ultérieure évolution du problème, notamment à l'époque de Colomb.

L'énigme de Cadamosto et la prétendue base St Vincent-Berlenga illustrent bien, s'il en est besoin, l'extrême complexité des recherches sur les débuts de l'astronomie nautique. A la difficulté inhérente au relatif cloisonnement qu'il y a souvent, au Moyen Age, entre la science livresque et les techniques utilitaires, s'ajoute, non seulement la «politique du secret», mais l'existence de contacts personnels, purement oraux, entre voyageurs de civilisations différentes. Ce n'est pas une raison suffisante, évidemment, pour laisser libre cours à l'imagination et proclamer la faillite de l'érudition. Dans de telles recherches, au contraire, des détails nouveaux, même apparemment minimes, peuvent avoir une grande importance.

DISCUSSÃO

ARMANDO CORTESÃO. — Nous sommes tellement habitués à lire avec profit et respect les travaux qui sortent de la plume de ce savant d'esprit pénétrant, que je suis certain que ceux ici présents seront, comme moi-même, reconnaissants au Professeur Beaujouan de sa communication remarquable. En vérité nous devons beaucoup à ce savant aussi modeste qu'éclairé, pour ses études, surtout sur la bibliographie ancienne de la science nautique.

Particulièrement intéressante pour moi est la partie de sa communication où il s'occupe des origines de la culture astronomique portugaise. Ce que je veux retenir, pour le moment, c'est son affirmation qu'«un évident intérêt pour l'astronomie se manifeste, au Portugal, dès la première moitié du XIVe siècle», et sa référence à *Magister Alfonsus*, ou Afonso Dinis, depuis 1334 médecin du Roi de Portugal D. Afonso IV, qui a rédigé un rapport sur la traduction du *Quadripartitum* de Ptolémée, et, semble-t-il, a écrit un traité d'astronomie en 1334. Ces informations documentées sont très importantes, parce qu'il ne manque d'auteurs qui contestent l'existence d'une culture astronomique au Portugal avant la fin du XVe siècle.

J'ai des raisons, également documentées, de pouvoir ajouter que l'existence de cette culture astronomique peut être reculée jusqu'au XIe siècle. En 1090 l'évêque de Coimbra,

---

(61) R. A. LAGUARDA TRÍAS, *La aportación científica de Mallorquines y portugueses a la cartografía náutica en los siglos XIV al XVI* (Madrid, 1964), surtout pp. 38-49.

D. Paterno, a légué à sa cathédrale quelques livres érudits et aussi deux astrolabes. L'école de la cathédrale de Coimbra a été créée en 1080 ou 1086, et en 1130 elle fut incorporée à la fameuse École du Monastère de Santa Cruz, ici à Coimbra. On sait que l'enseignement de la médecine faisait partie du curriculum de cette école, et que l'étude de cette discipline était alors étroitement liée à l'astrologie; on peut bien s'imaginer comment les deux astrolabes étaient alors utilisés. On a aussi la preuve documentaire qu'un *librum de astronomia* a été légué à l'école de la cathédrale de Coimbra en 1175. Je m'occupe de tout ce sujet dans mon livre sur l'histoire de la cartographie portugaise (en trois vols, deux éditions parallèles en portugais et en anglais) à présent sous presse. Tout ça vient confirmer ce que j'ai soupçonné depuis longtemps: avant le XIVe siècle il existait déjà une certaine culture astronomique au Portugal — en fait depuis le XIe siècle.

MARCEL DESTOMBES. — Je crois que M. Beaujouan exagère quelque peu le rôle des Juifs dans le développement des sciences de la péninsule ibérique et, en tout cas, dans leur application pour la navigation à la fin du Moyen Age.

Loin de moi le désir de comparer leur rôle relatif vis-à-vis de celui des chrétiens, ni de diminuer le rôle absolu des communautés juives en particulier dans les domaines de la médecine et des traductions scientifiques. Ce rôle est reconnu depuis les travaux de Steinschneider et d'autres érudits. Mais, justement, c'est par le choix de ces traductions que se marque le chemin parcouru par les Juifs en astronomie. Tandis que les neuf dixièmes des traductions d'astronomie arabe en latin ou en hébreu ont trait à l'astrologie, aux nativités et aux prédictions en vue de consultations très peu «scientifiques», presque aucun des grands traités et tables astronomiques (tables mamoudines, tables d'al-Khwarizmi, d'al-Battani, tables Ilkhaniques, tables d'Ouloug-Beg par exemple) n'a intéressé les traducteurs juifs, sauf peut-être en partie les tables d'al-Battani; la même remarque s'applique d'ailleurs aussi aux traducteurs chrétiens. Par cette lacune, on voit que le monde latin est passé, au Moyen Age, à côté de la véritable science d'observation; la conséquence a été l'absence d'observatoires astronomiques.

Egalement dans le domaine de la construction d'instruments, le rôle des Juifs est insignifiant; on ne possède que trois astrolabes hébreux traduits, il est vrai, d'originaux arabes, et tous trois de la fin du XVe siècle. Ces instruments sont classiques et n'ont absolument rien de nautique.

G. BEAUJOUAN. — Mon rapport ne porte pas sur l'ensemble du Moyen Age, mais seulement sur les XIVe et XVe siècles: il ne compare pas globalement la science des Juifs avec celle des musulmans ou des chrétiens. Il est impossible de ne pas souligner l'incontestable rôle des Juifs dans cet extraordinaire transfert qui met au service de la navigation une astronomie conçue en fonction du comput et de l'astrologie. Pour bien comprendre cela, il faut évoquer non seulement l'audace que suscite chez les israélites leur position précaire et menacée, mais aussi leur connaissance des langues et enfin, les modalités mêmes de l'enseignement qui apparaît moins cloisonné dans les petites écoles rabbiniques que dans les universités chrétiennes divisées en facultés.

LAGUARDA TRÍAS. — Aclaraciones respecto a la base cartográfica Berlengas-Cabo San Vicente, comprobada en las cartas de navegar a partir del siglo XIV (1327) y consistente en la existencia de una distancia fija con un intérvalo de 3° de latitud, lo que demuestra la presencia y utilización del módulo del grado de meridiano en las cartas portulanas.

GASPAR DE FREITAS. — Pediu esclarecimentos ao orador sobre se ele conhece documentação que prove que Juan Faras era, realmente, o «Mestre João» da armada cabralina, pois os estudiosos da História da Medicina no Brasil estão *apenas* convencidos de que se trata de uma mesma pessoa, mas não têm a certeza, em face da inexistência (ou melhor, do desconhecimento) de qualquer documento que *prove* que «Mestre João» era o aragonês Juan Faras, tradutor da obra de Pompónio Mela.

O A. respondeu que se apoiou em recente publicação de Barradas de Carvalho (presentemente «Mestre» da História Ibérica da Faculdade de Filosofia, Ciências e Letras da Universidade de São Paulo). Barradas de Carvalho, no entanto, *não* afirma *categoricamente* que o «Mestre João» seja o Juan Faras.

A. Teixeira da Mota. — Não sendo especialista da ciência medieval, deseja apenas felicitar o autor pelas contribuições novas e importantes que traz para o esclarecimento do problema capital das origens da navegação astronómica em Portugal no século XV. A verdadeira questão, como muito bem disse, não era a de um progresso científico no sentido de novas descobertas, mas sim de transmissão aos homens de mar dos conhecimentos já existentes em camadas restritas. Ora a comunicação de M. Beaujouan, embora sem resolver definitivamente o problema, veio trazer importantes novidades, que nos aproximam de um melhor conhecimento da questão capital.

J. M. da Cruz Pontes. — Dans l'excellente communication que nous venons d'entendre, M. Guy Beaujouan, appuyé sur une documentation très ample, s'est rapporté au rôle joué par l'astrologie dans l'étude de l'astronomie. Il nous semble intéressant d'ajouter aux preuves qu'il a mentionnées de l'importance attribuée à l'astrologie, au moyen âge et notamment au Portugal, le rôle important joué par un poème qui a circulé sous le nom d'Ovide et dont l'auteur semble être le français Richard de Fournival: il s'agit du poème *De Vetula*, dont on vient de publier l'édition critique. Dans ce poème, on profite de l'astrologie de l'arabe Albumasar pour démontrer que l'apparition de la religion chrétienne, supérieure à tout autre culte, avait été annoncée par Ovide.

Or il arrive que le poème *De Vetula* a été largement utilisé, en ce qui concerne l'apologétique astrologique, dans le *Livro da Corte Emperial*, rédigé en portugais avant 1438 parce qu'il se trouvait déjà dans la bibliothèque du Roi Duarte du Portugal (Voir: J. M. da Cruz Pontes, *Estudo para uma edição crítica do Livro da Corte Emperial*, Universidade de Coimbra, 1957, pp. 169-176 et 430-443). La même partie du poème *De Vetula* est citée par Frei André do Prado dans l'*Horologium Fidei*, écrit en latin pendant la première moitié du XVe siècle, et qui reste inédit dans un manuscrit de la Bibliothèque du Vatican. Nous nous occuperons plus largement de ces problèmes dans un travail qui paraîtra prochainement, en attendant l'édition critique du *Livro da Corte Emperial* que nous préparerons.

XI

PHILIPPE ÉLÉPHANT

(MATHÉMATIQUE, ALCHIMIE, ÉTHIQUE)

I. - LE PERSONNAGE

La personnalité de Philippe Éléphant ne peut guère être appréhendée que par son œuvre encyclopédique (1); or celle-ci, par nature, ne se prête guère aux confidences autobiographiques. Les recherches d'archives sont, jusqu'ici, restées vaines (2). Ceci n'en confère que plus de prix au double témoignage des *Leys d'amors*.

(1) C'est au hasard de ma prospection des manuscrits scientifiques médiévaux d'Espagne que Philippe Éléphant s'est, peu à peu, révélé à moi, par la *Mathematica* de Salamanque (*infra* n. 25), par l'*Ethica* de Barcelone (n. 91), par les citations d'Enrique de Villena (n. 9) et par un testament des archives du monastère de Guadalupe (n. 21). Dans le cadre de mon séminaire de l'École des Hautes Études, j'ai confié Philippe Éléphant à Paul Cattin qui en a transcrit les œuvres et lui a consacré une excellente thèse, *L'œuvre encyclopédique de Philippe Éléphant* (résumé dans *École nationale des chartes, Positions des thèses... de 1969,* p. 9-15). Ce travail resté inédit risquait de se périmer, d'autant que, depuis, le Pr M. Clagett (n. 39) et moi-même (n. 41) avons réexaminé divers passages de la *Mathematica.* Ces dernières années, aussi, l'approche de la chimie médiévale s'est améliorée. La présente notice s'appuie donc sur la thèse d'École des chartes de P. Cattin qui en est, à ce titre, coauteur. En m'aidant, surtout pour l'alchimie, de précieux concours extérieurs (n. 49), j'ai finalement, seul, fait les ultimes choix, tenté d'actualiser l'information et mis sur pied une présentation susceptible de convenir à l'*Histoire littéraire de la France.*

G.B.

On trouvera un clair résumé de nos recherches dans E. Wickersheimer, *Dictionnaire biographique des médecins en France au Moyen Âge,* nouv. éd. dir. G. Beaujouan, Genève, 1979 : D. Jacquart, *Supplément,* p. 223-224; réimpr. de l'éd. de 1936, p. 601.

(2) Ph. Wolff, *Recherches sur les médecins de Toulouse aux XIVe et XVe siècles* (communication au 97e congrès national des Sociétés savantes, Nantes, mars 1972) actuellement paru dans Ph. Wolff, *Regards sur le Midi médiéval,* Toulouse, 1978, p. 125-142, spécialement p. 136 sur Elefan. Or, malgré l'ampleur de ses dépouillements d'archives, Ph. Wolff ne renvoie, pour Éléphant, qu'à un article de seconde main, M. Sendrail, *Un médecin inspirateur des Lois d'Amour, Philippe Elefan,* dans *Pyrénées,* LXXXV, janv.-mars 1971, p. 44-49. L'article de M. Sendrail reprend nos propres recherches d'avant 1968, mais il donne un bon fac-similé des passages concernant Éléphant dans le manuscrit Toulousain des *Leys d'amors.*

Au tome XXXVIII de l'*Histoire littéraire de la France*, Alfred Jeanroy a rappelé comment le « *Consistori del gay saber* » de Toulouse fit codifier par Guilhem Molinier les règles auxquelles devaient se soumettre les troubadours prétendant à la violette d'or. De cet art poétique ou *Leys d'amors*, il existe trois versions : d'abord une assez longue rédaction en prose (entre 1328 et 1337); puis un plutôt médiocre résumé en vers (entre 1337 et 1343); enfin un troisième texte qui, tout à la fois, condense et développe la première rédaction. Commencée en mai 1355, cette dernière mouture des *Leys d'amors* fut achevée en un an. Mais, avant de la considérer comme définitive, Guilhem Molinier entendit la soumettre à l'appréciation d'une douzaine d'importants personnages de Toulouse. Parmi eux, dans l'ordre, le canoniste et futur cardinal Guilhem Bragoza, alors vicaire général de Toulouse; le grand inquisiteur; le théologien franciscain Guilhem Bernat; Guilhem de Roadel, expert en droit civil; Austorc de Galhac, lauréat de la violette d'or en 1355. Vient ensuite, en sixième position, le maître en médecine Philippe Éléphant, objet de la présente notice :

« Et al subtil e philosophe gran
Mestre Philip, mensonat Elefan,
Mestre veray en l'art de medecina,
De Vincenna sap tota la doctrina,
Bo natural ab sobregran sciensa,
Tant que·l saber d'Aristotil agensa,
Loqual te prest et ha tot jorn a ma,
E d'Ipocras e mays de Galia. » (3)

Parmi les additions propres à la troisième rédaction des *Leys d'amors* se trouvent des considérations liminaires sur les divisions de la philosophie. Une place y est faite à l'assez particulière classification des sciences qui, comme on le verra ci-après, sous-tend l'œuvre encyclopédique de Philippe Éléphant.

« Mestre Philip Elephan, maestres excellens en medicina, e filhs de philozophia mot subtils, seguen la opinio de Plato, que foc mestres d'Aristotil, loqual Plato sans Augustis allega, pauza IX sciensas e devezish primieramen philozophia en tres partz : logical, en autra maniera dicha racional, natural e moral.

« La sciensa logical pauza gramatica, mathematica, dialetica, rethorica; jos natural, pauza phizical, so es phisica, pauza mays alquimia, astronomia, medicina. La morals rema en si meteysha et aysso appar mays perfiechamen segon que son ayssi figuradas. (4) »

(3) J. Anglade, *Las Leys d'Amors*, Toulouse, 1919-1920, t. I, p. 36-37.

(4) *Ibid.*, p. 73-75.

Faute d'autres témoignages, reste le nom même de Philippe Éléphant, tel qu'il apparaît lié à ses œuvres. La *Mathematica* ne comporte aucune précision de nom d'auteur, mais une table postérieure, rédigée lors de la réunion du manuscrit factice où elle se trouve, indique : « *Mathematica Philipi Elephantis* ». L'*Éthique* a une rubrique : « *Incipit Philosophia magistri Philipi Elephantis* ». L'*Alchimie* surtout porte en exergue, dans la marge supérieure : « *Philippus Elephantis Anglicus* ».

Philippe Éléphant était donc un Britannique vivant hors d'Angleterre, ce dernier point s'accordant parfaitement avec sa connaissance de l'occitan et sa notoriété à Toulouse en 1355-56.

Si le nom Éléphant doit trahir une origine anglaise, on pourrait penser à Eliphat pour Halifax, comme pour un autre savant du XIVe siècle, le commentateur des *Sentences* prénommé Robert (5). Mais, plus simplement, le patronyme Oliphant ou Olifan apparaît bien représenté outre-Manche, à la fin du Moyen Âge, surtout en Écosse. Au XVe siècle, par exemple, la nation anglaise de l'Université de Paris a, parmi ses membres, deux Écossais nommés Elephantis (Jacobus et Henricus), l'un et l'autre originaires du diocèse de Dunkeld (Perthshire); l'*Auctarium* fournit, du reste, les variantes Olephantis, Olifant, Oliphant, Oliphantis, Olyphantis, Eliphantis (6).

Mieux encore, juste à la même époque que Philippe Éléphant, un Écossais nommé Richard Oliphant (7) se consacrait, lui aussi, à la médecine, mais à Padoue; il revint ensuite à Aberdeen, fit profession chez les Carmes, enseigna la théologie et mourut après 1363.

En résumé, il est raisonnable de penser que Philippe Éléphant appartenait peut-être à une famille écossaise (8) et qu'il dut vivre longtemps dans le Midi de la France, notamment à Toulouse où il était, sans doute, professeur de médecine à l'Université et au faîte de sa carrière en 1355-56 : ses œuvres semblent antérieures à cette date.

(5) *Historia maioris Britanniae* per Johannem Majorem, Paris, 1521, lib. I, cap. 5, fol. 8; A. Constable, *A history of Greater Britain by John Major*, Edinburgh, 1892, p. 23-24; W. J. Courtenay, *Some notes on Robert Halifax*, dans *Franciscan studies*, t. XXXIII, 1973.

(6) *Auctarium Chartularii Universitatis Parisiensis*, t. III, éd. Ch. Samaran et É. Van Moé, Paris, 1935, *passim*.

(7) J. A. Fabricius, *Bibliotheca latina*, Florence, 1858, t. V, p. 384. — Il n'y a aucun Eléphant ou Oliphant dans C. H. Talbot et S. A. Hammond, *The medical practitioners in medieval England*, London, 1965.

(8) M. Sendrail, qui ne croit pas à une origine britannique, suggère qu'Éléphant soit Alphand. Une confusion est possible, aussi, avec Alanfranc pour Lanfranc. V. ci-dessous, p. 292, l'appellation Philipus Alanfancii.

II. - LES ŒUVRES

Pour passer en revue la production intellectuelle de Philippe Éléphant, le plus simple est de prendre en considération, d'abord les traités authentiques aujourd'hui encore conservés, puis les ouvrages seulement connus par de brèves citations, et enfin un texte médical d'attribution fort douteuse.

Le premier groupe se compose de trois œuvres : une *Mathematica*, une *Alquimia* et une *Ethica*. Comme indiqué ci-dessus, toutes trois sont expressément attribuées à *Philippus Elephantis*. La similitude parfaite de leur plan prouve, s'il en était besoin, qu'elles émanent d'un même auteur : il en sera donné, plus bas, des analyses détaillées.

Le second groupe est constitué d'ouvrages connus par les citations qu'en fit un célèbre écrivain espagnol, Enrique de Villena. Celui-ci avait la réputation d'éprouver de l'attirance pour l'ésotérisme et les sciences occultes. Aussi, lorsqu'il mourut en 1434, sa bibliothèque parut suspecte au roi de Castille, Jean II; l'évêque Lope de Barrientos fut chargé d'envoyer au bûcher les volumes jugés par lui dangereux.

Cet autodafé avant la lettre ayant suscité maintes controverses, E. Cotarelo y Mori voulut reconstituer la bibliothèque d'Enrique de Villena en dressant la liste des livres cités par lui dans ses œuvres (9). Cotarelo n'indique malheureusement pas les références exactes; du moins a-t-il le mérite de mentionner « Felipe Elefante » comme étant l'auteur de quatre traités : *Etica, Astronomia, Arte natural, Glosa del Timeo.*

L'*Ethica* de Philippe Éléphant se trouvant conservée, les brefs extraits qu'en donne Enrique de Villena, n'apportent rien; ils permettent cependant de mesurer la fiabilité de ses citations et la confiance à leur accorder.

Enrique de Villena (10) : « ...por eso dixo el mençionado Philipe Elefante en su Eticha c° 2 : *Si igitur cupies felicitatem, artes edisce, et non studiosum impossibile est quicquam esse felicem* ».

(9) E. Cotarelo y Mori, *Don Enrique de Villena, su vida y obras*, Madrid, 1896, p. 151-175 (Felipe Elefante, p. 162). — Texte des citations publié par G. Beaujouan, *La science anglaise dans les bibliothèques de Salamanque au XVe siècle*, dans *Mediaeval and Renaissance studies*, t. V, London, 1961, p. 249-269; surtout p. 263-269 : *Philippus Elephantis Anglicus et Enrique de Villena.*

(10) *Tratado de aojamiento*, dans *Revue hispanique*, t. XLI, 1917, p. 197.

Ethica de Barcelone : « *Igitur cupiens felicitatem, artes adiscat, quia, nisi studiosum impossibile est quicquam esse felicem* ».

Autre exemple, à propos de l'homme heureux identifié au *Sapiens* (sage et savant) :

Enrique de Villena [11] : « *...dize Felipe Elefante en su Ethica capitulo quarto : Et est qui semper operatur bonum in omni fortuna, et malam fortunam facit claram et fulgidam felicitatem* ».

Ethica de Barcelone : « *...et est qui semper operatur bona in omni fortuna, et mala fortuna facit claram et fulgidam felicitatem* ».

Il se peut ici que la leçon d'Enrique de Villena soit la meilleure. Ainsi mis en confiance, relevons donc les traces des œuvres perdues.

L'*Arte natural* ou physique ne fait l'objet que de trop courtes citations.

« El peso de las cosas es segund la dempsidad de aquellas e por eso dize Felipe Elefante en su *Arte natural* que el azogue es el mas pesado cuerpo de todos los po [n]derosos porque tiene el ultimo grado de la dempsidad. » [12]

L'un des manuscrits [13] remplace « dempsidad » par « divisidad » : il semble cependant difficile de substituer à cette vérité d'évidence que les corps sont d'autant plus lourds qu'ils sont plus denses, la paradoxale théorie selon laquelle ils seraient d'autant plus pesants que plus facilement divisibles; le fait que l'exemple allégué se trouve être celui du mercure a sans doute induit le scribe en erreur.

Arte natural et *Astronomia* sont invoquées à propos de la théorie des influences :

« Tal es la via de la transformaçion o alteraçion de los elementos. Assy ha dicho Philipe Elefante en su *Astronomia,* capitulo *de elementis, rarefacione et condenpssacione* : « *Est via quedam originalis in transformationibus elementorum in gradibus suis.* » E para esto ha menester distançia consona, asi que la potençia esta mas vezina de su acto, segunt la qual el effecto sigue la demostraçion suya, commo sea que la facilidat o dificultad del efecto mide e rrepresenta la propinquidat e rremoçion de la potençia segunt

[11] *Tratado de la consolacion,* dans *Revue hispanique,* t. XLI, 1917, p. 142.

[12] *Glosas de la Eneida,* l. 2, *c.* 31; Madrid, Bibl. Nac., ms. 1874, fol. 175 v° et ms. 10111, fol. 309.

[13] Madrid, Bibl. Nac., ms. 1874.

el cerca dicho Philipe dixo in « *Arte naturali,* » capitulo 2º : « *Dicitur potentia propinqua vel remota secundum facilitatem vel difficultatem effectus fiendi* » (14).

L'*Astronomie* de Philippe Éléphant traitait aussi de géographie. Enrique de Villena n'y trouve pas mention des Strophades, séjour des Harpies, et cela contribue à le convaincre du caractère mythique de ces deux îles de la mer Ionienne :

« E busque los ystoriales que han fecho describcion del mundo, Paulo Orosio... Philipe Elefente en su astronomia e non falle en alguno destos quien fiziese mencion destas yslas Estrofadas, onde se puede dezir que es ficcion poetica. »(15)

Géographe, Philippe Éléphant l'est aussi par sa théorie sur l'habitabilité des antipodes :

« Et Felipe Elefante diçe en su *Astronomia* capitulo 54 que la zona abitable allende de la torrida a la parte del polo antartico es abitada de gigantes et que pasaron aquende por la torrida en tiempo que era cubierta de nubes defendiendo a los que pasaron del quemamiento del rayo del sol et que fuera esto en los grandes diluvios e espesos nublados e que de aquellos ovo principio la generacion gigantea en estas partes aquende de la zone torrida. »(16)

L'hémisphère sud est ainsi peuplé de géants dont les ancêtres ont pu sans succomber à l'ardeur du soleil, franchir la zone équatoriale en profitant d'une exceptionnelle nébulosité à l'époque des grands déluges. Philippe Éléphant est un imaginatif et il ne craint pas d'associer à des théories astrologiques fort discutables des pensées assez grivoises : il y a un étroit rapport entre l'épée dégainée d'Orion ou son carquois plein de flèches, d'une part, et la proverbiale sexualité du cerf, d'autre part :

« ...la costillacion de Orion que esta la mayor parte en el signo de Gemini, e este dizen los Romanos el Valido e ponen su figura de omne con el espada sacada, aljaba e cuestas con saetas. Dize Felipe Elefante en su *Astronomia* que por aver esta costillacion influencia especial sobre la especie de los ciervos que non retraen la verga despues del coyto e aquello significa llevar el espada sacada e las cintas, el aljaba de las saetas »(17).

(14) *Tratado de aojamiento,* dans *Revue hispanique,* t. XLI, 1917, p. 186.

(15) *Glosas de la Eneida,* l. 3, c. 10 : Madrid, Bibl. Nac., ms. 1874, fol. 222 et ms. 10111, fol. 379 vº.

(16) *Glosas de la Eneida,* l. 3, c. 21 : Madrid, Bibl. Nac., ms. 1874, fol. 280 et ms. 10111, fol. 451c.

(17) *Glosas de la Eneida,* l. 3, c. 19 : Madrid, Bibl. Nac., ms. 1874, fol. 269 et ms. 10111, fol. 437.

La *Physique* et l'*Astronomie* s'ajoutent ainsi à la *Mathématique*, à l'*Alchimie* et à l'*Éthique*. On remarquera que ces cinq titres figurent parmi les neuf disciplines composant la philosophie, selon la classification des sciences que Guilhem Molinier attribue, avec raison, à Philippe Éléphant.

Mais Enrique de Villena cite une autre œuvre de Philippe Éléphant qui, elle, n'entre pas dans ce schéma encyclopédique. Il s'agit d'une glose sur un texte à peu près jamais commenté au XIVe siècle, le *Timée* de Platon [18]. On ne peut que regretter la perte de cette *glosa del Timeo* car, à travers ce qu'en a extrait Enrique de Villena, elle pique particulièrement la curiosité. Philippe Éléphant semble, en effet, y présager l'opinion de nos meilleurs archéologues, en insistant sur l'importance de la chronologie égyptienne pour l'étude de la protohistoire :

« ...la postrimera presa de Troya, la qual fue antes de la era de Nuestro Salvador Jesu Christo por MCLXXXV años segun Felipe Elefante en la glosa de Platon en el *Thimeo*, la qual dice que saco de las historias de los Egipcianos. » [19]

Autre étalage d'érudition à propos de la généalogie d'Agamemnon :

« Este Pelopes fue abuelo de Agamenon, rey en Greçia, e segund opinion de Felipe Elefante en la Glosa del *Thimeo*, fue visabuelo, poniendo que Filistra fuese padre de Agamenon e fijo de Atreo... » [20]

Incidemment, une constatation mérite d'être faite. Dans son *Arte de trovar* (où, du reste, il cite Guilhem Molinier), Enrique de Villena se donne comme ayant été, vers 1415, le restaurateur du « Consistori de la gaya sciencia » fondé à Barcelone sur le modèle de celui de Toulouse. C'est sans doute à partir de cet axe culturel Toulouse - Barcelone que l'œuvre de Philippe Éléphant s'est diffusée, surtout en Espagne. Outre, en effet, les textes utilisés par Enrique de Villena, l'*Ethica* conservée à Barcelone et la *Mathematica* de Salamanque, on peut ajouter que, en avril 1415, Lope de Olmedo apporta au monastère de Guadalupe (en Estrémadure) un *Magister Philipus Elefantis in papiro* [21].

(18) Nous avons consulté, personnellement et à travers leurs travaux, les deux spécialistes de la tradition médiévale du *Timée*, MM. Raymond Klibansky et Édouard Jeauneau.

(19) *Arte de trovar*, éd. F. J. Sánchez Cantón, *Madrid*, 1923, p. 67.

(20) *Glosas de la Eneida*, l. 2, c. 9 : Madrid, Bibl. Nac., ms. 1874, fol. 69 v° et ms. 10111, fol. 155 v°.

(21) G. Beaujouan, *La bibliothèque et l'école médicale du monastère de Guadalupe à l'aube de la Renaissance*, dans G. Beaujouan, Y. Poulle et J.-M. Dureau, *Médecine humaine et vétérinaire à la fin du Moyen Âge*, Genève-Paris, 1966, p. 397-398 et 422 sur Philippe Éléphant.

On ne saurait clore cette revue des œuvres attribuables à Philippe Éléphant sans mentionner un texte médical relevé dans le manuscrit Sloane 124 du British Museum, aux feuillets 196 v°-220. Il commence ainsi : *Incipit Practica magistri Philipi Alanfancii Anglici, magistri in artibus et medicina, super aliquas infirmitates corporis.* L'identité des prénoms, la qualification d'Anglicus, la ressemblance des noms Alanfant et Eléphant, le titre enfin de *magister in artibus et medicina* : voilà bien des indices suggérant d'identifier *Philipus Alanfancius* à Philippe Eléphant. La prudence conseille pourtant de résister à cette tentation, car les deux noms sont, malgré tout, assez différents. De plus, la *Practica* médicale du manuscrit Sloane semble assez peu originale : elle n'offre, en tout cas, aucun élément de comparaison avec la structure, habituellement si personnelle, des œuvres authentiques de Philippe Éléphant.

III. - UNE ENCYCLOPÉDIE A STRUCTURE NUMÉRIQUE

Les trois traités de Philippe Éléphant, aujourd'hui conservés, sont comme coulés dans un même moule : ils apparaissent organisés selon une même structure numérique rigoureuse. Ils devaient donc s'intégrer dans un ensemble encyclopédique assez ambitieux.

Les trois ouvrages se terminent, en effet, par un paragraphe semblable :

« *Completa itaque est Mathematica* (ou *Alkimia,* ou *Ethica*) *in 4 considerationibus suis, per ordinem suum, secundum similitudinem artis cujusque de novem partibus Philosophie. Qui quidem ordo sic necessarius est ut impossibile sit aliter artem complere. Est etiam ordo sic complens Mathematicam* (ou *Alkimiam,* ou *Ethicam*), *ut nil assumens extraneum, de domesticis nil omittat, sed quicquid poterit superaddi, totum perstricto*[22] *succinctoque sermone artificialiter est et luculenta doctrina conclusum. Et sic completur Mathematica* (ou *Alkimia,* ou *Ethica*) *tota.* »

[22] Les manuscrits portent « *prestricto* » (*Mathematica*), « *perstricto* » (*Alkimia*) et « *prescripto* » (*Ethica*).

A en croire cette commune déclaration finale, il s'agissait bien d'un ensemble comportant neuf parties et constituant un exposé global de la *Philosophia*. Or, dans la troisième considération de son *Éthique*, Philippe Éléphant écrit :

> « *Philosophia est summa omnium doctrinarum rationalium completarum secundum ordinem debitum : cujus partes secundas dicimus artes novem* ». Et il poursuit : « *Artium autem prima divisio tripplex, quia quatuor prime sunt logice et quatuor secunde sunt naturales et nona est communiter media. Quatuor prime sunt Grammatica et Mathematica. Dyalectica et Rethorica et quatuor secunde sunt Naturalis et Astronomia et Alquimia et Medicina et nona est Ethica.* »

Ainsi, des neuf parties de cette véritable encyclopédie, trois ont été préservées comme des textes individuels (la *Mathematica*, l'*Alkimia* et l'*Ethica*); deux sont connues grâce aux citations faites par Enrique de Villena (l'*Ars naturalis* et l'*Astronomia*), quatre enfin n'ont pas laissé de traces (la *Grammatica*, la *Dyalectica*, la *Rhetorica* et la *Medicina*).

Ces quatre traités manquants ont-ils vu le jour? Sans doute, puisqu'il s'agit de domaines où Philippe Éléphant possédait une toute particulière compétence. D'autre part l'*Éthique*, qui est la dernière partie de l'ensemble, a été achevée : toutes les autres parties l'ont donc probablement été aussi. La troisième considération de l'*Éthique* comporte une revue récapitulative des neuf arts avec, pour chacun d'eux, son plan théorique et toujours le même rappel : *sicut superius est hostensum*. Il semble raisonnable de voir dans ces mots un renvoi au traité correspondant; d'autant que, pour l'*Éthique* elle-même, Philippe Éléphant écrit : *Ethica est ars quam scribimus in presenti*.

La classification des sciences de Philippe Éléphant peut donc être ainsi récapitulée :

Philosophia............	*Logicalis vel rationalis.*	*Grammatica*
		Mathematica
		Dialectica
		Rhetorica
	Naturalis..............	*Naturalis vel physica*
		Alquimia
		Astronomia
		Medicina
	Moralis...............	*Ethica*

Cette division de la Philosophie coïncide parfaitement avec celle dont Guilhem Molinier fait honneur à « Philip Elephan ». Une figure, équivalente au tableau ci-dessus donné, accompagne ce passage des *Leys d'amors* et on peut se demander si elle n'a pas été exécutée sur les conseils de Philippe Éléphant lui-même.

Philippe Éléphant, qui ne cite jamais ses sources, n'indique pas à qui il a emprunté cette division de la philosophie en trois, puis neuf parties. Le témoignage de Guilhem Molinier se révèle donc ici particulièrement intéressant : «*Mestre Philip Elephan... seguen la opinio de Plato, que foc mestres d'Aristotil, loqual Plato sans Augustis allega, pauza IX sciensas e devezish primieramen philozophia en tres partz : logical, en autra maniera dicha racional, natural e moral* ». Philippe Éléphant s'est donc inspiré de Platon à travers Augustin et, de fait, il se trouve dans la *Cité de Dieu* (VIII, 4) un passage qui semble bien être à l'origine de la première division de Philippe Éléphant : «*Plato... philosophiam perfecisse laudatur, quam in tres partes distribuit : unam moralem, que maxime in actione versatur; alteram naturalem, que contemplationi deputata est; tertiam rationalem qua verum determinatur*». Également dans le *De civitate Dei* (XI, 25), un second texte plus long, mais peu précis, confirme la même division : «*Naturalis propter naturam, rationalis propter doctrinam, moralis propter usum* ».

La source de Philippe Éléphant fut donc bien, sur ce point, s. Augustin. Cette division tripartite de la philosophie a cependant été maintes fois reprise, entre le ve et le xive siècle [23], notamment par Isidore de Séville, Alcuin, Raban Maur, Jean de Salisbury, Albert le Grand et Vincent de Beauvais.

Beaucoup plus personnelle est la subdivision de ces trois parties en un total de neuf arts. Lorsqu'ils ne s'en tenaient pas aux traditionnels sept arts libéraux, les auteurs médiévaux classaient habituellement les sciences de manière différente selon qu'il s'agissait pour eux, soit de répondre à une préoccupation philosophique, soit d'établir le plan d'une encyclopédie.

Philippe Éléphant, lui, fait coïncider ces deux approches. Passant en revue les « arts » suivant leur degré décroissant d'abstraction, il structure son encyclopédie selon une classification proprement philosophique du savoir. La vieille conception des arts libéraux se trouve par là complètement renou-

[23] J. Mariétan, *Problème de la classification des sciences d'Aristote à saint Thomas*, St Maurice et Paris, 1901. — J. A. Weisheipl, *Classification of the sciences in the medieval thought*, dans *Medieval studies*, t. XXVII, 1965, p. 54-90. — *Arts libéraux et philosophie au Moyen Âge*, Montréal-Paris, 1969 (Actes du IVe Congrès international de philosophie médiévale, Montréal, 1967).

velée; les limites mêmes de l'enseignement universitaire sont un peu transgressées, comme l'indique la place importante faite à l'alchimie.

Mais cette division en neuf parties (4 + 4 + 1) se ramifie en un vaste ensemble de structures numériques à valeur symbolique.

En lisant Philippe Éléphant, on est frappé par le fait que ses divers traités sont construits sur un plan rigoureusement identique.

Chaque art est divisé en quatre considérations : la première comprend les 12 principes de l'art étudié, la seconde les 9 *genera prima,* la troisième les 9 *genera secunda,* la quatrième enfin les 58 *secundaria* (24). Le tableau ci-après reproduit cette structure numérique.

Pourquoi Philippe Éléphant a-t-il choisi ces chiffres? Un passage de l'*Ethique* fournit apparemment la réponse : « *Tota igitur summa philosophie consistit in trecentis triginta tribus particulis quia unaqueque ars completur in triginta et septem particulis* ». Philippe Éléphant semble donc être parti d'un chiffre global de 333 à partager entre ses neuf arts : 333 / 9 = 37.

Restait à répartir ces 37 subdivisions entre les quatre considérations de chaque art : l'auteur a choisi une structure 12 + 9 + 9 + 7 = 37. C'est à ce niveau que s'établit une délicate harmonisation de la matière à traiter et de la structure symbolique. On peut se demander si l'un des traités a servi de modèle, et lequel. Lorsque, par exemple, la troisième considération de l'*Éthique* traite des neuf arts constituant la philosophie, il apparaît vraisemblable que c'est le nombre 9 du plan type qui a provoqué l'évocation d'un tel sujet en cet endroit.

A la suite de cette troisième considération de l'*Éthique,* un curieux chapitre, éminemment symbolique, semble donner la clef de la commune structure numérique imposée à chacun des traités :

« Maintenant, que ceux qui ont bu à la fontaine de la Philosophie, écoutent une discipline ineffable :

« Il nous est impossible de regarder briller le rayon divin s'il n'est voilé d'un voile sacré. C'est avec une seule lumière que nous écrivons les dix rayons. Cette doctrine aura quatre parties : la première considération comprendra les douze dieux choisis, la seconde les neuf déesses choisies, la troisième les neuf muses choisies et la quatrième, traitant des cinquante-deux ministres

(24) Sur le nombre de ces *secundaria,* il y a cependant un léger flottement : 58 pour la *Mathematica* et l'*Alkimia;* seulement 52 pour l'*Ethica* et la mythologie qui y est présentée en manière de clef. Cette différence de 6 se trouve dans le groupe final 2 × 2 au lieu de 5 × 2.

- *Philosophia* (9) 4 + 4 + 1 *artes*
  - 1°
  - 2°
  - 3°
  - 4°
  - 1°
  - 2°
  - 3°
  - 4°
  - 1°

- Chaque art se divise en 4 considérations
  - 1°. 12 *Principia* ....
    - 1° (1) .. triparti
    - 2° (7) ..
      - 1°
      - 2°
      - 3°
      - 4°
      - 5°
      - 6°
      - 7°
    - 3° (4) ..
      - 1°
      - 2°
      - 3°
      - 4°
  - 2°. 9 *Genera prima* .
    - 1° (4) ..
      - 1° 3
      - 2° 2
      - 3° 4
      - 4° 7
    - 2° (4) ..
      - 1° 20
      - 2° 5
      - 3° 6
      - 4° 5
    - 3° (1) .. 1° 4
  - 3°. 9 *Genera secunda*
    - 1° (4) ..
      - 1° 3
      - 2° 2
      - 3° 4
      - 4° 7
    - 2° (4) ..
      - 1° 20
      - 2° 5
      - 3° 6
      - 4° 5
    - 3° (1) .. 1° 4
  - 4°. 58 *Secundaria*... (en 7 groupes)
    - (7) ..
      - 1° 6
      - 2° 10
      - 3° 18
      - 4° 6
      - 5° 4
      - 6° 4
      - 7° 10

Total..... (37)

$37 \times 9 = 333$

sacrés, mettra fin à cette œuvre ». En l'allégeant de nombreuses notations concernant les attributs mythologiques et le symbolisme des nombres ou des couleurs, la suite du texte peut se réduire à l'ossature suivante :

Prima consideratio : 12 Dii selecti (1 + 7 + 4) :

1. *Janus.*
7. *Saturnus, Jupiter, Mars, Mercurius, Genius, Sol, Apollo.*
4. *Moltanus, Bachus, Neptunus, Orchus.*

Secunda consideratio : 9 Dee selecte (4 + 4 + 1) :

4. *Pallas, Dyana, Vesta, Minerva.*
4. *Ops, Cuben, Cybelle, Rhea.*
1. *Juno.*

Tertia consideratio : 9 Muse selecte (4 + 4 + 1) :

4. *Euterpe, Melpomene, Terpsichore, Calliope.*
4. *Clio, Erato, Polymnia, Thalia.*
1. *Urania.*

Quarta consideratio : 52 ministre [sic] *sacrorum* (en sept groupes) :

2 × 3 *Furie : Megera, Alecto, Thesiphone.*
2 × 5 *Nimphe : Oriades, Dryades, Amatriades [Hamadryades], Mayades, Nayades.*
2 × 9 *ordines angelorum : Angeli, Archangeli, Virtutes, Potestates, Principatus, Dominationes, Troni, Cherubin, Seraphin.*
2 × 3 *Harpie : Aello, Occipite, Celeno.*
2 × 2 *filii Veneris : Jocus, Cupido.*
2 × 2 *Aloydes : Ethnephias, Typhon.*
2 × 2 *tubicines maris : Cyton, Cymotoe.*

Au niveau de cette dernière ligne, se trouve la seule petite divergence par rapport au plan des traités autres que l'Éthique : ceux-ci comportent, en effet, 2 × 5 = 10 subdivisions finales, et non 2 × 2 = 4 comme ici.

Si fascinant que soit ce canevas symbolique, il semble bien n'avoir été imaginé qu'après coup. Le choix des personnages mythologiques y apparaît souvent si arbitraire qu'il répond évidemment aux exigences de la structure numérique. C'est cette dernière qui importe, et non l'anecdote. On le voit bien en reprenant, dans la troisième considération, le parallélisme bien venu entre les neuf muses et les neuf subdivisions de la philosophie.

Sciences	Muses
4 rationnelles :	4 avec la lyre :
Grammaire	Euterpe
Mathématique	Melpomène
Dialectique	Terpsichore
Rhétorique	Calliope
4 naturelles :	4 avec la voix :
Physique	Clio
Alchimie	Erato
Astronomie	Polymnie
Médecine	Thalie
1 morale :	1 avec la trompette :
Ethique	Uranie

L'essentiel est bien ici la structure numérique 4 + 4 + 1, et non la spécialité de chaque muse. Si en effet Calliope, muse de l'Éloquence, fait bien pendant à la Rhétorique, il n'y a pas, en revanche, la correspondance qu'on attendrait entre Uranie et l'Astronomie.

Dans cette structure, les nombres importants sont le 9 (3 × 3 ou 4 + 4 + 1) le 3 et, beaucoup plus encore, le 4 qui sous-tend, pour ainsi dire, toute l'œuvre.

PHILOSOPHIA = 9 ARTES (4 + 4 + 1)

CHAQUE ART	A	12 divisions	4 × 3
	B	4 divisions totalisant 16 subdivisions	4 × 4
		4 divisions totalisant 36 subdivisions	4 × 9
		1 division totalisant 4 subdivisions	4 × 1
	C	4 divisions totalisant 16 subdivisions	4 × 4
		4 divisions totalisant 36 subdivisions	4 × 9
		1 division totalisant 4 subdivisions	4 × 1
	D	7 divisions totalisant 52 subdivisions, [mais, dans certains traités, 58].	4 × 13
Total........	37	Total..............	4 × 44

$$37 \times 9 = 333 = \frac{666}{2}$$

En première analyse, un traité de Philippe Éléphant ne saurait donc être mieux présenté que par un tableau synoptique. C'est l'occasion de vérifier dans quelle mesure, de par les exigences d'une structure numérique *a priori*, l'auteur est conduit à une certaine indépendance vis-à-vis de ses sources, lorsqu'il s'emploie à hiérarchiser, coordonner et subdiviser les concepts et opérations de chaque science. Cependant la physionomie réelle des trois œuvres conservées apparaît fort différente de ce que pourraient faire imaginer les tableaux synoptiques figurant leur squelette. En effet, certaines subdivisions finales ne sont parfois représentées que par un seul mot dans le texte, alors que d'autres donnent lieu à des explications de plusieurs pages. Mais il y a plus : dans la *Mathematica*, les développements supplémentaires insérés entre la troisième et la quatrième « considération » constituent, quantitativement, les trois quarts du traité. L'*Alkimia* comporte un supplément de six chapitres. Quant à l'*Ethica*, outre la partie mythologique ci-dessus évoquée, il s'y ajoute un appendice de quinze chapitres qui forment, à eux seuls, plus de la moitié du texte tout entier.

IV. - LA MATHEMATICA

Parmi les manuscrits qui apparaissent, en 1440, comme tout récemment acquis, vraisemblablement achetés, par le Colegio mayor de San Bartolomé à Salamanque, figure la *Mathematica Philipi Elephantis* [25]. Cette indication devait se trouver sur la couverture qui fut sans doute détruite, lorsque le manuscrit fut relié avec divers autres textes. A la table du recueil factice ainsi constitué, une main de l'extrême fin du XVe siècle (ou du tout début du XVIe) confirme expressément l'attribution à Philippe Éléphant. Comme les autres manuscrits du Collège de San Bartolomé, le volume fut, en 1802 ou 1803, transféré au Palais Royal de Madrid où il eut, pour plus récente cote [26], le n° 1131. En 1954, il revint à Salamanque : c'est aujourd'hui le manuscrit 2085 de la Bibliothèque universitaire de cette ville.

La *Mathematica* de Philippe Éléphant occupe les 26 premiers feuillets : elle n'est connue que par cette assez hâtive copie due, non à l'auteur, mais à une main légèrement plus récente (fin XIVe-début XVe).

En présence d'un tel manuscrit unique, il y a quelque difficulté à répartir équitablement, entre l'auteur et le copiste, la responsabilité de certaines inadvertances. Plus délicat encore apparaît le cas des additions marginales

(25) G. Beaujouan, *Manuscrits scientifiques médiévaux de l'Université de Salamanque et de ses « colegios mayores »*, Bordeaux, 1962, p. 24, 30, 59, 101-104 et 204.

(26) Les cotes précédentes indiquaient la tablette où était rangé le volume.

maintes fois peu lisibles, voire mutilées par le relieur; assez curieusement, elles semblent parfois refléter la pensée de l'auteur lui-même ou constituer des retouches pouvant émaner de lui. Les figures géométriques, elles aussi souvent guillotinées, n'ont pas toujours été convenablement recopiées, et c'est bien dommage.

Conformément à la structure numérique préétablie qu'il impose aux diverses parties de son encyclopédie, Philippe Éléphant construit sa *Mathematica* selon le plan que voici [27] :

I. *Prima consideratio : 12 principia (1 + 7 + 4) :*

1 geometrica dimensio : 3 (longitudo, latitudo, profunditas).

7 termini geometrici (punctus, linea, linea rotunda, linea spiralis, superficies spiralis, superficies recta, superficies rotunda).

4 forme geometrice (concavitas continua, convexitas continua, concavitas contigua, convexitas contigua).

II. *Secunda consideratio : 9 partes arismetrice* [= *arithmetice*] *(4 + 4 + 1) :*

4 partes intrinsece :

1° *diversitas officialis : 3 (mundus, vegetalis, sensibilis).*

2° *diversitas essentie : 2 (permanentie, successionis).*

3° *diversitas rationalis : 4 (4 considerationes artis).*

4° *diversitas numeralis : 7 (pariter par, pariter impar, impariter par, primus et incompositus, primo compositus, secundo compositus, infinitus).*

4 partes extrinsece :

1° *opera algorismi : 20 = 4 + (8 × 2).*
— *digitus, chifra, articulus, compositus.*
— *additio, substractio, duplatio, dimidiatio, multiplicatio, divisio, radix quadr., radix cub.* [chaque opération *in integris* et *in fractis*].

2° *proportio : 5 (multiplex, superparticularis, superpartiens, multiplex superparticularis, multiplex superpartiens).*

3° «*progressio*» *geometrica : 6 (quadratus, triangulus equilaterus, pyramis triangula, pyramis, cubus, columpna).*

4° « *multiplicatio* » *geometrica : 5 (quadratus, parallelogrammus rectangulus, cubus primus, cubus secundus, cubus tertius).*

(27) Dans ce tableau, comme dans ceux des autres traités, nous avons adopté une attitude assez souple quant à l'orthographe du latin. Si certaines graphies ont été normalisées pour faciliter la compréhension et éviter la multiplication des notes, les formes fournies par le manuscrit ont, souvent aussi, été respectées. Ceci, du reste, a peu d'importance, puisque ces tableaux résultent d'une reconstitution et que le même mot peut apparaître sous des formes différentes dans les copies des textes d'Éléphant.

1 pars media : summa progressionis : 4 (progressio continua si terminus sit par, continua si term. impar, intercisa si term. par, intercisa si term. impar).

III. *Tertia consideratio : 9 partes geometrice (4 + 4 + 1) :*

4 partes naturales :

1° *differentie locorum celestium : 3 (aquilo, auster, ambitus).*

2° *differentie locorum elementorum : 2 (sursum, deorsum).*

3° *differentie locorum in vegetabilibus : 4 (sursum ut rami, deorsum ut radices, ambitus ut cortex, medium ut medula).*

4° *differentie locorum in sensibilibus : 7 (sursum, deorsum, dextrum, sinistrum, ante, retro, medium).*

4 partes extranee :

1° *instrumenta geometrica 20 :*

— *4 regitiva (scarra, perpendiculum, circinus, funis).*

— *16 (*bis *8) operativa (malleus, virga, tenacula, sigillum, sica, serra, pynta, terebrum. — Bis = secundum tractum vel pulsum).*

2° *radices geometrice: 5 (triangulus, parallelogrammus, incisio, contactus, inscriptio).*

3° *proportionalitates : 6 (conversa, permutata, equa, conjuncta, disjuncta, eversa).*

4° *corpora regularia : 5 (tetracedron, hexacedron, octocedron, ycocedron, duodecedron).*

1 pars nona. Statera : 4 (brachia longitudinis equalis vel inequalis, brachia substantie equalis vel inequalis).

Entre III et IV. Intercalation, hors structure numérique, de 10 agri (3 + 7) :

3 agri arithmetici :

1° *de proportionibus numerorum.*

2° *de figuris numerorum.*

3° *de ordinibus numerorum.*

7 agri geometrici :

1° *de triangulis rectilineis.*

2° *de parallelogrammis.*

3° *de incisione.*

4° *de contactu.*

5° *de inscriptione et circonscriptione.*

6° *de proportionalitate.*

7° *de corporibus regularibus.*

IV. *Quarta consideratio de 58 secundariis mathematice.*

— *bis 3 soni (instrumentum materiale, instrumentum formale, instrument. mat. et form. — Bis = sonus directus vel reflexus).*

— *bis 5 consonantie musice (diapason, diapente, diapason cum diapente, diatesseron, duplex diapason. — Bis = sono directo vel reflexo).*

— *bis 3 × 3 radii perspective : 3 radii continui, 3 radii fracti, 3 radii varii (halo). — Bis = rad. directi vel reflexi.*

— *bis 3 umbre (conoides, calathoides vel cylindroides. — Bis = umbra recta vel reflexa).*

— *bis 2 irides (iris solis, iris lune. — Bis = cum reverberatione vel cum exitu vago).*

— *bis 2 inconvenientia visus (propter fortitudinem vel propter debilitatem objecti. — Bis = cum reverberatione vel cum exitu vago).*

— *bis 5 objecta visus (objectum lucidum non pervium, objectum opacum, objectum augens lucem et pervium, objectum diminuens lucem pervium, objectum pervium indifferens luci. — Bis = cum reverberatione vel cum exitu vago).*

L'arithmétique spéculative

Lorsque prévaut, chez Philippe Éléphant, cette manie des classifications qui fait penser à Raymond Lulle, chaque subdivision ultime ne comporte souvent qu'une simple indication ou une très brève définition.

Pourtant ce n'est pas toujours le cas. Ainsi, l'arithmétique spéculative fait l'objet d'un véritable exposé selon la tradition de Boèce. Des développements concis et clairs sont consacrés notamment aux diverses sortes de nombres pairs et à leur génération (pairement pairs, impairement pairs, pairement impairs), aux nombres premiers, aux nombres parfaits et à leur création en partant de la série des pairement pairs.

Philippe Éléphant aimant à récrire avec d'autres mots et dans un ordre différent, les phrases dont il s'inspire, les sources de sa théorie des nombres restent comme floues. Il semble surtout utiliser le *De institutione arithmetica* de Boèce [28], mais il le fait en employant aussi le vocabulaire rendu familier par les versions arabo-latines d'Euclide, puis les œuvres de Jordanus Nemorarius et Campanus de Novare. Caractéristique est l'usage de *pars aliquota* ou encore, pour désigner les nombres supérieurs à la somme de leurs parties aliquotes, l'adoption des termes *abundantes* au lieu de *superflui* employé par Boèce.

(28) Éd. G. Friedlein, Leipzig, 1867.

L'algorisme

L'algorisme désigne, par opposition à ce genre d'arithmétique spéculative, l'art du calcul selon les méthodes indo-arabes enseignées par al-Khwārizmī (de là, justement, son nom). Des traités médiévaux consacrés à cette discipline le plus répandu était celui de Johannes de Sacrobosco (Holywood) [29]. Vraisemblablement, Philippe Éléphant avait sous les yeux ce célèbre petit manuel pendant qu'il écrivait la partie de sa *Mathematica* consacrée aux *opera algorismi*. Il suffit, pour s'en convaincre, de comparer, par exemple, le début des explications données sur la manière d'extraire une racine carrée :

Sacrobosco : « *Sub ultima igitur figura in impari loco posita inveniendus est quidam digitus qui, ductus in se, deleat totum suprapositum respectu sui vel in quantum vicinius potest. Tali autem digito invento, et ducto in se et a superiori subtracto, duplandus est ille digitus et duplatum ponendum est sub proxima figura anteriori versus dextram et ejus subduplum sub illo. Quo facto, inveniendus est quidam digitus sub proxima figura ante duplatum, qui ductus in duplatum deleat totum suprapositum respectu sui vel in quantum vicinius potest.* »

Philippe Éléphant : « *Primo sub loco ultimo impari inveniendus est digitus qui, ductus in se, deleat totum suprapositum, vel quantum vicinius potest. Deinde dupletur ille digitus et ponatur ejus prima sub proxima figura anteriori et ejus subduplum sub ea. Et tunc inveniatur digitus sub figura proxima ante duplatum, qui, ductus in duplatum, deleat numerum suprapositum respectu duplati vel quanto vicinius potest. Et similiter fiat de quocumque duplato, si plura sint duplata vel de omnium summa. Deinde digitus ille, ductus in se, tollat totum suprapositum respectu sui vel quanto vicinius potest.* »

La confrontation de ces quelques lignes pourrait faire croire à un plagiat pur et simple. Mais, ici aussi, Philippe Éléphant modifie, tout à la fois, la forme et la structure de son modèle. Fasciné par la lumineuse concision des *Éléments* d'Euclide, il dégraisse, en effet, si l'on peut dire, la prose de Sacrobosco.

[29] Publié dans J. O. Halliwell, *Rara mathematica*, London, 1839, p. 1-26 et M. Curtze, *Petri Philomeni de Dacia in Algorismum vulgarem Johannis de Sacrobosco commentarius*, Copenhagen, 1897. — G. Beaujouan, *L'enseignement de l'arithmétique élémentaire à l'Université de Paris aux XIIIe et XIVe siècles*, dans *Homenaje a Millás Vallicrosa*, vol. I, Barcelona, 1954, p. 93-124.

Voici un bon exemple de la façon dont il procède :

Sacrobosco	Éléphant
« *Mediatio est alicujus numeri propositi*	« *Mediatio est propositi numeri*
« *medietatis inventio, ut videatur quae*	*medietatem invenire.*
« *et quanta sit ista medietas. In mediatio-*	*In mediatione est tantum unus*
« *ne autem tantum unus ordo figurarum et*	
« *unicus numerus est necessarius, scilicet*	*numerus necessarius.*
« *numerus mediandus. Si velis igitur*	
« *aliquem numerum mediare, scribatur ille*	
« *numerus per suas differentias et incipe*	*Et opus incipit a dextra*
« *a dextris, scilicet a prima figura versus*	
« *dextram, tendendo ad sinistram partem.* »	*parte.* »

Sur l'ensemble de l'algorisme, Philippe Éléphant apporte trois modifications à l'ordre suivi par Sacrobosco. Les contraintes numériques de son plan type lui imposant ici huit parties, c'est pour Éléphant, une bonne occasion de ne plus inclure, comme le faisait son modèle, la progression au nombre des opérations.

La seconde différence concerne la place de la médiation. Selon la technique algorismique du calcul en effaçant sur le sable, l'addition, la soustraction et la médiation se commençaient par la droite, tandis que la duplation, la multiplication et la division s'effectuaient à partir de la gauche. Cette considération pratique avait amené Sacrobosco à placer, comme du reste, avant lui, l'algorisme dit d'Adélard de Bath [30], la médiation avant la duplation. Philippe Éléphant ne le suit pas sur ce point et il revient à la succession logique duplation-médiation.

Troisième modification : les considérations générales sur les carrés et les cubes sont regroupées au lieu d'être, comme chez Sacrobosco, réparties entre les chapitres respectivement consacrés aux racines carrées et cubiques.

Les opérations sur les fractions (*numeri fracti*) sont expliquées très brièvement et assez énigmatiquement. Elles s'effectuent *faciendo cellulas cuique differencie summarum, et totus labor est in translacione unitatis, quia*

[30] A. Allard, *Les plus anciennes versions latines du XIIe siècle issues de l'arithmétique d'al-Khwārizmī*, Louvain, 1975 : multicopié, mais sous presse dans le *Corpus scriptorum latinorum Paravianum*. — Commode comparaison des plus anciens traités d'algorisme : S. R. Benedict, *A comparative study of the early treatises introducing into Europe the Hindu art of reckoning*, Concord, 1914 Repris et complété par A. Allard, « *Le grand calcul selon les Indiens* » *de Maxime Planude*, thèse Louvain, 1972. V. divers autres travaux du même auteur, notamment A. Allard, *A propos d'un algorisme latin de Frankenthal*, dans *Janus*, t. XLV, 1978, p. 119-141.

unitas cellule sequentis est multitudo cellule antecedentis. Ceci semble valoir aussi bien pour les fractions romaines que pour les monnaies ou les subdivisions sexagésimales des astronomes. Les « cellules » pourraient faire penser aux cases de l'échiquier.

Suivant son plan ci-dessus schématisé, l'auteur revient à la tradition de Boèce avec les proportions et à l'enseignement de Sacrobosco avec les progressions qu'il avait, on l'a vu, exclues de l'algorisme. L'accent est mis sur les liens entre l'étude des progressions et celle des nombres figurés (triangulaires, carrés, polygonaux, etc.).

La géométrie

La troisième « considération » concerne la géométrie : on y retrouve une semblable hiérarchisation des définitions et une même ramification des subdivisions. Par opposition à des distinctions souvent purement conceptuelles, une place est faite aux outils requis par la pratique artisanale de la géométrie [31] :

« *Instrumenta geometrica sunt 20, quia 4 sunt regitiva et bis octo sunt operativa. 4 regitiva sunt scarra, que est radius rectus, tamen flexibilis propter corpora rotunda, et perpendiculum quod sequitur pondus, et circinus qui, uno pede stante, circuit reliquo, et funis qui cuique longitudini abilis est, sive recte, sive oblique. Bis autem octo instrumenta operativa sunt malleus et virga et tenacula et sigillum et sica et serra et pynta et terebrum. Malleus capite ferit, virga latere ferit, tenacula medium comprimunt, sigillum assimilat sibi, sica scindit continue, serra scindit induciose, pynta perforat dirigendo similiter, terebrum perforat dirigendo et contorquendo, et hec fiunt dupliciter quia vel fiunt secundum tractum vel secundum pulsum et sic variantur in formulis suis.* »

Si les huit derniers instruments (*operativa*) outillent les ouvriers, les quatre premiers (*regitiva*) sont bien ceux du maître sur le chantier : l'équerre, le niveau à poids, le compas et le cordeau. Les érudits d'aujourd'hui commencent seulement, depuis peu, à découvrir les passionnants problèmes que posent les

[31] Sur cette question, on se reporte encore, avec profit, aux travaux de V. Mortet, en particulier sa *Note historique sur l'emploi de procédés matériels et d'instruments usités dans la géométrie pratique au Moyen Âge*, Genève, 1904 (*C. R. du II*e *Congr. int. de philosophie*). — Le texte d'Éléphant peut être comparé avec l'énumération d'outils que fournit, en 1245, Jean de Garlande : V. Mortet et P. Deschamps, *Recueil de textes relatifs à l'histoire de l'architecture en France au Moyen Âge*, t. II, Paris, 1929, p. 277.

équerres médiévales à deux branches aux bords non parallèles [32]. Dans un médaillon du vitrail de l'histoire de saint Silvestre, à la cathédrale de Chartres, est même représentée une équerre dont l'une des branches est courbée : ces étranges instruments étaient peut-être utilisés pour la taille des voussoirs [fig. 1] [33]. Dans ces conditions, il est très remarquable de trouver, chez

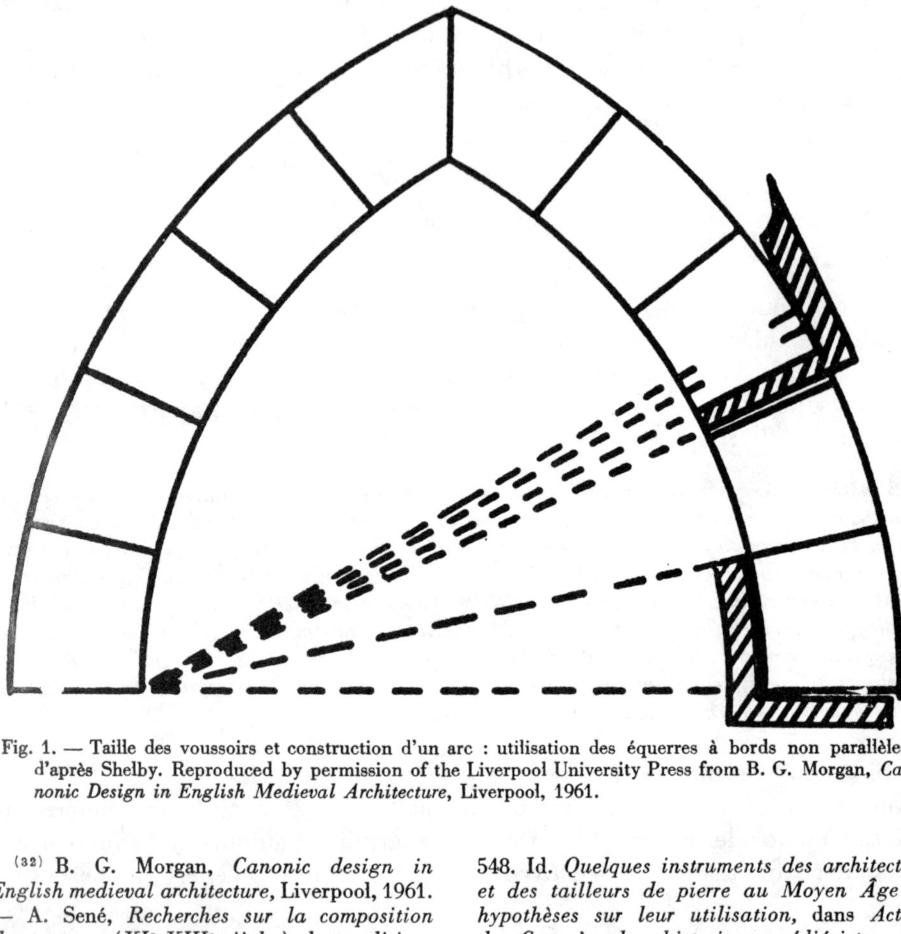

Fig. 1. — Taille des voussoirs et construction d'un arc : utilisation des équerres à bords non parallèles d'après Shelby. Reproduced by permission of the Liverpool University Press from B. G. Morgan, *Canonic Design in English Medieval Architecture*, Liverpool, 1961.

[32] B. G. Morgan, *Canonic design in English medieval architecture*, Liverpool, 1961. — A. Sené, *Recherches sur la composition des tympans (XIe-XIIIe siècles); les traditions géométriques*, Lille-Paris, 1979. Id., *Un instrument de précision au service des artistes du Moyen Âge*, dans *Cahiers de civilisation médiévale*, t. XIII, n° 4, oct.-déc. 1970, p. 349-368. Id., *Les équerres au Moyen Âge*, dans *Actes du 95e Congr. nat. des Soc. savantes, Reims 1970, archéologie*, Paris, 1974, p. 525-548. Id. *Quelques instruments des architectes et des tailleurs de pierre au Moyen Âge : hypothèses sur leur utilisation*, dans *Actes du Congrès des historiens médiévistes de l'enseignement supérieur : 1972*, Besançon, 1973, p. 39-58. — G. Beaujouan, *Réflexions*, réf., ci-dessous, n. 41.

[33] L. R. Shelby, *Research notes : mediaeval mason's tools. II. Compass and square*, dans *Technology and culture*, t. VI, 1965, p. 236-248.

Philippe Éléphant, ces quelques mots ambigus qui semblent évoquer des équerres à branche flexible : *scarra, que est radius rectus, tamen flexibilis propter corpora rotunda.*

La statique

Après une série d'assez sèches définitions concernant les généralités de la géométrie, la proportionnalité et les corps réguliers, cette troisième considération s'achève par une dernière partie consacrée, de façon un peu inattendue, à la statique. En ce domaine de la *scientia de ponderibus*, les principaux textes médiévaux ont été excellemment publiés par M. Clagett et E. A. Moody [34] : il est donc ici possible d'assez bien apprécier comment, avec une certaine coquetterie de camoufler ses emprunts, Philippe Éléphant amalgame ses sources pour réaliser une synthèse à la fois courte et cohérente.

Il rappelle liminairement la distinction aristotélicienne entre mouvements naturel et violent, puis le grand principe selon lequel *grave appetit centrum ponderis sui esse centrum mundi.* Vient ensuite la distinction, un peu artificielle, de quatre types de balances. Au fur et à mesure que l'exposé se précise, il semble bien que, parmi les divers traités de statique copiés au Moyen Âge, Philippe Éléphant s'inspire surtout du *Liber de ponderibus* de Jordanus Nemorarius. Il lui emprunte notamment l'importante notion de *gravitas secundum situm;* il en démarque aussi, en les modifiant à peine, les propositions 9 et 10. Mais, contrairement à ce qu'il fera après, dans ses *agri geometrici,* Philippe Éléphant allège de leur démonstration les quelques théorèmes de statique qu'il présente ici.

La suite se dégage de l'influence de Jordanus pour évoquer l'utilisation de la balance par les marchands. Ceci est l'occasion d'une réflexion sur les rapports entre la théorie scientifique et la réalité pratique : « *Sed quia in operibus hominum non fit vere circulus neque figura vere plana, propterea in ponderationibus non fit punctalis regula; ut exempli gracia, cum ponderantur 10 milia libre, tunc unum granum milii non facit nutum* ». On retrouve ailleurs, au XIVe siècle, même chez Buridan, cette idée d'une relative incompatibilité entre la rigueur des mathématiques et l'imprécision des mesures ou la grossièreté des expériences de sens commun. En ce qui concerne le grain de mil invoqué pour désigner un tout petit poids, il apparaît aussi,

(34) E. A. Moody et M. Clagett, *The medieval science of weights,* Madison, 1960.

à l'extrême fin du XIVe siècle, dans le *De ponderibus* de Blaise de Parme (proposition II, 12), mais sans qu'il y ait lieu, pensons-nous, d'accorder à ce petit détail une particulière attention.

La statique prend fin par des considérations sur ce qui peut gêner les mouvements des bras de la balance. En constatant que des poids égaux pèsent différemment selon la forme sous laquelle ils se présentent, l'auteur se fait, mais assez vaguement, l'écho de la théorie des corps flottants selon Archimède.

La réélaboration des *Éléments* d'Euclide

Entre sa troisième et sa quatrième « considération », Philippe Éléphant avait, on l'a vu, jugé bon de longuement s'étendre sur la théorie des nombres et la géométrie. Pour ce faire, il procède, à la manière d'Euclide, en partant de définitions, de postulats et d'axiomes; les théorèmes se succèdent et s'enchaînent en ne faisant appel qu'à des démonstrations déjà données.

Pour environ les neuf dixièmes, la source est évidemment ici les *Éléments* d'Euclide et, plus précisément, leur adaptation par Campanus de Novare [35]. Maintes propositions en sont reprises à peu près mot pour mot (par exemple Élephant *Geom.* VII 34, 38, 39 = *Campanus* XIII 5, 9, 10). On retrouve, du reste, chez Philippe Éléphant, des passages expressément signalés, dans sa source, comme *additiones Campani.*

Éléphant s'efforce, en général, d'être plus concis que son modèle, mais ceci le conduit parfois à simplifier ou à éluder des démonstrations nécessaires. En même temps que bref, il veut surtout être clair. Si les définitions sont peu modifiées, il n'en va pas de même pour l'énoncé des théorèmes : l'ordre des mots est souvent changé pour davantage se conformer au déroulement de la phrase en langue vulgaire.

Cependant, la principale innovation tient à la mise en œuvre. Philippe Éléphant restructure les *Éléments* d'Euclide selon un plan original manifestement lié, ici encore, au symbolisme des nombres ($10 = 3 + 7$). Voici donc ces dix subdivisions ou *agri*, avec l'indication des textes puisés dans l'Euclide de Campanus.

(35) *Euclidis Magarensis... Elementorum libri XV cum expositione... Campani*, Basileae, apud J. Hervagium, 1558. — J. Murdoch, *The medieval Euclid : salient aspects of the translations of the « Elements » by Adelard of Bath and Campanus of Novara,* dans *Revue de Synthèse,* t. LXXXIX, 1968, p. 67-94. V. aussi l'excellente mise au point de ce même J. Murdoch dans *Dictionary of scientific biography,* dir. Ch. C. Gillispie, vol. IV, New York, 1971, p. 437-459 (*Euclid : transmission of the Elements*).

3 agri arithmetice :

I. *De proportionibus numerorum*

— *Diffinitiones* = *Campanus* VII 1 à 15 et V 2 à 11.
— *Petitiones* = *Campanus* VII 1 à 4.
— *Prime animi conceptiones* = *Campanus* I 1 à 9 et VII 1 à 10.
— *Conclusiones* = *Campanus* VII 1 à 35 avec intercalations de V def. 9, 16, 13, 14, 15.

II. *De figuris numerorum*

— *Diffinitiones* = *Campanus* VIII 1 à 6.
— *Conclusiones* = *Campanus* VIII 1 à 25.

III. *De ordinibus numerorum*

— *Diffinitiones* = *Campanus* IX 1 à 9.
— *Conclusiones* = *Campanus* IX 1 à 21 et 38-39.

7 agri geometrie :

I. *De triangulis rectilineis*

— *Diffinitiones* = *Campanus* I 14 à 19, 8 à 12, 35, 21, 30 et XI 8 à 11.
— *Communes animi conceptiones* = *Campanus* I 2 à 9.
— *Petitiones* = *Campanus* I 1 à 5.
— *Conclusiones* = *Campanus* I 1 à 46.

II. *De parallelogrammis*

— *Diffinitiones* = *Campanus* II 1 et 2.
— *Conclusiones* = *Campanus* II 1 à 14.

III. *De incisione*

— *Diffinitiones* = *Campanus* III 4 à 13.
— *Conclusiones* = *Campanus* III def. 1 et III 1 à 29.

IV. *De contactu*

— *Diffinitiones* = *Campanus* III 2-3.
— *Conclusiones* = *Campanus* III 6, 11-12, 15-16, 20-21 et 30-36.

V. *De inscriptione et circonscriptione*

— *Diffinitiones* = *Campanus* IV 1 et 2.
— *Conclusiones* = *Campanus* IV 1 à 16.

VI. *De proportionalitatibus*

— *Diffinitiones* = *Campanus* VI 1-2, X 1-11, VI 3, X prop. 30.
— *Conclusiones* = *Campanus* VI 1-19 et 29-32, X 5...22.

VII. *De corporibus regularibus*

— *Diffinitiones* = *Campanus* XI 1-13.
— *Conclusiones* = *Campanus* XI 1-2, 20...33, XII 1-2, 6...15 et [après des éléments issus d'Archimède et du *De ponderibus* de Jordanus] XIII 1-18, XIV 1-10, XV 1-13.

Par souci de brièveté, le tableau ci-dessus ne donne qu'une concordance simplifiée, donc approximative. Il montre bien cependant que, si parfois un livre d'Euclide correspond parfaitement au sujet d'un *ager* (par exemple arithm. II *de figuris numerorum* = Camp. VIII), d'autres fois Philippe Éléphant a regroupé, en un chapitre, des propositions tirées de plusieurs livres.

Ce travail de remodelage allait poser à l'auteur un sérieux problème. En effet, un théorème, d'abord négligé, pouvait ensuite s'avérer indispensable à une démonstration, d'où la nécessité de le récupérer immédiatement avant. Ainsi, par exemple, les théorèmes 12 à 16 du second *ager arithmetice* correspondent respectivement à Campanus VIII 20, 21, 8, 22, 23.

Un problème connexe est celui des renvois. Très souvent, lorsqu'une démonstration fait appel à un théorème précédemment énoncé, l'auteur n'en rappelle pas le texte : il se contente, comme Euclide, d'en donner la référence. Dès lors que Philippe Éléphant a bouleversé l'ordre de Campanus, il est bien obligé de renvoyer à sa propre numération : il le fait avec une extrême conscience, sans jamais se laisser aller à recopier telle quelle la référence qui se trouvait dans son modèle.

D'assez nombreuses propositions d'Euclide n'ont pas été reprises par Philippe Éléphant, notamment lorsqu'il s'agissait de la réciproque du théorème précédent. Ces suppressions ont peu d'inconvénients. En effet, lorsque cela est nécessaire à l'une de ses démonstrations, l'auteur a grand soin de préciser qu'il raisonne par la réciproque (*per conversam*) d'une proposition antérieurement donnée par lui (par exemple, *per 5 de triangulis conversam*).

Une fois, Éléphant a transformé une définition (Camp. III déf. 1) en proposition dont il s'est cru obligé de donner une « démonstration » (*geom.* III, *concl.* 1).

Si donc les dix *agri* sont bien fondamentalement un réagencement des *Éléments* d'Euclide adaptés par Campanus, Philippe Éléphant y a cependant incorporé, de temps en temps, des matériaux puisés à d'autres sources.

Vient d'abord Jordanus Nemorarius, mais il ne faut pas oublier que ce savant du XIIIe siècle est lui-même l'une des sources utilisées par Campanus pour compléter ou expliquer les *Éléments* d'Euclide [36]. En plus donc

[36] Sur la manière dont Campanus de Novare utilise les *Elementa arithmetica* de Jordanus Nemorarius, v. notamment H. L. L. Busard, *The translation of the « Elements »... by Hermann of Carinthia, Bks VII-IX,* dans *Janus,* t. LIX, 1972, p. 125-187, spécialement p. 132-139.

de son influence indirecte par l'intermédiaire de Campanus, Jordanus Nemorarius est parfois directement utilisé dans les *agri* de Philippe Éléphant.

L'exemple le plus caractéristique est, dans *Geom.* VI 38, la bissection d'un triangle au moyen d'une droite passant par un point donné (Jordanus, *De triangulis* (37) II 8). De même, immédiatement avant, à propos de la trisection du triangle, *Geom.* VI 37 s'inspirait probablement de Jordanus *De triangulis* II 18. Lorsque seront, ci-après, évoqués les noms donnés à certaines figures, la *figura mediatrix* nous renverra, elle aussi, à Jordanus (*De triangulis* IV 15). D'autres cas sont moins nets, soit à cause d'une excessive concision du texte d'Éléphant, soit en raison d'une possible transmission par l'intermédiaire de Campanus. Une autre œuvre de Jordanus a fourni aux *agri* quelques propositions : il s'agit du *De ponderibus* (38), déjà mis à contribution dans l'exposé de la statique. Il fournit les propositions *Geom.* VII 29 et 30 : « *Circuli eiusdem arcus maior est magis curvus* » et « *Circulorum diversorum, minor circulus est magis curvus* ». La source est manifestement une phrase du *proemium* au *De ponderibus* : « *Secundo oportet ostendere quod maior arcus eiusdem circuli est magis curvus minore, et quod talis in minore plus curvatur quam in circulo maiore* ».

Autre influence dont il est intéressant de retrouver la trace dans le septième *ager* géométrique de Philippe Éléphant : celle d'Archimède. Nous avions nous mêmes signalé le fait et les textes à M. Clagett. Celui-ci a donc pu, avec une inégalable connaissance de la tradition archimédienne, présenter le dossier dans la seconde partie du tome 3 de son *Archimedes in the Middle Ages* (39).

Ignorant l'Archimède gréco-latin de Guillaume de Moerbeke, Philippe Éléphant ne puise que dans la tradition arabo-latine (40). Sa proposition *Geom.* VII 21 reprend la première proposition du *De mensura circuli* d'après une adaptation issue de la traduction par Gérard de Crémone, peut-être celle de « Gordanus » (emploi de *ambiencium* au lieu de *continentium*). L'esquisse de démonstration pose des problèmes, d'autant que, en cet endroit, la copie de Salamanque doit évidemment être corrigée.

(37) M. Curtze, *Jordani Nemorarii Geometria vel De triangulis libri IV*, Thorn, 1887 (*Mitteilungen des Coppernicus-Vereins für Wissenschaft und Kunst zu Thorn*, Heft VI).

(38) Édité dans E. A. Moody et M. Clagett, *The medieval science of weights*, p. 143-165.

(39) M. Clagett, *Archimedes in the Middle Ages*, vol. III, 2 : *The fate of the medieval Archimedes 1300-1565*, Philadelphia, 1978, p. 185-198.

(40) Clagett, *Archimedes*, vol. I. *The arabo-latin tradition*, Madison, 1964.

N'ayant pas accès à l'authentique *De sphaera et cylindro*, Éléphant en réutilise trois propositions que, manifestement, il emprunte au *Liber de curvis superficiebus* de Jean de Tinemue : *Geom.* VII 22, 23, 24 dérivent respectivement des propositions 6, 2 et 1 du *De curvis superficiebus*. A propos de la demi-surface de la sphère, les affirmations de VII 22 sont en partie erronées : M. Clagett s'est demandé dans quelle mesure la responsabilité de ces inadvertances incombe au copiste du manuscrit de Salamanque.

Viennent ensuite quatre propositions non archimédiennes, mais provenant de textes liés, dans les manuscrits, à la tradition arabo-latine d'Archimède.

Sur le triangle rectangle ayant même surface qu'un polygone régulier inscrit, la proposition Geom. VII 25 ne dérive certes pas d'Archimède, mais elle se trouve dans plusieurs réélaborations médiévales du *De mensura circuli*, en particulier celle du pseudo-Bradwardine qui comporte, comme chez Éléphant, une référence à Euclide I 38.

Les propositions *Geom.* VII 26 et 27 concernent les figures isopérimétriques et, justement, elles semblent bien provenir de l'anonyme *De ysoperimetris*, texte traduit du grec, mais habituellement copié avec des œuvres mathématiques adaptées de l'arabe.

La proposition *Geom.* VII 28 est extraite de l'une des trois versions de la *Quadratura circuli per lunulas*. Éléphant a le mérite (ou la chance) de s'arrêter à temps et donc de ne pas emprunter à la suite de ce texte une quadrature du cercle évidemment incorrecte.

La géométrie de Philippe Eléphant apporte un exceptionnel témoignage sur les noms donnés à certaines figures géométriques. Il s'agit là d'une question encore mal étudiée sur laquelle l'occasion nous a été récemment donnée d'attirer l'attention [41].

On savait assez vaguement que certaines figures des *Éléments* d'Euclide, surtout lorsqu'elles étaient frappantes pour l'œil, s'étaient vu attribuer de pittoresques sobriquets comme, par exemple, le pont aux ânes (*Elém.* I 5) [fig. 2], la tunique de François (*Elém.* I 47), la patte d'oie (*Elém.* III 7) [fig. 3] ou la queue de paon (*Elém.* III 8) [fig. 4]. Pour ce qui est de ces deux dernières dénominations (*pes anseris* et *cauda pavonis*), on a autrefois cru qu'elles étaient apparues pour la première fois, en 1509, dans la révision des *Éléments*

[41] G. Beaujouan, *Réflexions sur les rapports entre théorie et pratique au Moyen Âge*, dans *The cultural context of medieval learning* éd. by J. E. Murdoch and E. D. Sylla, Dordrecht-Boston, 1975, p. 437-487 et plus spécialement p. 450-456 sur les noms des figures géométriques chez Éléphant.

par Luca Pacioli, autrement dit chez un mathématicien de la Renaissance justement célèbre, notons-le, pour avoir vulgarisé la « divine proportion » ou « nombre d'or ». En fait, les noms de ces figures semblent déjà faire partie d'une sorte d'argot scolaire médiéval. Le professeur John Murdoch nous a, par exemple, signalé la façon dont Thomas Bradwardine conclut, dans son *De continuo*, un raisonnement par l'absurde : « *circulus habet multa centra; pes anseris infirmatur; de cauda pavonis pulcherrime penne cadunt et tota geometria de speris et circulis subvertetur* » (42).

Dans la *Mathematica* de Philippe Éléphant, telle qu'elle est copiée dans le manuscrit de Salamanque, on retrouve la fameuse *cauda pavonis* (*Geom.* III 8 = *Élém.* III 8) et aussi *elefuga*, « la fuite des misérables » [fig. 2] (43) pour le pont aux ânes (*Geom.* I 5 = *Élém.* I 5).

D'autres dénominations de figures des *Éléments* semblent, au contraire, ne pas avoir été signalées avant notre découverte de leur attestation par Éléphant : *Victoria* (*Geom.* II 11 = *Élém.* II 11); *figura demonis sive intelligentis* (*Geom.* V 10 = *Élém.* IV 10) [fig. 5]; *figura equatrix* (*Geom.* VI 8 = Campanus VI 9 = fig. *Élém.* VI 8) [fig. 6]; *figura exemplaris* (*Geom.* VI 17 = Campanus VI 18 = *Élém.* VI 20) [fig. 7]; *fretra*, lisez *faretra* (φαρέτρα) le carquois (*Geom.* VII 48 = *Élém.* et Camp. XIII 18) [fig. 11].

Trois autres noms de figures sont, en revanche, complètement étrangers à la tradition euclidienne. Deux d'entre elles se rattachent à la quadrature de cercle : *figura mediatrix* [fig. 9] (pour un cercle donné, le périmètre de l'octogone régulier inscrit est la moyenne géométrique entre le périmètre du carré inscrit et celui du carré circonscrit : cf. Jordanus, *De triangulis* (IV 15). *Pax et concordia* [fig. 10] (*Geom.* VII 21) illustre la quadrature du cercle, mais sans rien apporter, du point de vue mathématique. Il faut signaler enfin (*Geom.* VI 25) la *figura cotis* [fig. 8] [*cos* = pierre à aiguiser] pour diviser plus ou moins approximativement un angle selon une proportion donnée.

(42) Thorn Gymnasialbibliothek, R 4° 2, p. 159. — Erfurt, Ampl. Q° 385, fol. 20 v°.

(43) Prétendument de ἔλεος (pitié) et φυγή (fuite), donc « *fuga miserorum* » pour Roger Bacon, *Opus tertium*, c. 6. En réalité, il y aurait jeu de mots *Eleos Elementa*. Cette dénomination *Elefuga* se rencontre aussi chez Alain de Lille, *Anticlaudianus*, III c. 6 et chez Richard de Bury, *Philobiblion*, cap. XIII. Cf. Th. L. Heath, *The thirteen books of Euclid's Elements*, 2nd ed., vol. I, p. 415-418 (*popular names for euclidean propositions*) : p. 416 sur *elefuga*.

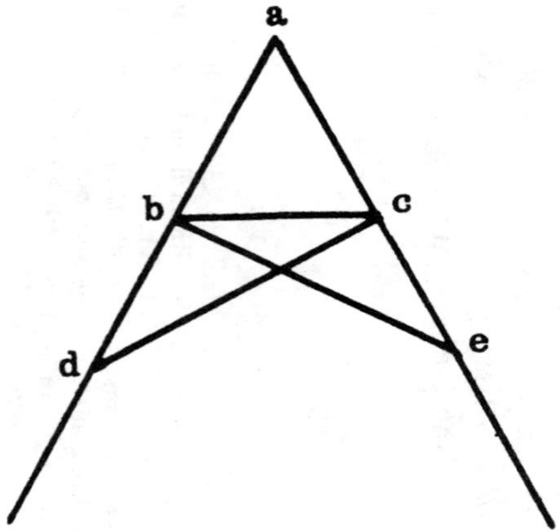

Elefuga
Pons Asinorum
Fig. 2

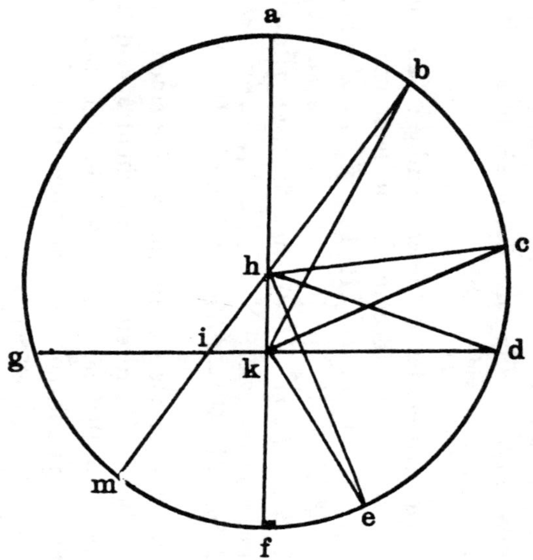

Pes Anseris
Fig. 3

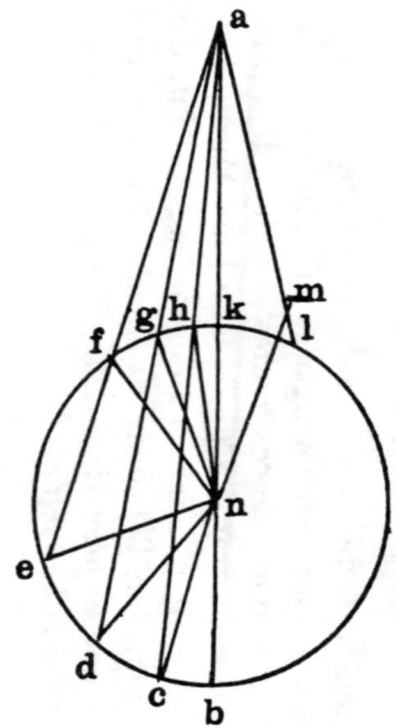

Cauda Pavonis
Fig. 4

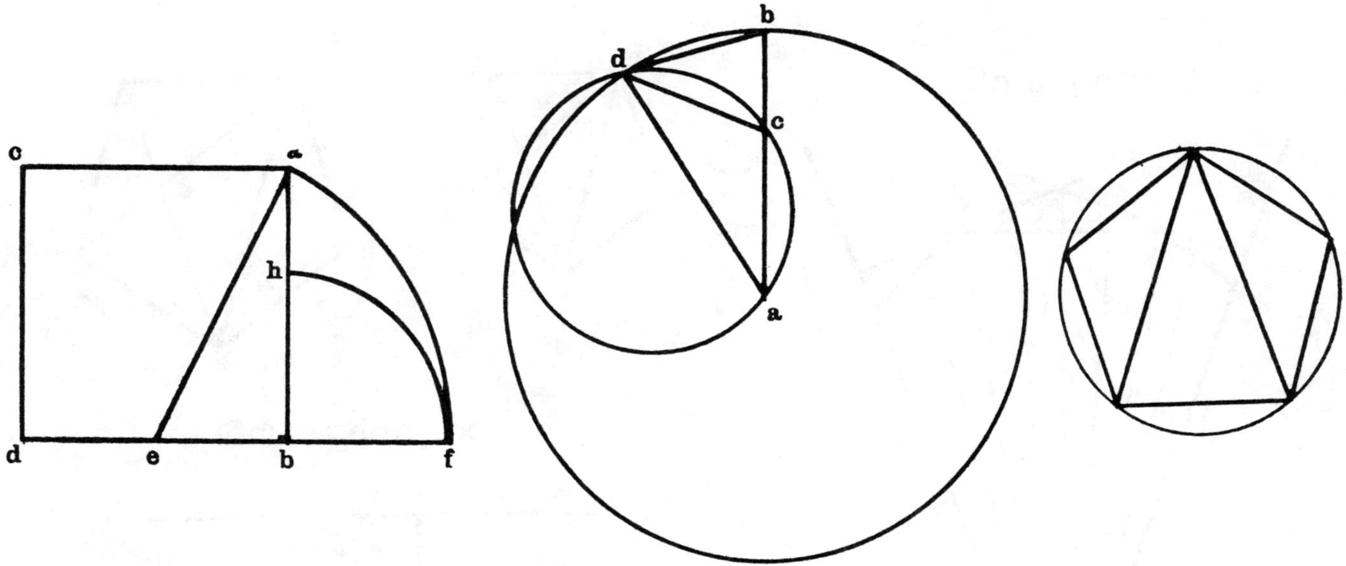

Victoria

Figura Demonis
sive Intelligentis

Fig. 5

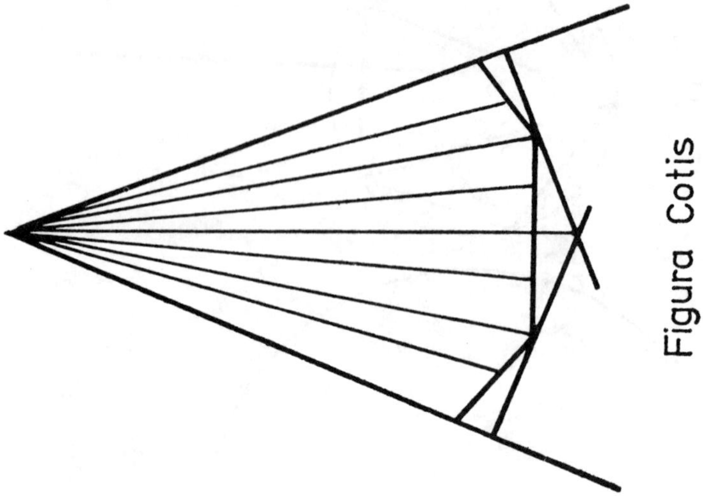

Fig. 8

Fig. 6

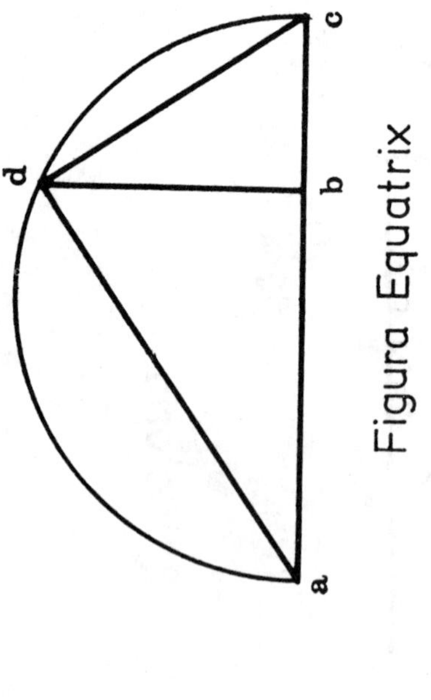

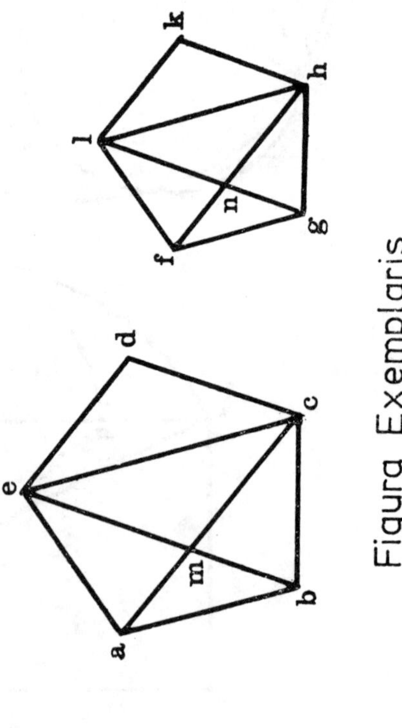

Fig. 7

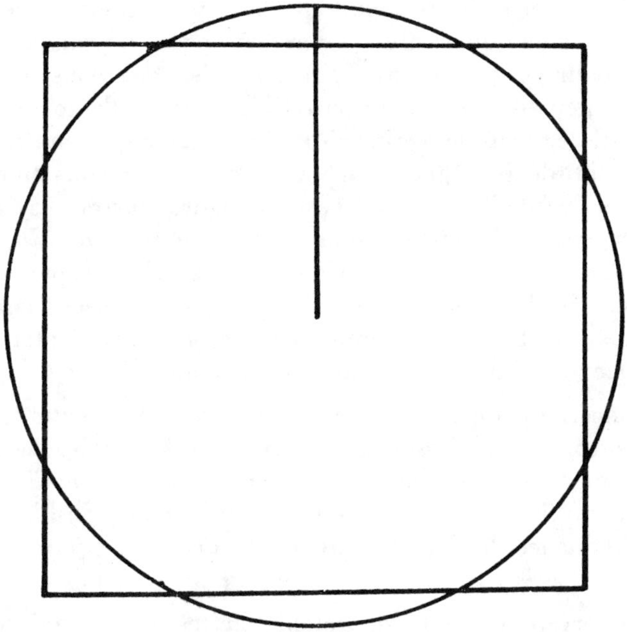

Pax et Concordia

Fig. 10

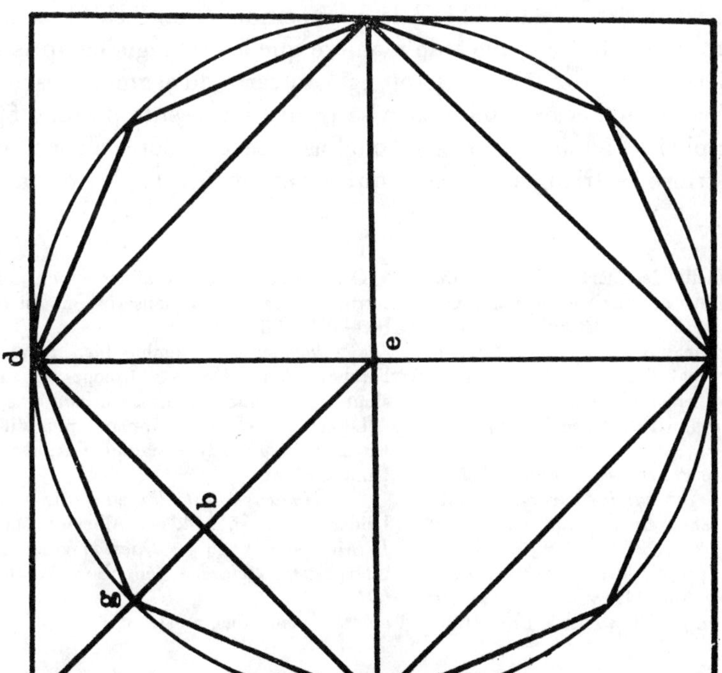

Figura Mediatrix

Fig. 9

De ce qui vient d'être dit il appert que les appellations de ces diverses figures ont des origines différentes. A première vue, il nous avait semblé que, au moins pour ce qui est des figures représentées dans les *Éléments* d'Euclide, leurs noms devaient faire partie d'une sorte d'argot universitaire latin du XIIIe siècle. Mais la vérité risque d'être moins simple. En effet, M. Paul Tummers (de Nimègue) a eu la gentillesse de nous signaler que, dans le manuscrit Oxford Trinity College 47, la figure illustrant la proposition IV 10 des *Éléments* d'Euclide est donnée comme « *figura albeliz id est Demonis* », dénomination d'origine évidemment arabe puisque, dans cette langue « Démon » se dit « *Iblis* » et que, de plus, le manuscrit cité contient justement la plus ancienne copie connue de la seconde des adaptations arabo-latines des *Éléments* d'Euclide par Adélard de Bath (44).

En ce qui concerne l'équivalence « *demonis sive intelligentis* », elle n'est pas faite pour surprendre. D'assez nombreux auteurs médiévaux donnent le grec *daimon* comme se traduisant en latin par *sciens*, voire *peritus*. Puisque Philippe Éléphant a lui-même écrit une glose sur le Timée de Platon, il peut avoir ici subi l'influence de Calcidius : « *daemonas porro Graeci scios rerum omnium nuncupant* » (45).

Une autre observation mérite de retenir l'attention. Parmi les figures portant des sobriquets inusités, trois concernent la section dorée et ses propriétés essentielles (46). C'est d'abord la proposition *Geom.* II 11 = *Elem.* II 11 : « Couper une droite donnée de manière que le rectangle compris sous la droite entière et l'un des segments soit égal au carré du segment restant » : le partage en moyenne et extrême raison se trouve représenté par une figure au nom triomphal : Victoire (*Victoria*). Une fois la section dorée ainsi connue, peut se construire le triangle isocèle « qui a chacun des angles de la base

(44) Mlle Danielle Jacquart a bien voulu examiner pour nous ce plus ancien manuscrit de la seconde version « Adélardienne » des *Éléments* d'Euclide (Oxford, Trinity College 47). Voici son relevé des noms de figures et l'interprétation qu'elle en donne :

— *Elem.* I, prop. 5 : « *elnefea id est fuga* » (fol. 170 v°).

— *Elem.* III, prop. 8 : « *hec figura dicitur adhenepatoz, id est cauda pavonis* » (fol. 109 v°). — « *tenep atoz cauda pavonis* » (fol. 167 v°).

— *Elem.* IV, prop. 10 : « *figura albeliz id est demonis* » (fol. 111 v°). — « *hec est figura albeliz id est demonis* » (fol. 160).

Comme on le voit, certaines appellations se retrouvent dans deux transcriptions du même texte d'Euclide.

« *Adhenepatoz* » semble bien représenter l'arabe *adnāb aṭ-ṭāwūs* (queues de paon) singulier « *d̲anab* »; pluriel « *ad̲nāb* ».

Le cas d'« *elnefea* » apparaît plus difficile. En arabe « *an-nafy* » signifie l'expulsion, le bannissement.

(45) *Timaeus a Calcidio*, éd. J. H. Waszink, Leidae, 1965, p. 174. — Albertus Magnus, *In Meteora* III, 26 : « *Daemon* grece, latine interpretatur *sciens* » (éd. Borgnet, t. IV, 697).

(46) V. ci-dessus, n. 41.

double de l'angle restant » (*Geom.* V 10 = *Elem.* IV 10) : voici donc la fameuse figure du démon (*figura demonis sive intelligentis*), construction elle même très importante, puisqu'elle va permettre de tracer le pentagone régulier et le pentacle [fig. 5]. Au sommet de la géométrie euclidienne (*Elem.* XIII 18-*Geom.* VII 48), la *pharetra* ou carquois [fig. 11] fait également intervenir le nombre d'or pour déterminer l'arête du dodécaèdre régulier. Commentateur du Timée de Platon, Philippe Éléphant était sans doute fasciné par la divine proportion puisque, plagiant avec quelques variantes Campanus XIV 10, il écrit : « *Mirabilis itaque est potencia linee secundum proporcionem habentem medium duoque extrema divise; cui cum plurima philosophantium admiratione digna conveniant, hoc precipuum ex suorum principiorum invariabili natura producit ut tam diversa solida tum magnitudine, tum basium numero, tum etiam figura, irracionali quadam symphonia racionabiliter conciliet* ».

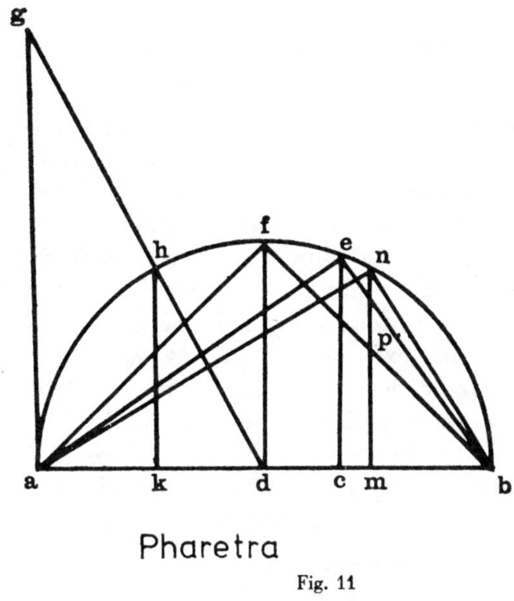

p partage *be* en moyenne et extrême raison.

bp arête du dodécaèdre.

Fig. 11

Le platonisme de Philippe Éléphant se retrouve plus directement dans la proposition *Geom.* VII 71 qui, elle, n'a pas d'équivalent chez Campanus : « Bien qu'il y ait cinq corps réguliers, ils ne donnent lieu qu'à douze inscriptions mutuelles... ». Après les avoir énumérées, Philippe Éléphant commente : « C'est pourquoi certains auteurs antiques attribuèrent, avec bonheur, au ciel la figure du dodécaèdre, car cette figure contient toutes les autres; au feu le forme de la pyramide, car le feu s'élève d'une manière pyramidale; à l'air l'octaèdre, car il vient après la pyramide comme l'air après le feu pour la mobilité. Ils donnèrent aussi la figure de l'isocaèdre à l'eau, car par le nombre de ses bases, il semblait convenir plus que les autres au mouvement d'une substance qui s'écoule... Enfin quelle est, parmi les figures solides, celle qui, pour être mue, doit subir la plus grande violence? N'est-ce pas le cube? Et, parmi les éléments, en trouve-t-on un qui soit plus fixe que la terre? »

Il y aurait témérité à conclure de cette citation que Philippe Éléphant a écrit sa glose du *Timée* avant la *Mathematica,* d'autant que le passage incriminé (*Timée* 55*e*-56) ne se retrouve pas dans la traduction de Calcidius.

Musique et optique

La quatrième « considération » traite de la musique et de l'optique, toujours en s'astreignant aux contraintes numériques du plan type.

Insistant ainsi sur les trois sortes de sons, donc d'instruments, puis sur les cinq consonances, Philippe Éléphant n'apparaît pourtant pas comme particulièrement musicien. Aucune allusion, chez lui, à l'*ars nova* dont, à son époque, Philippe de Vitry et Jean de Murs se faisaient les théoriciens; bien plus, rien ne reflète, sous sa plume, la considérable évolution de la musique au cours du Moyen Âge : tout le savoir musical de Philippe Éléphant semble puisé dans le *De institutione musica* de Boèce [47]. Il s'en excuse un peu lui-même, en écrivant par exemple : « *Tribus modis cecinerunt Veteres, sicut et nos tempore nostro* ». Des explications relativement détaillées sont, en particulier, consacrées à la délicate question du demi-ton : demi-ton mineur ou *diesis* (256/243), demi-ton majeur ou *apotome* (243/216) et leur différence appelée *comma.* Cela résume, pour l'essentiel, les chapitres 2 et 5 à 8 du troisième livre du *De musica* de Boèce.

Dans un domaine plus strictement acoustique, on notera une curieuse explication de la plus grande intensité de l'écho lorsqu'il se produit dans une épaisse vapeur : « *Vapor enim grossus habundantius resonat propter resistenciam mediocrem, sicut ostendit bracchium gnomonis fortiter revolutum infra fumum flamme candele, quia amplius resonat quam faciat foras longe.* »

(47) Éd. Friedlein, v. *supra* n. 28.

La partie consacrée à l'optique semble tributaire de la *Perspectiva communis* de John Pecham [48], sans qu'on puisse cependant relever des emprunts textuels de quelque longueur.

Un détail pourrait ici faire penser que Philippe Éléphant était déjà relativement âgé lorsqu'il écrivit sa *Mathematica.* S'agissant, en fait, de la presbytie, il n'hésite pas à affirmer que, si les jeunes lisent habituellement de plus près que les vieux, c'est en raison de leur stupidité; « *Quod est quia virtus senilis cautelosa stringit pupillam quam stoliditas juvenum dilatat* ». Un peu plus avant, il est question de la vision d'un objet à travers le béryl, mais sans doute serait-il abusif de considérer ce texte comme attestant expressément l'emploi d'une loupe.

Par trois fois, à propos de l'optique, Philippe Éléphant se réfère à des observations personnelles.

Parlant des miroirs concaves et du nombre d'images d'un même objet qui peuvent s'y former (jusqu'à quatre, comme l'enseigne Pecham dans la *Perspectiva communis,* lib. II, prop. 48), Philippe Éléphant invoque sa propre expérience, en tant qu'utilisateur d'un miroir grossissant pour étudier des monnaies : « *...et aliquando in speculis concavis magnis, videbis ydolum in aere occurrere rei cujus est intentus, ut aliquando ego legerim litteras in ydolo medio, respiciens ydolum ex transverso radii ejus* (*quia erat ydolum monete litterate*)... » L'auteur ajoute que, au dos d'un tel miroir, on met du mercure amalgamé avec de l'étain.

Un peu plus loin, à propos de l'arc-en-ciel, Philippe Éléphant prétend encore apporter son propre témoignage : « J'ai vu (*vidi*), un jour, cinq arcs-en-ciel à la fois, à des distances différentes, et l'un d'eux, aux vives couleurs, passa sur moi *donec fuissem in utroque ejus extremo,* et quand je fus à l'autre bout, ses gouttes m'apparurent brillant des couleurs de l'arc-en-ciel et l'arc passa avec la nuée, très vite, fuyant devant moi. » Ce prétendu déplacement d'un arc-en-ciel est bien bizarre : il est, en tout cas, révélateur d'une grande incompréhension de ce phénomène pourtant, alors, déjà fort bien expliqué par Thierry de Freiberg.

Quelques lignes plus loin, à propos des halos, il invoque, à nouveau, une observation personnelle : « J'ai vu (*vidi*) un halo du soleil en tout point semblable à un arc-en-ciel qui n'aurait eu simplement que deux couleurs : le rouge était à l'intérieur, plus près du soleil; le jaune était plus éloigné vers l'extérieur. »

[48] Éditée par D. C. Lindberg, *John Pecham and the science of optics,* Madison, 1970.

V. - L'ALCHIMIE [49]

Expressément attribuée à « *Philippus Elephantis Anglicus* », l'*Alkimia* n'est, semble-t-il, conservée que par les feuillets 66-75 du manuscrit 919 (818) de la Bibliothèque municipale de Cambrai. Il s'agit d'un manuscrit alchimique du xve siècle excellemment décrit par J. Corbett [50], mais rien n'y éclaire vraiment le texte de l'extérieur. Le traité d'Éléphant est très lisible, mais moins soigné vers la fin, sans qu'on sache toujours si c'est au copiste ou à l'auteur lui-même qu'il faut faire grief de certaines négligences.

Tout comme sa *Mathématique*, l'*Alchimie* de Philippe Éléphant se plie aux exigences numériques d'une structure préétablie. Maintes curiosités de détail ne prennent donc tout leur sens qu'en fonction du plan général de l'œuvre [51].

I. *Prima consideratio : 12 principia (1 + 7 + 4) :*

1 materia metallorum. 3 (sulfur, arcenicus, argentum vivum).
7 metalla (plumbum, stagnum, ferrum, cuprum, electrum, aurum, argentum).
4 res juvantes (3 genera salium, talka).

II. *Secunda consideratio : 9 opera alkimie (4 + 4 + 1) :*

4 que intendunt separationem :

1° *sublimatio : 3 (sine fecibus, cum fecibus, sine fecibus sed feces reliquuntur).*
2° *descensio : 2 (sine pastillis, cum pastillis).*
3° *distillatio : 4 (per elevationem in alambico, per descensum, cum filtro, cum canna).*
4° *calcinatio : 7 (sulfuris, arcenici, argenti vivi, corporum mollium, corporum durorum, corporum mediocrium, auri).*

(49) Pour ce qui est de l'alchimie, la thèse d'École des chartes de P. Cattin a été très attentivement lue par MM. Henri Drieux et Robert Halleux. Leurs corrections et suggestions ont été largement utilisées ici; certaines notes de R. Halleux sont même incorporées, telles quelles, dans notre exposé. — Mis à part le catalogue de Corbett (ci-dessous, n. 50), aucun historien de la chimie ou de l'alchimie ne cite Philippe Éléphant. Dans les notes en bas de pages, nous avons donc renoncé à faire état de nos lectures et à donner une bibliographie de toutes les questions évoquées. Voir R. Halleux, *Les textes alchimiques,* Louvain, 1979 (Typologie du Moyen Âge occidental, dir. L. Genicot). — Pour ce qui est des relations entre connaissances chimiques et procédés techniques au Moyen Âge, *A history of technology,* éd. Ch. Singer, vol. 2. *The mediterranean civilizations and the Middle ages,* Oxford, 1957; v. aussi, ci-dessous, n. 76. — Pour l'étude des recettes, nous devons beaucoup à C. S. Smith et J. C. Hawthorne, *Mappae clavicula,* Philadelphia, 1974. — Pour la terminologie, v. ci-dessous n. 62 et 67.

(50) J. Corbett, *Catalogue des manuscrits alchimiques latins,* t. II : *Manuscrits des bibliothèques des départements français,* Bruxelles, 1951, p. 35-36.

(51) V. ci-dessus, n. 27.

4 *que intendunt unionem :*

1° *liquefactio : 20 = 4 + (8 × 2).*
— *4 fusiones (quemadmodum fit vitrum, de sale, de calce, cum additamento spirituum).*
— *bis 8 solutiones.*

2° *coagulatio : 5 (calore, frigido, attractione, ejectione, coagulo).*

3° *consolidatio : 6 = 3 × 2 (immediata vel mediata; per aductivum humiditatis, per ablativum ariditatis, vel insimul per ad. hum. et abl. ar.).*

4° *intinctio : 5 (aqua dante ingressum, oleo dante ingressum, ariditate, pontissitate [ponciscitate], proprietate).*

1 *opus medium : lavatio : 4 (cum aqua sola, cum juvamine salis, cum retinente rem depurandam, cum retinente sordes).*

III. *Tertia consideratio : 9 examina metallorum (4 + 4 + 1) :*

4 *fiunt desicando :*

1° *cinericium : 3 (aurum, argentum, electrum).*

2° *cementatio : 2 (plumbo, argento vivo).*

3° *ignitio : 4 (auri, argenti, cupri, ferri).*

4° *fusio : 7 (plumbi, stagni, electri, argenti, cupri, auri, ferri).*

4 *fiunt humectando :*

1° *florificatio : 20 = 4 + (8 × 2) :*
— *4 flores (rubeus ferri; viridis cupri; lacteus plumbi, stagni vel electri; celestis argenti vel auri).*
— *bis 8 apta florere.*

2° *extinctio : 5 (auri, argenti, electri, cupri, ferri).*

3° *amalgamatio : 6 (ferro, auro, stagno, plumbo, argento, cupro).*

4° *sulfurizatio : 5 (stagnum, argentum, plumbum, cuprum, ferrum).*

1 *fit communiter : reductio calcinatorum : 4 (plumbum, stagnum, argentum, cuprum).*

IV. *Quarta consideratio de 58 secundariis alkimie :*

— *bis 3 calces metallice.*
— *bis 5 antimonia.*
— *bis 3 × 3 gemme (jacintus, jaspis, sardius, berillus, crisolitus, onix, saphirus, smaragdus, carbunculus).*
— *bis 3 calculi.*
— *bis 2 balnea.*
— *bis 2 atramenta.*
— *bis 5 medicine.*

Cette *Alkimia* a principalement pour source la *Summa perfectionis magisterii* que la tradition médiévale attribue à Geber [52], c'est-à-dire Jabīr ibn Ḥayyān (VIIIe-IXe siècle). La *Summa* semble, en réalité, avoir été écrite en Occident dans la seconde moitié du XIIIe siècle, mais sous l'influence d'un traité arabe analogue à celui d'al-Kāthī intitulé « *Essence de l'Art et aide à l'Opérateur* » [53]. Éléphant emprunte à la *Summa* sa claire classification des métaux, des opérations et des examens. Cependant, tout en reprenant souvent la lettre même de son modèle, il en modifie l'esprit au profit d'une conception plus positive, plus pratique, moins prisonnière des spéculations théoriques de l'alchimie transmutatoire. Notre analyse cherchera donc surtout à mettre en lumière les modifications qu'Éléphant a fait subir à l'exposé du Ps. Geber. Pour ce qui est des notations pratiques que Philippe Éléphant a puisées dans des receptaires ou même parfois dans son expérience personnelle, il importe d'en vérifier le bien fondé selon les critères de la chimie moderne : des crochets carrés différencient nos commentaires lorsqu'ils risqueraient d'être confondus avec le contenu même du texte original.

Comme il l'avait fait pour la *Mathematica*, Philippe Éléphant commence l'*Alkimia* par une définition : « L'alchimie est l'art de diriger deux fois trois fours ». Suit alors la description de ces trois sortes de fours : le four droit, le four à réverbère, le four à serpentin. Dans la troisième considération de l'*Éthique*, Philippe Éléphant traitant de l'alchimie, déclare : « l'alchimie est l'art des six parties de la *latitudo* de la matière; on dit, en effet, que la matière est nombreuse ou non en parlant de la substance, qu'elle est rare ou dense en parlant de sa mesure, qu'elle est intense (*intensa*) ou faible (*remissa*) en parlant de sa vertu (*virtus*) ». Il semble que la définition figurant dans l'*Ethica* soit plus philosophique, tandis que dans le traité lui-même, en faisant intervenir les fours dans la définition, l'auteur se donne l'occasion de parler d'eux.

(52) Les éditions anciennes de la *Summa* sont indiquées dans G. Sarton, *Introduction to the history of science,* vol. II², Baltimore, 1931, p. 1044-1045. On retiendra particulièrement celle publiée à Nuremberg en 1541, notamment pour les planches. Le texte est commodément consultable dans J.-J. Manget, *Bibliotheca chemica curiosa,* Genève, 1702, vol. I, p. 512 et suiv. On utilise avec profit les commentaires de E. J. Holmyard sur une ancienne traduction anglaise : *The works of Geber Englished by Richard Russell, 1678 reprinted with introd. by* E. J. Holmyard, London, 1928; v. E. J. Holmyard, *Alchemy,* Harmondsworth, 1957; réimpr. 1968, p. 66-80 et 131-137. Utiles commentaires techniques dans E. Darmstaedter, *Die Alchemie des Geber übersetzt und erklärt,* Berlin, 1922. L'œuvre authentique de Jābir ibn Ḥayyān est sans rapport direct avec la présente recherche : v. *Dictionary of scientific biography,* dir. Ch. C. Gillispie, vol. VII, New York, 1973, p. 39-43.

(53) F. Sezgin, *Geschichte des Arabischen Schriftums,* B. IV *Alchimie...*, Leiden, 1971, p. 291-292.

[Les fours étaient importants pour les alchimistes; des écrits spéciaux leur furent même consacrés, ainsi le *Livre des fours* attribué à Geber et le traité d'Albert le Grand; la *Summa Perfectionis* comporte également de nombreuses indications sur ce matériel indispensable.]

Philippe Éléphant commence, ici encore, par une définition : « Le four est un récipient qui contient du feu dans sa concavité. »

Le four droit (*furnus directus*) a un fond perforé sur lequel reposent les charbons. Pour obtenir un feu plus fort, il faut épaissir les parois de manière à réduire le volume du foyer. Lorsqu'on ferme la partie supérieure, on ménage des oreilles (*auricula*) pour que la fumée puisse s'échapper et qu'un courant d'air se fasse [54]. Ces données peuvent être complétées par les indications fournies au chapitre consacré à la sublimation : le four a quatre oreilles équidistantes les unes des autres pour permettre de constater, en observant la fumée, si le feu a la même intensité de tous côtés. Ce four a aussi un couvercle amovible que l'on retire pour placer l'aludel au contact de la flamme. Cette description concorde avec celle, plus précise, du *Livre des fours* [55], qui d'ailleurs semble s'inspirer lui-même de la *Summa perfectionis*, source principale de Philippe Éléphant. Ce four servait aussi à la distillation.

Le deuxième est le four à réverbère. « *Furnus autem reverberans habet in costis apertis conchas super quas reverberatur flamma a summo tecto reflexa* ». Ainsi des cavités disposées dans les parois obligent la flamme reflétée du haut à revenir sur la sole. Un tel four n'a pas d'oreilles, car elles pourraient nuire à la réverbération. C'est, dit Philippe Éléphant, le four des verriers. Parlant de la « descension », il fera, de nouveau, allusion à ce four, le produit devant être placé *in concavitate unius lateris*.

Le troisième four est le *furnus serpens*, en fait, un alambic servant à la distillation. C'est donc un peu artificiellement qu'il est placé ici parmi les fours. L'obscurité de la description témoigne de cette gêne, car à la lecture, ce four apparaît surtout fait de tuyaux (*canne*) dont, à titre d'exemple, Éléphant donne les dimensions [56].

[54] Les oreilles semblent être l'équivalent des « ventilateurs statiques » que l'on met maintenant sur les cheminées pour activer le tirage.

[55] Geber, *Liber fornacum*, avec la *Summa* dans l'édition publiée à Nuremberg en 1541, p. 229-257 (v., ci-dessus, n. 52). Aussi dans G. Gratarolo, *Verae Alchemiae*, Bâle, 1561, t. I, p. 193-201.

[56] « *Furnus autem serpens fit, ut exempli* « *gracia, de 4 cannis longitudinis unius* « *palme, et tribus cannis longitudinis digiti,* « *quibus distant canne 4 parallele. Est etiam* « *canna ducens ad serpentem, longitudinis* « *duorum palmorum. Et ultimo est vas recipiens* « *de serpente per aliam cannam et super eis* « *erunt tantum 4 canne prime, sed prima et* « *ultima longiores* ».

Après ce bref exposé sur les fours, Éléphant annonce, selon son habitude, les divisions de son plan théorique, puis aborde la première considération.

Première considération : les douze *principia* de l'alchimie

Le premier des douze « principes » est la triple matière des métaux « à savoir le soufre, l'arsenic et le vif-argent *que sunt, secundum materiam, idem* ». Cette affirmation reprend la théorie de la *Summa perfectionis* (L. I, chap. 12-16). Éléphant lui-même la développera, quelque peu, dans la dernière partie de son ouvrage.

Les sept « principes » suivants sont les sept métaux (57) : le plomb, l'étain, le fer, le cuivre, l'*electrum*, l'or et l'argent. Éléphant fait allusion à la correspondance entre métaux et planètes, mais sans insister. Ainsi, dès le début de son œuvre, apparaît sa méfiance à l'égard de l'alchimie théorique. Pour obéir au plan type, il fallait sept métaux : or la *Summa* n'en présentait que six.

Summa	Éléphant
Or	Or (soleil)
Argent	Argent (lune)
Plomb	Plomb (Saturne)
Étain	Étain (Jupiter)
Cuivre (aes)	Cuivre (*cuprum*) [Venus]
Fer	Fer (Mars)
	Electrum (Mercure)

[Par un curieux trait d'archaïsme peut-être emprunté à Isidore de Séville (*Étymologies,* XVI, 17, 2), le métal ajouté à ceux de la *Summa* est donc l'électrum (c'est-à-dire, en réalité, un alliage naturel d'or et d'argent). On verra cependant que, à la fin de son œuvre, Éléphant remplacera l'*electrum* par le vif-argent, autrement dit le mercure (v. ci-dessous, p. 351)].

Les quatre derniers « principes » sont les quatre corps « auxiliaires » : les trois sels et le talc (*talka*). Les trois sels ne sont pas énumérés, cependant il s'agit sans doute du sel commun, du sel alcali et du sel ammoniac, à chacun desquels l'*Alkimia minor* (attribuée à Albert le Grand) consacre un chapitre (58).

(57) R. Halleux, *Le problème des métaux dans la science antique,* Paris, 1974, p. 58.

(58) P. Kibre, *The Alkimia minor ascribed to Albertus Magnus,* dans *Isis,* t. XXXII, 1940, p. 267-303.

Cette première « considération » est si squelettique qu'on pourrait croire l'œuvre incomplète. En réalité, Philippe Éléphant reviendra ultérieurement sur les esprits et les métaux, leur consacrant les deux premiers des six chapitres placés en appendice.

Deuxième considération : les opérations

Toujours selon le plan type, elle se doit d'être divisée en neuf parties : l'alchimie comportera donc neuf opérations.

« La deuxième considération traite des neuf genres premiers qui sont les neuf opérations de l'alchimie. La première division est triple, car quatre visent à la séparation, quatre à l'union et la neuvième à ce double but. Les quatre premières sont la sublimation, la descension, la distillation et la calcination. Les quatre secondes sont la solution, la coagulation, la consolidation et la teinture (*tincturatio* ou *intinctio*) et la neuvième est le lavage (*lavatio*) ». Afin de mieux percevoir les différences entre Éléphant et son modèle, voici le tableau comparatif :

Summa	Éléphant
Sublimation	Sublimation
Descension	Descension
Distillation	Distillation
Calcination	Calcination
Solution	Liquéfaction (solution, fusion)
Coagulation	Coagulation
Fixation	
Cération	
	Consolidation
	Teinture
	Lavage

Les six premières opérations sont donc *grosso modo* identiques dans les deux traités. Mais, ensuite, Éléphant a éliminé la fixation et la cération, sans doute parce qu'elles ne lui ont pas paru d'une valeur suffisamment « scientifique ». [Rappelons que, dans la *Summa*, la fixation consiste à doter certaines substances normalement combustibles d'une relative résistance contre le feu. Quant à la cération, elle permet de liquéfier un corps non fusible. Mais pour accéder à un total de neuf, Éléphant a été contraint d'inventer trois nouvelles opérations : la consolidation (essentiellement la soudure et le collage), la teinture et le lavage. A part le lavage, elles sont artificielles, et le but des opérations est bien la préparation des corps en vue de leur utilisation.]

1. La Sublimation. Sa définition est reprise, mot pour mot, de la *Summa perfectionis :* « élévation, par le feu, d'une matière sèche, avec adhérence à son récipient ». Pour obéir aux impératifs de son plan type, Philippe Éléphant ramifie la sublimation en trois branches. Il aurait pu reprendre la triple division fournie par la *Summa,* selon les trois intensités du feu que demande la sublimation des différents corps. Mais il préfère une division plus intrinsèque à la sublimation, selon l'emploi des *feces.* 1° Dans certains cas, elles ne sont pas nécessaires. — 2° D'autres fois, elles le sont. — 3° Enfin il arrive qu'il en reste à la fin de l'opération, sans que l'on en ait mis. Cette division reste artificielle. L'emploi judicieux des *feces* tendait à retenir les impuretés au fond du vase, de manière à les empêcher de monter avec le produit à sublimer : c'étaient, en général, des « chaux » de métaux (oxydes). Après cette division, l'auteur revient au but de la sublimation : la « *deletio superfluitatis aquose et ypostasis feculente* ».

[L'expression « *hypostasis faeculenta* » ne semble pas empruntée à la *Summa,* ni même au vocabulaire habituel de l'alchimie. Le mot *hypostasis* apparaît en effet surtout employé, avec le sens de « sédiment », dans la littérature médicale consacrée à l'examen des urines.] Quoi qu'il en soit, le résultat recherché est atteint en deux temps : l'eau superflue (*superfluitas aquosa*) disparaît à feu lent; ensuite, grâce à un feu violent, l'hypostase est éliminée [*dimittitur* dans le manuscrit; mais peut-être vaut-il mieux lire *demittitur* et entendre que les impuretés se déposent au fond de l'aludel.]

Après ce paragraphe d'introduction, Éléphant passe en revue les différents corps et leur sublimation. Le premier est le sel ammoniac [59] (chlorure d'ammonium, NH^4Cl). [Sa sublimation n'était pas exposée dans la *Summa,* mais elle s'avérait d'autant plus nécessaire que le sel ammoniac était préparé à l'aide d'urine, de suie, etc., et qu'il devait être débarrassé des matières organiques qu'il pouvait contenir.] A cette occasion, Éléphant précise que les *feces* les meilleures sont les coquilles d'œufs et les os calcinés. En effet, l'emploi des substances métalliques, généralement utilisées dans les autres cas, pourraient provoquer une réaction chimique et troubler l'opération.

La sublimation suivante est celle du vif-argent. La source est manifestement la *Summa.* Cependant les deux textes semblent se contredire. Le Ps. Geber déclare en effet : « *Ab istis* (*cum quibus affinitatem non habet*) *enim mundatur; ab illis vero, cum quibus convenit, nisi sint in perfectione corporea,*

[59] Il s'agit indubitablement de chlorure d'ammonium : J. Ruska, *Sal ammoniacus, Nushādir und Salmiak,* Heidelberg, 1923 (*Sitzungsberichte Heidelberg. Akad. Wiss.* 1923, 5).

ut sunt sol et luna, non mundatur, sed potius corrumpitur ». Alors que Philippe Éléphant dit : « *Argentum autem vivum sublimatur melius a fecibus cum quibus non convenit nisi sint in perfectione corporea...* ». Les erreurs d'interprétation de sa part sont rares; il semble donc plutôt s'agir d'un bourdon du copiste, faute aisément explicable par la répétition du mot *convenit.* La *fex* employée ici est la *talka,* le talc actuel (silicate de magnésium), qui de fait, ne possède aucune *sulphureitas.* Étaient, en effet, à rejeter les corps composés de soufre, car celui-ci pouvait se sublimer avec le vif-argent et produire du sulfure de mercure, sorte de cinabre artificiel : l' « *usifur* ».

La sublimation du soufre et de l'arsenic [60], deux esprits, se fait, au contraire, avec des *feces* auxquelles les corps se combinent. L'explication de ce paradoxe se trouve dans la *Summa.* En effet, si l'esprit ne s'unit pas à une substance, il sera tout entier sublimé avec ses impuretés : les *feces* n'auront joué aucun rôle. Il est donc essentiel que ces *feces* ne se subliment pas; les meilleures, dans le cas présent, sont les *scamae ferri* ou *l'aes combustum* [entendons des oxydes de fer et de cuivre. A première vue, les mots « *squamae ferri* » semblent, comme chez Pline, désigner des paillettes de fer; pourtant, il s'agit plutôt ici de l'oxyde magnétique bleuâtre Fe_3O_4 qui, effectivement, présente un aspect écailleux.]

Moins l'artisan est habile, plus il utilise de *feces* : cette remarque n'a rien de personnel, puisqu'elle est transcrite de la *Summa.* Plus original semble, en revanche, l'emploi du vinaigre distillé (acide acétique), mélangé aux *feces,* dans la sublimation du soufre et de l'arsenic : l'acide, en attaquant les substances métalliques, facilitait la pénétration des esprits.

Le paragraphe suivant est consacré à la description de l'aludel, où l'on place le mélange substance-*feces* pour la sublimation. Il est fait de verre, « matériau qui n'a pas son pareil pour retenir les esprits ». La description de cet instrument ne concorde pas avec celle du Ps. Geber, bien que quelques expressions lui soient empruntées (le *cum fundo modice incurvato* reprend par exemple le *cujus fundus sit parve curvitatis* de la *Summa.*) Mais, alors que dans celle-ci, l'aludel a une forme cylindrique et comprend trois parties, il est présenté par Éléphant comme un vase ayant un col étroit et haut, une panse deux fois plus large que haute. Il s'agit donc d'un objet totalement différent. En outre, alors qu'il est placé, selon la *Summa,* sur un support de fer, Éléphant l'entoure de cendres jusqu'au col, pour le maintenir en place.

(60) En fait, notre orpiment : c'est une sublimation de l'arsenic à partir de l'orpiment.

Cette disposition n'est pas sans rappeler celle du vase à distiller (qui, lui aussi, possède un col) ; Il est donc possible que Philippe Éléphant ait fait une confusion avec le premier vase de l'alambic.

Pour la sublimation, il faut que le four ait quatre oreilles et que le feu reste égal, haut de moins d'une palme. Le vase est laissé ouvert pour que l'*aquositas* (autrement dit la vapeur d'eau) s'échappe; ensuite on ferme le vase et on intensifie le feu. L'aludel étant en verre, on peut suivre le déroulement de l'opération. Suivent des remarques sur les couleurs et la densité du produit sublimé (qui ressemble, lorsqu'il est pur, à une larme cristalline) : ce passage ne semble pas s'inspirer de la *Summa*. Il est souhaitable que le vase où s'élève et adhère le produit sublimé soit deux fois plus haut que celui où se trouve le produit à sublimer : on évitera ainsi, au dire de Philippe Éléphant, que le corps obtenu ne soit souillé par ses résidus. En fait, la véritable raison de cette disposition n'est pas là : l'aludel doit être le plus haut possible afin que le sommet soit nettement plus froid que la partie en contact avec le feu et pour que, de la sorte, le produit puisse adhérer aux parois.

Reprenant textuellement la *Summa*, des considérations assez théoriques sont consacrées à la sublimation de l'arsenic et du soufre. La sublimation a pour but de rendre l'esprit «*fugiens ignem*»; la *terreitas* disparaît en restant fixée aux *feces* d'une manière soit physique, dans le cas du mercure, soit chimique, dans le cas du soufre ou de l'arsenic.

Le paragraphe suivant, consacré à la sublimation du mercure, ne semble pas avoir été inspiré par la *Summa*, car l'emploi de la *cuperosa*, avec le mercure, va à l'encontre des théories du Ps. Geber et d'Éléphant lui-même. En effet, on a vu que devaient être à tout prix rejetées, pour la sublimation du vif-argent, les *feces* qui contiennent du soufre, or c'est le cas de la couperose ($Cu\ SO_4$ ou $Fe\ SO_4$). L'emploi du sel, au contraire, est recommandé, sans doute en raison de son pouvoir corrosif. Toujours à propos de la sublimation du vif-argent, Éléphant fait allusion à des sortes de branches d'arbre qui s'élèvent « *quasi rami arboris ascendant* ». [Ces spectaculaires arborescences dues au mercure étaient jusqu'ici considérées par les historiens de la chimie [61], comme ayant été mentionnées pour la première fois en 1604, lorsque Joachim Tanckius publia la *Clavis philosophorum* attribuée à Paul Eck de Sultzbach (traité alchimique d'origine inconnue, mais pouvant

(61) R. Halleux, *Un alchimiste liégeois au XVII*e *siècle?*, dans *Bulletin de l'Institut archéologique liégeois*, t. LXXXVII, 1975, p. 21-30, surtout p. 25.

remonter à 1489). Bien qu'il s'agisse d'un point de détail, l'antériorité du texte d'Éléphant mérite d'être notée, ne serait-ce que pour relancer la recherche.]

La sublimation est enfin terminée quand on constate que les *feces* et le mercure sont totalement distincts et, détail intéressant, on s'en aperçoit en retirant un peu de la cendre séparant l'aludel (ou *sublimatorium*) des parois de son récipient. La fin du paragraphe consacré au mercure traite de la sublimation des amalgames avec l'emploi du sel ammoniac. Est aussi mentionnée la production du cinabre artificiel par sublimation d'un mélange de soufre et de mercure. Les deux produits se sublimant ensemble, l'opération a pour but de rendre l'union plus intime. Le mot *usifur*, qui désigne ce cinabre, se rencontre aussi dans la *Summa* où l'on peut lire : « [*sulfur*] *mercurio quoque associatum et assatum per sublimationem fit usifur* ».

La sublimation de trois autres substances [62] est ensuite très sommairement étudiée : celle de la marcassite (pyrite blanche ou sulfure naturel de fer), de la magnésie (peut-être ici synonyme de « marcassite ») et de la tutie (oxyde de zinc plus ou moins pur). La *Summa* du Ps. Geber leur consacrait de longs paragraphes, mais elle ne préconisait pas, comme le fait ici Éléphant, le procédé consistant à éteindre ces corps pour ensuite mieux les sublimer.

L'exposé de la sublimation terminé, Éléphant ajoute une remarque concernant la fixation du vif-argent, c'est-à-dire sa solidification qui le rend semblable à un métal, donc susceptible de fondre sans sublimation. L'inspiration vient encore de la *Summa* selon laquelle le vif-argent sublimé, pur, adhère aux parois de l'aludel avec l'aspect *quasi mortuus*. Cependant, le rejet de cette remarque en fin de chapitre traduit peut-être, de la part d'Éléphant, un certain doute quant à ce mercure fixé « *albedinis tinctura vera et firma cui non est par* ».

2. La descension. Éléphant en donne une définition originale par rapport à celle de la *Summa* : « La descente, sous forme liquide, d'une chose sèche dans son vase propre ». La double division demandée ici par le plan type est obtenue par les « pastilles » que l'on utilise ou non suivant les cas.

[62] L'identification des substances minérales pose au philologue et au chimiste des problèmes d'autant plus délicats que, au Moyen Âge, il ne s'agit presque jamais de corps chimiquement purs. Tout au long de cette étude, nous utilisons continuellement D. Goltz, *Studien zur Geschichte der Mineralnamen in Pharmazie, Chemie und Medizin von den Anfängen bis Paracelsus*, Wiesbaden, 1972 (*Sudhoffs Archiv, Beiheft* 14). Parmi les anciens glossaires alchimiques nous avons surtout employé celui de Martin Ruland, *Lexicon alchemiae*, Frankfurt, 1612; réimpr. Hildesheim, 1964.

L'instrument employé est ce que le Ps. Geber appelle *descensorium chymiae*. La description, très concise, qu'en fait Éléphant, concorde avec celle de la *Summa*, sous réserve, semble-t-il, d'une erreur d'interprétation. Éléphant, en effet, place le produit à traiter, soit dans la cavité d'une paroi, soit sur une tablette plane. Telle n'était pas la leçon de la *Summa* où l'on pouvait lire : « *Potest...res...poni super tabulam planam vel parvae concavitatis* », le vase lui-même devant être d'un profil « sans scrupule ». Viennent ensuite le rôle et la composition des « pastilles », qui ne sont pas sans rappeler les *feces* de la sublimation et, peut-être aussi, les fondants utilisés en métallurgie pour séparer un métal de sa gangue. Leur rôle est en effet de retenir les impuretés mêlées aux corps. Elles sont faites de chaux (oxydes) non fusibles. En effet une pastille fusible serait descendue avec le corps.

Ce chapitre, très bref, s'achève par où il aurait dû commencer, en donnant le but de l'opération, à savoir la purification d'un corps sans sa combustion. Le principe est simple : le corps, placé sur sa tablette à l'intérieur de cette sorte d'entonnoir, est chauffé par un feu placé au-dessus de lui et peut-être aussi autour (à en croire les planches de la *Summa*); lorsqu'il commence à fondre, il coule le long des parois, dans le vase placé en dessous. Ainsi était évité le contact entre le corps et le charbon qui pouvait entraîner la « combustion »; ainsi était empêchée aussi l'intrusion d'impuretés. Le corps pouvait être recueilli au fur et à mesure que la fusion se produisait, ce qui assurait un maximum de pureté.

3. La distillation. Sa définition ressemble à celle donnée par la *Summa*. Pour celle-ci, en effet, c'est « l'élévation des vapeurs aqueuses »; pour Éléphant, « la collection des vapeurs humides ». Le but est identique chez les deux auteurs : la purification d'un liquide.

Le plan type demandait que cette opération se fît de quatre manières différentes. Le Ps. Geber en proposait trois. Philippe Éléphant les reprend donc, quitte à en ajouter une quatrième. La première méthode consiste à « élever » le corps dans l'alambic. Éléphant résume alors à grands traits les indications de la *Summa*, se contentant d'énoncer les deux manières de placer l'alambic (sur un lit de cendres ou dans de l'eau bouillante). Selon la deuxième méthode qui s'apparente à la *descensio*, une substance, généralement animale ou végétale, est placée dans un récipient au fond muni de trous, fermé par un couvercle. On fait du feu sur le couvercle et le produit distillé (par exemple, une huile) s'écoule dans un récipient inférieur. Cette description inspirée encore de la *Summa* est d'une concision habile. L'opération elle-même rappelle beaucoup la descension.

La troisième méthode, la dernière du Ps. Geber, est la distillation *per filtrum* [63] : « on place le produit à distiller dans une *concha*; la partie la plus large du filtre, propre et humide, est placée dans le liquide, jusqu'au fond de la *concha* et la partie la plus étroite doit pendre par son orifice au-dessus d'un vase destiné à recevoir le produit distillé ». Vient ensuite la conduite de l'opération (réitération en cas d'échec...). Ce paragraphe est repris mot pour mot du Ps. Geber.

Contraint par son plan, Éléphant ajoute donc une quatrième méthode, celle *per conductum cannarum*, c'est-à-dire au moyen du syphon qui permet à un liquide de passer d'un vase dans un autre en raison de l' « horreur du vide » (*propter vacuum fugiendum*). Ce procédé n'est pas ici déplacé puisque l'on peut, grâce à lui, purifier un liquide en le débarrassant du dépôt.

L'auteur donne deux exemples de produits de la distillation, deux eaux « subtiles », que l'on peut obtenir en utilisant l'alambic : l'eau de vie (*aqua ardens*) et l'eau forte (*aqua fortis*) [acide nitrique]. L'étude de ces deux produits est une innovation par rapport au Ps. Geber pour qui l'alambic sert surtout à obtenir l'eau pure nécessaire à la purification des produits.

[Quelles que soient les divergences des érudits sur la date exacte de sa découverte (évidemment liée aux progrès de la distillation [64], notamment en ce qui concerne le dispositif de refroidissement des vapeurs), l'alcool était en tout cas bien connu dans la seconde moitié du XIIIe siècle (Thaddeus Alderotti, Arnaud de Villeneuve, etc.). Au moment même où écrit Éléphant, l'alcool est au centre des conceptions alchimiques professées par Johannes de Rupescissa dans son *De quinta essentia* (v., dans ce présent volume, la savante étude de M. Robert Halleux).]

Laconique sur l'*aqua ardens* elle-même [65], Éléphant donne, en revanche, une bonne description de l'alambic à serpentin. La plus ancienne mention de *distillatio serpentis* se trouve, au milieu du XIIIe siècle, chez Theodorico Borgognoni; le témoignage d'Éléphant n'en mérite pas moins d'être cité textuellement : « *Instrumentum vero cum quo fit communiter aqua ardens de vino puro dicitur* « *serpens* » *et fit de auro vel de argento vel de stagno, que ordinata cum tribus vasis. Quorum vasorum unum est in quo ponitur*

(63) Cette troisième méthode est, semble-t-il, l'ancêtre de la dialyse.

(64) H. Diels, *Die Entdeckung des Alkohols* (*Abhandl. Preuss. Akad. Wiss. phil. hist. Kl*, 1913, n° 3). — R. S. Forbes, *A short history of the art of distillation*, 2nd ed., Leiden, 1970. — État actuel de la question par R. Halleux, *Notice sur les œuvres alchimiques de Jean de Rupescissa*, dans ce présent vol. XLI de l'*Histoire littéraire de la France.*

(65) « *...pannus madefactus in illa suscipit facile flammam.* »

vinum distillandum, et aliud recipiens distillacionem, interque duo est aliud vas sicut concha cum aqua frigida. In cujus refrigerio est continue serpens. » Cette description ne correspond plus à celle de la *Summa,* l'alambic d'Éléphant apparaissant plus évolué.

L'eau forte (acide nitrique, HNO_3) est, dit Éléphant, de tous les corps celui qui a le plus grand pouvoir dissolvant. Voici sa préparation : on prend un quart d'alun, ou, à défaut, on peut employer de la couperose (ici sulfate de cuivre hydraté) qui agit avec plus de force. On distille ce mélange sur le feu avec l'alambic. Il faut que le feu soit d'abord lent pour que sorte, par le nez de l'alambic, une fumée blanche; on active ensuite jusqu'à ce que la fumée devienne rouge, ce qui apparaît clairement puisque l'alambic est en verre. Contrairement à ce qui se passe pour l'*aqua ardens,* l'eau forte qui sort en premier est faible; seulement celle qui suit est vraiment forte. « On reconnaît sa force à ce qu'une goutte, tombant sur une lame de fer ou de cuivre, *eruginem facit statim* [*aerugo* = rouille, vert-de-gris ou acétate (66)]. Quand le produit atteint son maximum de force, l'alambic est couleur de feu ».

Ce chapitre, d'une excellente tenue scientifique, se termine par la préparation de l'*aqua dissolvens aurum,* c'est-à-dire notre eau régale, mélange d'acides nitrique et chlorhydrique. On l'obtient en dissolvant, dans une livre d'eau forte, une once de sel ammoniac [chlorure d'ammonium NH_4Cl].

4. La calcination. Quatrième opération, la calcination consiste à réduire en poussière, par le feu, un corps qu'on prive ainsi de l'humidité qui assurait la cohérence de ses parties. Le plan type exigeant ici une division en sept, on aura donc la calcination du soufre, de l'arsenic et du vif-argent, des corps mous, durs et moyens, enfin de l'or. Par corps mous, il faut entendre le plomb et l'étain; par corps durs, le cuivre et le fer. Les corps moyens sont là pour atteindre le chiffre sept.

Selon Éléphant, la calcination a pour fin l'élimination de la « sulfuréité ». [Ceci se trouvait implicitement lié à la théorie alchimique selon laquelle les métaux se composaient de soufre et de mercure (le soufre terreux, fixe et combustible se trouvant comme pris dans une sorte de subtil réseau de vif-argent.) N'arrivait-il pas — en réalité, du fait d'impuretés — que, lorsqu'on faisait fondre un métal, se dégageassent des vapeurs sulfureuses?]

(66) C'est surtout en pharmacie minérale que *aerugo* apparaît parfois comme désignant un acétate. Mais peut-être faut-il plus simplement traduire *eruginem facit* par « attaque le métal ».

Le produit obtenu par la calcination d'un métal est une chaux (*calx*). La définition liminaire se trouve ainsi justifiée puisque le métal devient, après calcination, une sorte de poussière (*pulveritzacio*).

Parmi diverses indications plus techniques, Éléphant note que la calcination du soufre ne laisse qu'un résidu de 3 % [sans doute, d'impuretés]. Il est très difficile de calciner des « esprits », par définition prompts à fuir.

5. La liquéfaction. Cinquième opération, la liquéfaction est la conversion d'une matière sèche en une substance liquide. Le chiffre vingt du plan type est ici atteint en réunissant, sous cette même rubrique « liquéfaction », quatre « fusions » et seize « solutions ».

Dans la *Summa,* le chapitre correspondant ne portait que sur la «solution», la « fusion » faisant ailleurs l'objet d'un examen séparé. Dans la perspective du Ps. Geber, la solution avait sa place logique entre la calcination et la coagulation : le métal réduit en poudre par la calcination peut, de ce fait, être comme dissous, puis retrouver, par la coagulation, sa nature solide.

En introduisant ici la fusion [la seule liquéfaction au sens moderne du mot] Éléphant rompt cette belle ordonnance, mais il se met ainsi en condition de respecter les impératifs numériques de son plan; peut-être croit-il aussi devoir privilégier ainsi la théorie des quatre éléments dans le sens du prétendu livre IV des *Météorologiques* d'Aristote. L'esprit du Ps. Geber est, en tout cas, altéré.

La notion de « fondants » semble impliquée dans le bref mais intéressant passage consacré à la fusion : « *Fusiones sunt quemadmodum de cineribus et arena fit vitrum, de sale etiam et de calce metallica; amplius quoque cum additamento spirituum fit fusio metallica. De natura enim spirituum est non vitrificari, sed a vitrificatione commixtum servare* ».

A propos des fusions (dont la répartition en seize catégories n'est guère convaincante) la formation des sulfates dans les mines est comparée à celle du tartre dans un tonneau de bon vin. Plus loin, se trouve invoqué le fait que, en haute montagne, l'hiver, le fer colle aux lèvres au point qu'on risque d'en arracher la chair.

Un assez long développement est consacré à la solution par addition de vinaigre [ce qui se trouve alors dissous est, souvent, un acétate du corps à dissoudre et non ce corps lui-même].

6. La coagulation. Sixième opération, la coagulation est « la conversion d'une chose liquoreuse en substance consistante »; quant au but, c'est le contraire de la solution.

Les cinq procédés de coagulation sont, chez Éléphant, la chaleur, le froid, l'attraction, l'éjection et les coagulants (comme la présure, *coagulum proprium lactis*). Cette liste (imposée, bien sûr, par le plan type) montre, une nouvelle fois, comment Éléphant dépouille les opérations de leur contenu alchimique, pour n'en faire que les rubriques où sont groupés des phénomènes présentant une certaine analogie.

La coagulation par attraction est l'amalgame d'un métal en solution. Il s'agit donc de l'action du mercure sur une solution d'un sel de métal.

La coagulation par « éjection » est ce que nous appelons maintenant précipitation.

7. La consolidation. Septième opération, la consolidation est l'établissement d'une continuité entre deux choses séparées; son but est l'union ferme; elle se réalise essentiellement par la soudure et le collage.

Elle ne figurait pas dans la *Summa* du Ps. Geber. Cela n'a rien d'étonnant puisqu'il ne s'agit pas, à proprement parler, d'une opération alchimique.

Philippe Éléphant devait diviser ce chapitre en six parties : il n'y est parvenu qu'au prix de distinctions artificielles (v. tableau synoptique, ci-dessus, p. 323).

Le plus intéressant est ce qui concerne la soudure. Le premier mode *per adductivum humiditatis* fait appel à la fusion d'un alliage étain-plomb (encore en usage de nos jours) utilisé avec de la résine ou une matière grasse (ces produits jouant le rôle de désoxydants).

Le second mode de « consolidation » se fait *per ablativum ariditatis*, par exemple du sable projeté sur le fer rouge. A noter aussi l'utilisation de *pulvis batiture cupri* pour « adoucir » l'or. « Le verre fait adhérer à soi toutes les substances arides et les transforme en sa propre matière ». Si ayant broyé du verre au plomb, on le mélange à du sel commun et à du tartre de vin, « le plomb est très facilement réduit au feu ».

Après ce passage (dont le texte est peu sûr dans le manuscrit unique), l'auteur revient à la soudure proprement dite, celle des métaux, au plomb et à l'étain. Sa description correspond bien à la réalité : décapage des surfaces à souder et apport d'un mélange en fusion d'étain, de plomb et de limaille de cuivre : davantage de plomb que d'étain pour la soudure consistante; le même poids pour la soudure fluide (*soldatura fluens*).

Le troisième mode de consolidation se fait, à la fois, par apport d'humidité et par ablation de sécheresse : il s'applique à l'argent et à l'or. De la limaille du même métal, une fois fondue, est utilisée avec du borax [qui semble intervenir ici comme décapant, plutôt que comme désoxydant ou que comme fondant].

[Déjà, aux confins des IXe et Xe siècles, le grand chimiste arabe al-Rāzī parlait de plusieurs espèces de borax dont le borax des orfèvres. Depuis le *Liber de aluminibus et salibus*, le borax est fréquemment mentionné pour des soudures et il est encore employé à cet effet. Il n'est cependant pas absolument certain que, dans le texte ici présenté, il s'agisse bien du véritable borax, le tétraborate de sodium $Na_2B_4O_7$ 10 H_2O.]

Après s'être référé à une « congélation » du borax vitreux comparable à celle du sucre candi, Philippe Éléphant donne l'équivalence borax-*afronitrum* [ἀφρόνιτρον = mousse de natron, carbonates de sodium et de potassium] [67].

R. Multhauf ayant récemment tenté de clarifier un peu cet imbroglio qu'est l'histoire du borax [68], peut-être vaut-il la peine de verser au dossier le texte même d'Éléphant :

Tercio modo in consolidacione argenti vel auri, conjungimus extrema munda et coaptata et supponimus limaturam eorum tenuem que, cito fusa, cum borace faciat facile conviscari; sed boracem prius in modica aqua dissolvimus ut humectemus fissuram, et in vase plumbeo dissolvimus boracem, in quo acuitur virtus ejus; et super fissuram ponimus contricionem rupis boracis ut forcius reddat dissoluciones; et quidem borax fit in terris calidis de solucione vitri liquidissimi, sicut de zucara molli fit zucara candi (cujusmodi congelacio dicitur candidacio). Afronitrum autem grosse [= grece?] dicitur borax latine.

Le chapitre s'achève sur les différentes colles : l'une, destinée à coller des pierres est composée de pierre en poudre et d'une colle quelconque; une autre, la colle proprement dite s'obtient par la cuisson du parchemin. Vient enfin la recette de la glu servant à prendre les oiseaux.

8. La teinture (*intinctio*). Elle consiste à faire pénétrer une substance colorante. Cet *ingressus* peut s'opérer par l'eau, par une huile, grâce à la sécheresse de l'objet à teindre, par l'intervention d'un mordant (*ponticitas*) ou, tout simplement, par une propriété naturelle du colorant.

(67) R. Halleux, *Alchimistes grecs.* I, *Papyrus de Leyde, Papyrus de Stockholm, Fragments de recettes* (Union académique internationale, 1977) : maintenant publié dans la « collection Budé ». (Paris, 1981). Excellent lexique des termes grecs : p. 209 pour *afronitron.*

(68) R. P. Multhauf, *The discovery of borax*, dans *Actes du XIIIe Congrès international d'Histoire des Sciences, Moscou, 1971*, section VII, Moscou, 1974, p. 103-109.

L'*intinctio* n'est pas une véritable opération alchimique *stricto sensu* : elle ne figure donc pas, à ce titre, elle non plus, dans la *Summa* du Ps. Geber.

Après avoir expliqué, au passage, pourquoi le sel gemme impur (*sal sordidum*) salerait mieux les viandes, Philippe Éléphant donne une recette pour faire de l'encre (*tincta qua scribimus*). On fait bouillir un mélange comprenant un poids de noix de galle [riches en tanin], un demi-poids de gomme arabique et un quart de poids de vitriol [sulfate de fer ou de cuivre].

[Concurrençant les anciennes encres au carbone, les encres métallo-galliques se sont vulgarisées en Occident à partir du début du XIIe siècle. Leur structure est simple : extrait tannant + sel métallique + liant. Le sulfate entre en réaction avec les tanins pour donner un complexe noir (gallate); afin d'aider ce dernier à se maintenir en suspension, on augmente la viscosité du milieu en ajoutant un liant, le plus souvent, comme ici, la gomme arabique. Les proportions de cette recette étaient très variables et, fréquemment, il y avait adjonction de vin blanc] [69].

Par association d'idées, Éléphant présente un autre exemple de changement de couleur. Si de la chaux vive (*capitellum calcis vive*) est placée dans un vase de cuivre, avec un peu de sel ammoniac, elle produit aussitôt une couleur bleue. [Il y a déplacement de l'ammonium, donc formation de chlorure de calcium et de gaz ammoniac : $Ca\,O + 2\ Cl\,N\,H_4 \longmapsto Ca\ Cl_2 + 2\,N\,H_3 + H_2\,O$. Le gaz ammoniac agit, à son tour, sur le cuivre pour former de l'hydroxyde de cupritetrammine (bleu) ou liqueur de Schweitzer].

$$4\ NH_3 + Cu + H_2O \longmapsto [Cu\ (NH_3)^4]\,.\ OH_2$$

Autre recette, celle d'un vernis à base de gomme de genièvre et d'huile de lin. Des conseils pratiques précis accompagnent cette recette, notamment la recommandation de se protéger le visage avec une double étoffe mouillée. On pourrait croire que Philippe Éléphant assista lui-même à la fabrication de ce vernis.

9. Le lavage (*lavatio*). Neuvième et dernière opération, le lavage, dit Philippe Éléphant, vise à la fois à la séparation et à l'union. Ce terme *lavatio* se retrouve parfois chez d'autres alchimistes, mais avec un sens différent plus symbolique que réel. La *lavatio* est, pour Éléphant, l'épuration d'une chose par l'eau; son but est donc d'obtenir une substance pure. Toujours pour obéir au plan type, il distingue quatre modes : le lavage à l'eau

(69) M. Zerdoun Bat-Yehouda, *Les encres noires au Moyen Âge (jusqu'en 1600)*, thèse en instance de publication par le C.N.R.S.

seule (les saletés légères montent à la surface et les plus denses vont au fond); le lavage à l'eau additionnée de sel (dont le pouvoir est corrosif et dissolvant); le lavage encore où le corps à purifier est retenu; enfin le lavage où ce sont les saletés qui se trouvent retenues. Éléphant s'étend seulement sur les deux derniers modes, en donnant quelques exemples : l'or amalgamé avec le vif-argent perd ses impuretés; une étoffe souillée se nettoie en l'enduisant d'argile.

D'autres exemples sont empruntés aux techniques des apothicaires. Ainsi, pour purifier un sirop (des résidus végétaux qu'il contient), ils le mélangent à du blanc d'œuf (*glaree ovorum*) qu'ils font mousser et, lorsque le mélange a été chauffé, le blanc d'œuf solidifié retient les résidus. L'eau de gomme joue d'ailleurs le même rôle. Ensuite, par association d'idées, Éléphant parle de l'utilisation du blanc d'œuf pour revivifier le vif-argent sublimé.

Sont ensuite passés en revue les principaux produits détersifs, et d'abord le savon (*sapo*). « Le savon est le meilleur produit détersif en raison de la force corrosive (*vis corrosiva*) qu'il contient ». Suit alors sa recette : « le savon est fabriqué avec 1/3 de suif de mouton ou d'huile d'olive dans une lessive distillée de chaux vive et de cendres de tiges de fèves, la décoction se faisant à feu doux afin de ne pas détruire la viscosité ». [Dans cette recette traditionnelle, les cendres de tiges de fèves interviennent pour leur teneur en bases alcalines].

Autres produits ayant un pouvoir détersif : l'urine, le tartre [tartrate de potassium], la cendre de lie de vin séchée puis brûlée, le *sal nitrum* [soit le natron, soit le salpêtre]. Il est fait allusion à une solution de *dragantum* [sulfate métallique] (70) qui blanchirait l'étain (71).

Consimiliter de attramento nigro fit terra alba et dicitur « *sillata* » [sic] : cette phrase reste obscure [*atramentum nigrum* = terre mêlée de sulfate de fer. *Terra sigillata* désigne habituellement une pure argile blanche, mais aussi parfois de la craie à polir l'argent (72)].

Toujours sous la rubrique *lavatio*, Philippe Éléphant évoque l'action du feu pour purifier les liquides : d'une part, formation de mousse et d'écume

(70) Dans son chapitre sur la liquéfaction (solution et fusion) Éléphant lui-même donne l'équivalence *dragantum* = *chalcantum*.

(71) Ceci est à rapprocher du dire d'Éléphant selon lequel une encre métallo-gallique blanchirait dans un encrier d'étain : v., ci-dessous, le chapitre consacré à la « florification », p. 344.

(72) Argile chez Dioscoride, Galien et de nombreux autres auteurs, la *terra sigillata* est de la craie à polir l'argent dans le *Circa instans* de Platearius : D. Goltz, *Stud. z. Gesch. d. Mineralnamen*, p. 151, 294, 348.

qui entraînent les impuretés légères; d'autre part, décantation des saletés les plus lourdes. Le feu est ainsi employé pour purifier l'eau sale, le miel et l'huile rance (en ajoutant à cette dernière un peu d'eau lorsqu'elle bout). Incidemment est mentionné un truc culinaire pour ne pas rater, par une honteuse coagulation, le brouet aux œufs (*brodium ovorum*) : on met un peu de vinaigre ou de vin.

Troisième considération : les examens

La troisième considération est consacrée aux examens (*examina*) [73]. Un paragraphe d'introduction en donne, à la fois, la définition et la liste :

« La troisième considération traite des neuf genres seconds qui sont les neuf examens par lesquels on expérimente les métaux, pour voir quel est leur degré de perfection. La première division est triple, car quatre se font en séchant, quatre en humidifiant, et le neuvième se fait des deux manières à la fois. Les quatre premiers sont la cendrée (*cinericium*), la cémentation, l'ignition et la fusion. Les quatre seconds sont la florification, l'extinction, l'amalgame et la sulfurisation. Le neuvième est la réduction des corps calcinés ».

De tels examens étaient généralement effectués dans la perspective de la transmutation : l'auteur de la *Summa*, par exemple, les utilisait pour s'assurer que le métal obtenu était bien de l'or. La place de ces examens, dans la *Summa* (après les « médecines »), est, à cet égard, révélatrice. Pour Philippe Éléphant, il ne s'agit que d'expériences (au sens général) concernant les métaux. Son énumération des examens correspond à celle du Ps. Geber, mais seulement *grosso modo*.

SUMMA	ÉLÉPHANT
Cinericium . . . . →	Cinericium
Cementatio . . . . →	Cementatio
Ignitio . . . . →	Ignitio
Fusio . . . . →	Fusio
Expositio corporis super vapores	
acutos. →	Florificatio
Extinctio. . . . . →	Extinctio
Immixtio sulfuris	Amalgamatio
Calcinatio et reductis.	Sulfurisatio
Inmixtio argenti vivi..	Reductio calcinatorum

[73] Sur l'essai des métaux précieux, v. notamment B. Neumann, *Die Anfänge der Probierkunst,* dans *Metall und Erz,* N. F. VIII, 1920, p. 168 et suiv. — F. Greenaway, *The historical continuity of the tradition of assaying,* dans *Proceedings of the Xth International Congress of the History of Science,* Ithaca, 1962, t. II, p. 819-823.

Éléphant fait donc de légères infidélités à son modèle, à la fois quant au choix des termes et quant à l'ordre suivi. C'est que, pris dans le carcan de son plan type, il doit, assez artificiellement, répartir les neuf examens en trois groupes, selon une structure 4 + 4 + 1.

1. La cendrée (*Cinericium*). La *Summa* qui, cette fois encore, a servi de modèle, ne l'appliquait qu'à la reconnaissance de l'or et de l'argent. Éléphant ajoute l'*electrum* dont, comme on l'a vu, il fait l'un des sept métaux, tout en sachant très bien qu'il s'agit d'un alliage d'or et d'argent; il lui prête, du reste, les propriétés de ses deux composants. D'ailleurs, la doctrine d'Éléphant se modifie, alors même qu'il rédige son alchimie puisque, à la fin du traité, l'*electrum* va disparaître de la liste des métaux au profit du mercure.

[Ici présentée comme un examen en laboratoire pour tester les métaux précieux, la cendrée n'est, en réalité, rien d'autre que la coupellation traditionnellement employée, depuis l'Antiquité [74], pour extraire l'argent du « plomb d'œuvre » obtenu par grillage de la galène.]

Le métal à examiner est donc chauffé avec du plomb, au-delà de la température de fusion, sous un courant d'air. Il se forme [par oxydation], à la surface du métal en fusion, une couche de litharge [qu'il faut constamment enlever] et qui entraîne avec elle les scories des métaux vils, notamment celles du cuivre et du fer (le cas de l'étain est plus délicat). Seuls l'or et l'argent (donc l'*electrum*) résistent à la cendrée.

Éléphant décrit assez bien le support matériel de cet examen : on fait un creuset de terre (*crucibulum*) ou une coupelle (*foveam*) de cendres [d'os d'animaux, généralement]. Ces cendres doivent être bien lavées car, ajoute l'auteur (innovant par rapport à la *Summa*), leur salinité pourrait « revivifier » la scorie, [c'est-à-dire recréer le métal que l'on veut faire disparaître]. La conduite de l'opération est alors la suivante : on place le corps à examiner avec le plomb et sur ce mélange on dispose des charbons ardents que l'on attise avec des éventails (*flabella*). Tant que le corps est en mouvement, il n'est pas pur. On réitère en ajoutant du plomb jusqu'à ce que le mouvement ait cessé. Enfin, sur le corps retiré du feu, on projette de l'eau.

[74] R. Halleux, *Les deux métallurgies du plomb argentifère dans l'Histoire naturelle de Pline,* dans *Revue de philologie, de littérature et d'histoire ancienne,* t. XLIX, 1975, p. 72-88.

2. La cémentation. Pour l'*examen cementationis*, Éléphant s'écarte totalement de la *Summa*, au point qu'il ne s'agit même plus de la même expérience. L'exposé du Ps. Geber s'inscrivait dans la perspective de la théorie selon laquelle, les métaux étant formés de soufre et de mercure, plus ils étaient vils, plus ils contenaient de soufre, plus facilement donc ils étaient altérés par le feu. L'or renfermant peu de soufre n'était pas attaqué par le feu. Mais si, en théorie, l'épreuve du feu était suffisante, elle pouvait être abrégée en plaçant sur le métal, réduit en lamelles, un mélange de produits pénétrants et combustibles qui, à haute température, détruisaient tout ce qui était « combustible » : seul l'or résistait à l'épreuve.

Éléphant tient un tout autre langage : « Seul l'or supporte la cémentation qui est un examen double, car on le fait, soit avec le plomb, soit avec le vif-argent. En effet, l'or placé au-dessus d'une fumée de plomb est facilement réduit en menues parties. D'autre part, amalgamé avec du vif-argent, il reste sous forme de poussière quand le vif-argent s'évapore. » [Éléphant donne donc au mot cémentation un sens tout à fait inhabituel. Elle semble, pour lui, consister à réduire un métal en poudre. L'emploi du mercure est le procédé classique utilisé pour la dorure; le recours aux vapeurs de plomb apparaît plus surprenant].

3. L'ignition. C'est un examen reposant sur la particularité qu'ont certains métaux de prendre une couleur donnée avant d'atteindre leur point de fusion. Par chance pour Éléphant, quatre métaux présentent ce phénomène : l'or, l'argent, le fer et le cuivre. Les trois autres (l'étain, le plomb et le mercure) fondent sans, au préalable, changer de couleur. Ainsi, si l'un des quatre premiers métaux fond sans passer par le stade d'ignition, on a là une preuve qu'il n'est pas parfait.

Alors que le Ps. Geber exposait la théorie et semblait consacrer son examen à l'or et à l'argent (mais sans les nommer), Philippe Éléphant, plus sensible aux faits, décrit le comportement de chacun des métaux avec une précision absente de la *Summa* (même dans les chapitres qu'elle consacrait aux métaux, non sans y parler, pourtant, de leur ignition). L'or et l'argent deviennent rouge clair, avec des flammes bleu ciel pour l'or et bleues pour l'argent. Le cuivre devient rouge sombre après une émission de flammes sulfureuses aux couleurs de l'arc-en-ciel. Le fer enfin devient d'un blanc étincelant.

4. La fusion. Le plan type demande ici une division en sept : elle est facile à obtenir puisque les sept métaux sont, par définition, fusibles (le septième métal est, ici encore, l'*electrum*). Par goût des subdivisions, Éléphant

a jugé bon de créer trois sous-groupes : les métaux fusibles sans ignition (plomb, étain, *electrum* [?]; les métaux fusibles après ignition (argent, or, cuivre); enfin le fer dont la fusion ressemble plus, selon l'auteur, à celle du verre qu'à celle des autres métaux. A l'appui de cette assertion, il invoque son témoignage personnel. Lors du traitement du minerai de fer par le feu, il a lui-même vu une bonne partie du métal produit, en fusion. Après refroidissement, elle donnait un métal cassant et blanc, semblable au fer à l'arsenic [75]. [Il s'agit évidemment de fonte et, sans doute, de fonte blanche (au carbure de fer). Mais la fonte est normalement obtenue au haut fourneau. Ici, au contraire, il s'agit de la métallurgie du fer par le procédé direct, de là la surprise de l'auteur. L'apparition du haut fourneau est à peu près contemporaine de Philippe Éléphant, puisqu'elle date de la seconde moitié du XIVe siècle. Comme l'écrit judicieusement B. Gille [76] : « Du moment que le four avait tendance à s'élever et qu'on disposait d'une soufflerie assez puissante, la production de la fonte ne souffrait plus aucune difficulté. On dut la trouver, ici et là, accidentellement. » Le témoignage d'Éléphant s'inscrit parfaitement dans cette perspective.]

Le dernier paragraphe est un renvoi implicite au Ps. Geber pour qui la fusion elle-même était moins importante que les phénomènes qui l'accompagnaient : couleur, comportement lors du refroidissement, noircissement, durcissement immédiat, etc.

5. La florification. Dans la *Summa*, cet examen s'appelait *expositio super vapores acutos*, les dites vapeurs étant des émanations aigres, acides et corrosives. Cette exposition donne naissance à des *flores* [qu'il faut donc considérer comme des sels]. Les fleurs ayant des couleurs différentes selon les métaux, on peut les utiliser comme critère pour l'examen d'un métal donné.

Éléphant s'est imposé d'aménager ce chapitre selon une structure $4 + (8 \times 2)$. Il aborde donc la question, non par les sept métaux, mais par les quatre couleurs des « fleurs » (rouge, vert, blanc, bleu). La division en 8×2 n'apparaîtra qu'en fin de chapitre : l'auteur ne l'assumera que par une déclaration obscure prétendant que l'or peut avoir huit fleurs stériles et huit fleurs fécondes.

(75) Effectivement, la cémentation du fer par l'orpiment le rend cassant.

(76) B. Gille, *Les XVe et XVIe siècles en Occident*, dans *Histoire générale des techniques*, dir. M. Daumas, t. II, Paris, 1965, p. 56.

Les différentes fleurs sont : la fleur rouge du fer (sels ferriques), la fleur verte du cuivre (acétate ou hydrocarbonate de cuivre), les fleurs blanches du plomb (en particulier la céruse) et de l'étain; enfin les fleurs bleues de l'argent et de l'or impur (car, dit Éléphant, l'or pur n'a pas de fleurs).

Après cette revue inspirée du Ps. Geber, Éléphant revient sur la fleur du cuivre, pour préciser qu'elle est verte et bleue, ce qui laisse supposer une hésitation entre le vert-de-gris (vert) et le sulfate de cuivre (bleu).

« Le plomb, poursuit Éléphant, a pour fleur la céruse de couleur lactée qui, par combustion, donne le minium rouge, ceci dans un vase oblong placé sur une flamme forte, bouché de tous côtés, ayant juste un trou étroit, au sommet du fourneau; par cet orifice on fait pénétrer une tige de fer avec laquelle on agite vivement la poudre. La céruse provient de la chaux de plomb, que l'on fait généralement bouillir dans du vinaigre et qui est ensuite quelque peu séchée. » [Effectivement, si l'on chauffe de la céruse $2\ Pb\ CO_3\ Pb\ (OH)_2$ en agitant fortement pour favoriser l'oxydation, on obtient d'abord de la litharge Pb O, puis du minium ou plomb rouge Pb_3O_4 : c'est là une recette constamment répétée (Vitruve, *Mappae clavicula* VII, Théophile I, 37, etc.) [77]. Non moins classique est la fabrication de la céruse elle-même. Elle annonce un peu le procédé « des loges » : le plomb, au contact de l'air et de l'acide acétique (du vinaigre) donne un acétate basique de plomb lequel, au contact du gaz carbonique, produit l'hydrocarbonate de plomb qu'est la céruse.] Philippe Éléphant part de la *calx plumbi* [protoxyde de plomb ou litharge].

Une nouvelle fois par association d'idées, le paragraphe suivant concerne l'usage des encriers de plomb pour la conservation de l'encre. Si, dit-il, l'on met de l'encre noire dans un encrier d'étain, elle blanchit aussitôt [78].

6. L'extinction. Cet examen figurait déjà dans la *Summa* (IV, 19) selon le même principe, mais dans un esprit différent. Pour le Ps. Geber, l'examen servait seulement à reconnaître si l'or et l'argent obtenus étaient parfaits. Il consistait à tremper ces métaux dans diverses solutions (de sels, d'aluns, de vert-de-gris), voire dans de l'urine d'enfant. Si le métal en sortait altéré,

[77] C. S. Smith et J. G. Hawthorne, *Mappae clavicula*, Philadelphia, 1974, p. 27, particulièrement la n. 5.

[78] Il s'agit, on l'a vu (p. 338), d'une encre noire due à l'action d'un sulfate métallique sur un extrait tannant. Si une telle encre blanchit dans un encrier d'étain, cela est imputable à la formation de sulfate d'étain. Selon Éléphant, la « fleur » de l'étain est blanche. V. aussi (p. 339) la solution de *dragantum* blanchissant l'étain.

il n'était pas parfait. Pour Éléphant, au contraire, il ne s'agit, semble-t-il, que d'eau projetée sur le métal igné et, au lieu de l'aspect pris par le métal, est seulement considéré le bruit produit. Pour le Ps. Geber, l'examen était une épreuve; pour Éléphant c'est une expérience plus descriptive que probatoire.

L' « extinction » ne pouvant se faire qu'à partir de l' « ignition », on s'attendrait à ne voir que quatre métaux s'y prêter. Éléphant ajoute cependant l'*electrum* dont il n'avait pourtant pas été question dans l'*ignitio*. Ceci répond à l'exigence *a priori* d'une subdivision en cinq parties : l'auteur traitant ou non de l'*electrum* au gré des nécessités du plan type.

Ainsi, lors de l'extinction, l'or, l'argent et l'*electrum* donnent un son bref, alors que le cuivre et le fer produisent, dans les mêmes conditions, un son « prolixe ». [Cette différence s'explique peut-être par les températures très élevées auxquelles il faut porter le cuivre et le fer pour les rendre ignés. Dans le cas du fer, il peut se produire aussi une réduction de la vapeur d'eau vers 700°.]

L'exposition de l'extinction, en principe terminée, se poursuit par diverses observations pratiques, d'abord sur la fragilité du verre et des pierres sous l'action répétée du froid et de la chaleur. Lorsqu'ils sont éteints dans l'eau, prétend Éléphant, l'or et l'argent se ramollissent alors que, au contraire, le fer et le cuivre se durcissent. [C'est par analogie avec le fer, mais tout à fait à tort, que Philippe Éléphant croit au durcissement du cuivre par la trempe [79].] Vient ensuite une recette pour améliorer la couleur des deniers dans lesquels l'or et l'argent sont alliés au cuivre : on les éteint ou on les sublime dans de l'eau contenant du sel ordinaire et du tartre broyé; on frotte ensuite avec un chiffon. [Voir, bien qu'elle soit un peu différente, la manière dont, dans le papyrus de Leyde § 19, est décapé un statère ptolémaïque [80]. Le sel attaque l'argent.]

Le chapitre se termine par le feu grégeois (*ignis grecus*) attisé par l'eau [81] et éteint par le vinaigre. Ce paragraphe se rattache à ce qui précède par le rôle que joue l'eau. La recette donnée par Éléphant est la suivante :

1 livre de cire,
1/2 l. de térébenthine (insoluble dans l'eau),
1/4 l. de pétrole,
1/4 l. de chaux vive,
1/4 l. de fleur de soufre.

(79) R. Halleux, *Problème des métaux*, 128.

(80) Éd. R. Halleux (v., ci-dessus, n. 67).

(81) M. Mercier, *Le feu grégeois*, Paris, 1952. — J. R. Partington, *A history of greek fire*, Cambridge, 1960.

[La chaux est là pour provoquer l'élévation de la température. On notera que cette recette ne contient pas de salpêtre, composant que Berthelot [82] considérait, à tort, comme un élément essentiel du feu grégeois].

Ultime notation de ce chapitre : « le camphre brûle dans l'eau et est éteint par l'eau ».

7. L'amalgame. L'*amalgamatio* figurait déjà dans la *Summa,* désignée par l'expression *examen in facili et difficili inmixtione argenti vivi.* Le Ps. Geber se montrait avare de détails, mais sa théorie était simple : plus un corps est pur, plus il contient de mercure, donc plus facilement le mercure s'unit à lui. Si l'argent et l'or obtenus s'allient difficilement à lui, c'est qu'ils ne sont pas purs.

Renonçant, cette fois, à puiser son inspiration dans la *Summa,* Éléphant se montre plus pratique. Porté par la subdivision en six à laquelle l'invite son plan type, il passe en revue les six métaux (*electrum* exclu) dans l'ordre décroissant de leur facilité à s'amalgamer : or, étain, plomb, argent, cuivre et, loin après, le fer : *cum ferro enim sine magisterio non adheret.* [L'appréciation de cet ordre est difficile, les alchimistes faisant assez mal la différence entre dissolution et suspension du métal réduit en poudre. Si l'on ne tient compte que de la solubilité dans le mercure à température normale, l'ordre décroissant est : plomb, étain, or, argent, cuivre, fer. Le plomb et l'étain ayant, dans le cas présent, un comportement presque semblable, il n'apparaît qu'une seule anomalie dans le classement proposé par Éléphant : c'est la première place attribuée à l'or. Cela tient sans doute au fait que l'amalgame d'or était couramment utilisé pour la dorure et qu'il s'agissait, dans ce cas, plutôt d'une suspension.]

Éléphant note le crépitement produit par les amalgames de plomb et d'étain lorsqu'ils sont placés sur le feu. [Ce phénomène peut s'expliquer par le fait qu'il s'agit de deux métaux dont le point de fusion (327° et 232°) est inférieur au point d'ébullition du mercure (357°).]

La fin du chapitre confirme la confusion entre l'amalgame-suspension (*Amalgamacio juvatur contricione*) et l'amalgame proprement dit (*amalgamacio omnes superans est ubi argentum vivum prohicitur super corpus solutum congrue aqua forti*). [Le métal, dans ce dernier cas, forme un sel avec l'eau forte et l'amalgame se produit lors de l'action du mercure sur ce sel. Cette méthode est exposée plus en détail, par Éléphant lui-même, dans son chapitre sur la *coagulacio* (ci-dessus, p. 336).]

[82] M. Berthelot, *La chimie au Moyen Âge,* Paris, 1893, t. I, p. 63.

8. La sulfurisation. Elle correspond à l'*examen in mixtione sulfuris* de la *Summa*. Cet examen consiste à faire brûler un métal en y mêlant du soufre. Trois aspects sont à considérer : 1° la facilité avec laquelle le métal brûle; 2° la couleur prise après la combustion; 3° son comportement lors de la réduction tentant de lui rendre son aspect primitif. Les indications fournies par le Ps. Geber peuvent être résumées par le tableau suivant, les métaux étant classés dans l'ordre de la facilité croissante de leur combustion avec le soufre (l'or s'y prêtant le moins).

Métal	Couleur après combustion	Possibilité de réduction
Or.	Jaune intense ou rouge clair.	Oui.
Étain.	Noir (rougeâtre).	Plus ou moins.
Argent.	Noir (bleuâtre).	Oui.
Plomb.	Noir.	Plus ou moins.
Cuivre.	Noir (verdâtre ou violacé).	En jaune.
Fer.	Très noir.	En blanc.

Ces différentes couleurs permettent de vérifier si le métal obtenu est bien celui que l'on attendait.

Philippe Éléphant, dans la première partie de son chapitre, ne fait que reprendre le texte de la *Summa*. Cependant, pour obéir au plan type, il met à part l'or et l'*electrum*, en disant qu'ils ne sont pas brûlés par le soufre.

La seconde partie contient diverses recettes. Les deux premières se rapportent, à nouveau, à la monnaie (noircissement du cuivre incandescent dans la poussière de soufre; dédoublement d'une pièce d'argent ou de cuivre). La recette suivante donne la composition de l'*aurum musicum* [sic], c'est-à-dire *musivum*. [L'or mussif (or des mosaïques) est un sulfure stannique dont l'éclat rappelle celui de l'or (83).] Éléphant indique la préparation usuelle par sublimation d'un mélange d'étain, de vif-argent, de soufre et de sel ammoniac. Mais il ajoute des variantes à la recette : substitution de l'arsenic au soufre, du plomb à l'étain ou même suppression du soufre. [Ces modifications apparaissent assez théoriques.]

(83) R. Halleux nous fait remarquer que cette préparation de l'or mussif se retrouvera encore, en plein XIXe siècle, dans le fameux *Manuel* Roret de la bijouterie par Julia de Fontenelle.

9. La réduction. Elle consiste en ce qu'un métal altéré par une action chimique retrouve son état primitif. Au sens large, on peut réduire (*reducere*) un métal après sa sulfurisation. Cependant, la réduction est plus communément opposée à la calcination : il s'agit alors de faire renaître un métal de ses chaux (*calces*) [Nous parlerions de désoxydation].

Le Ps. Geber ne développait pas cet examen. Éléphant rassemble donc des données éparses pour en faire un chapitre court, mais relativement original.

Trois des sept métaux ne peuvent pas, après avoir été complètement calcinés, retrouver leur aspect primitif : ce sont le plomb, le fer et l'étain. Au lieu de redevenir métal, chacun d'entre eux donne alors naissance à un « antimoine » (sombre pour le plomb, plus noir pour le fer, clair au contraire pour l'étain). [L'antimoine n'était pas connu anciennement comme métal, mais seulement sous forme de sulfure, la stibine Sb_2S_3. Le recueil salernitain de synonymes *Alphita* définit *antimonium* comme *vena terrae similis plombo exterius*. Le mot antimoine peut ainsi désigner divers minerais (84) et Philippe Éléphant mentionne lui-même, plus avant dans son traité, « les deux fois cinq antimoines ».]

La réduction s'applique ici aux métaux non seulement oxydés, mais aussi sulfurisés ou même brûlés avec de l'arsenic. Selon l'auteur, les réductions sont très facilitées par le sel ordinaire, le tartre, le verre pilé et le savon.

Quatrième considération de l'alchimie

Éléphant lui-même en fixe ainsi le contenu : « la quatrième considération concerne les cinquante-huit « choses secondaires » de l'art alchimique : elle traite, en effet, des 2 × 3 chaux métalliques, des 2 × 5 antimoines, des 2 × 3 × 3 gemmes, des 2 × 3 pierres (calculi), des 2 × 2 *atramenta* et des 2 × 5 médecines. »

En fait, l'exposé lui-même ne parvient pas à respecter les contraintes numériques de ce plan bizarre. Tout au plus peut-on distinguer trois chapitres : le premier (nullement annoncé) sur les esprits, un second sur les gemmes et un troisième sur les *calculi*.

(84) D. Goltz, *Stud. z. Gesch. d. Mineralnamen*, p. 138-139. — M. Ruland, *Lexicon alchemiae*, p. 44-45.

1. Les esprits. A l'instar d'alchimistes qu'il ne nomme pas, Éléphant définit un esprit comme étant une « substance aride, volatile en présence du feu ». Il s'agit donc de corps sublimables. Cette définition est classique à l'époque : par exemple, le *Perfectum magisterium* [85] donne comme meileure preuve de ce que le vif-argent est un esprit : « *fugacitatem ab igne habet* ». Éléphant dénombre sept esprits : les quatre premiers sont dits « simples », et les suivants « composés ». Les esprits simples sont : le sel ammoniac, le soufre, l'arsenic et le mercure. Ce dernier est ici appelé *hydrargirus :* l'emploi de ce vocable, pour désigner le vif-argent, peut être l'indice d'un changement de source. La qualification de « simples » vient du fait que ces esprits sont les matières premières des métaux. [Le sel ammoniac est ici déplacé.] Viennent ensuite les esprits « composés » : marcassite, magnésie et tutie. Quelques détails sont donnés sur chacun d'eux, concernant surtout leur aspect et leurs propriétés physiques (les chapitres annexes exposeront plutôt des théories). La marcassite est, au Moyen Âge, un terme générique s'appliquant aux minerais des principaux métaux, particulièrement aux sulfures. « Magnésie » désigne ici la magnétite, l'oxyde magnétique naturel : l'auteur insiste assez longuement sur son utilisation pour la boussole. La tutie [oxyde de zinc plus ou moins pur] a une coloration grise en surface et jaunâtre à l'intérieur; elle se trouve attachée aux parois du four, lors du traitement de certains minerais de plomb. Elle a une grande affinité naturelle avec la calamine [smithsonite ou carbonate naturel de zinc]. Elle blanchit le cuivre [ce qu'il faut entendre comme une référence à l'élaboration du laiton par le procédé traditionnel dit « de cémentation » [86]].

2. Les gemmes. En trois groupes de trois (respectivement mis en rapport, assez gratuitement, avec la magnésie, la calamine et la tutie) les gemmes sont très brièvement énumérées et décrites :

hyacinthe, jaspe, sardoine;
béryl, chrysolithe, onyx;
saphir, émeraude, escarboucle.

[Le choix de ces neuf pierres précieuses est d'inspiration manifestement biblique [87]. En effet, elles se retrouvent toutes, soit parmi celles que le

(85) Texte latin abusivement attribué à ar-Rāzī : J. Ruska, *Pseudoepigraphe Rasis-Schriften*, dans *Osiris*, t. VII, 1939, p. 31-94, dont p. 45-56 sur le *Perfectum magisterium*.

(86) Cf. Theophilus, *De diversis artibus*, lib. III, cap. 67, ed. C. R. Dodwell, London, 1961, p. 126-127.

(87) L. Pannier, *Les lapidaires français du Moyen Âge*, Paris, 1882; rééd. Genève, 1973, p. 205-227, préface aux lapidaires d'origine chrétienne.

Moyen Âge attribuait, d'après la Vulgate (*Exode* XVIII, 17-21), au pectoral d'Aaron, soit parmi celles dont parle s. Jean (*Apocalypse* XXI, 19-20). Sept des neuf gemmes d'Éléphant sont mentionnées dans les deux textes; deux ne le sont que dans l'*Exode* (escarboucle et onyx); une seule ne l'est que dans l'*Apocalypse* (hyacinthe).]

3. Les « *calculi* ». Sur neuf petites pierres, seulement quatre sont citées et étudiées : deux sous des appellations normales (le diamant et l'argyrite); deux autres sous des noms déformés (*andronices* et *graphra* ou *saphra*).

Il est, au passage, affirmé que le diamant ne peut être brisé que s'il est éteint dans du sang frais de bouc : [il s'agit là d'une croyance remontant sans doute à Xénocrate d'Éphèse et, en tout cas, fort répandue (Pline, s. Augustin, Marbode, etc.)].

« *Andronices* » semble une déformation du mot « *androdamas* » que Pline (36, 146) et diverses recettes médiévales paraissent employer dans le sens de marcassite [88]. Quoi qu'il en soit, l'*androdamas* (*andromanda*, *androdragma*, etc.) figure dans de nombreux lapidaires [89]. A son sujet, Philippe Éléphant évoque un souvenir personnel : « J'ai vu une « andronice » [90] à treize surfaces planes carrées avec une partie concave dans laquelle il y avait une partie de roche. Cette pierre fut trouvée dans une carrière par des maçons qui sciaient des blocs carrés ».

Sous prétexte que les pierres précieuses naissent de la même manière que les verres métalliques dans le four, l'auteur se lance dans une assez longue digression sur les diverses sortes de verres, leurs propriétés et leur fabrication. Il entérine, à cette occasion, une autre croyance alors très répandue, celle selon laquelle la clarté d'un miroir est troublée par le regard d'une femme qui a ses règles.

Les chapitres annexes de l'*Alkimia*

Avec le dernier chapitre de la quatrième considération, le traité d'alchimie est, en principe, terminé. Mais Éléphant ne se résoud pas à s'arrêter là : « Après cela, écrit-il, il me semble utile d'adjoindre six chapitres, le premier

[88] C. S. Smith et J. G. Hawthorne, *Mappae clavicula*, p. 36, n. 31.

[89] Notamment le *Liber lapidum* de Marbode (XLVIII) et les lapidaires en vers français A et D de Pannier (v. *supra* n. 87).

[90] *Andronicem* à l'accusatif; peut-être faut-il supposer, au nominatif, *andronix* contaminé par *onyx*.

traitera des esprits premiers, le deuxième des corps, le troisième des esprits seconds, le quatrième des trois ordres de médecines, le cinquième de la manière de procéder à l'*ingressus* et le sixième du magistère ».

Mettant l'accent sur les aspects positifs et pratiques de la chimie, Éléphant avait le plus possible, on l'a vu, évacué de son propos tout ce qui touchait à la théorie de l'alchimie transmutatoire, donc à l'élaboration de la Pierre philosophale considérée comme médecine de la Nature. Par regret de dernière minute ou par peur qu'on l'accuse d'être incomplet, il place en appendice, mais en les expurgeant et en paraissant ne pas trop y croire, les considérations théoriques qu'il semblait, jusque-là, ne pas avoir voulu retenir de la *Summa perfectionis* du Ps. Geber. Cette dernière est ainsi la source principale de ces six chapitres supplémentaires qui s'avèrent donc peu originaux et peu représentatifs des opinions personnelles d'Éléphant. Nous renonçons, pour cela, à en donner ici une analyse détaillée.

Dans le second chapitre *De VII metallis*, le vif-argent est, selon la doctrine du Ps. Geber, donné comme étant le septième métal. Ceci est en contradiction avec le choix de l'*electrum* tel qu'il apparaissait, non sans archaïsme, sous la plume d'Éléphant, au début de son traité. L'auteur, il est vrai, avait ensuite quelque peu hésité à ce sujet.

VI. - L'ÉTHIQUE

« *Incipit Philosophia magistri Philipi Elephantis* » : ainsi annoncée, l'*Ethica* occupe les feuillets 81-132 v° de l'actuel manuscrit 591 de la Bibliothèque universitaire de Barcelone [91]. Il s'agit d'un manuscrit de la fin du XIVe siècle et effectivement originaire de Catalogne : en 1473, le célèbre archiviste Pere Miquel Carbonell l'acheta, pour 18 sous, à Pere Vissars.

En constatant, dans ce volume, la présence d'ouvrages médicaux, en songeant surtout aux liens qui unissaient le consistoire poétique de Barcelone à celui de Toulouse, on peut avoir l'illusion que ces feuillets sont ceux qui nous rapprochent le plus d'Éléphant lui-même.

Pourtant, si l'on compare le texte ici conservé et ce qu'Enrique de Villena cite de l'*Éthique* [92], on peut se demander si le manuscrit utilisé par l'auteur espagnol n'était pas meilleur que celui dont nous disposons.

[91] F. Miquel Rosell, *Inventario general de manuscritos de la Biblioteca universitaria de Barcelona*, t. II, Madrid, 1958, p. 127-129.

[92] V. ci-dessus, p. 288-289.

Voici, selon exactement le même patron que pour la *Mathématique* et l'*Alchimie*, la structure de l'*Éthique* [93].

I. *Prima consideratio : 12 principia (1 + 7 + 4) :*

1 appetitus : 3 (naturalis, rationalis, brutalis).
7 virtutes intellectuales (sapiencia, intellectus, consilium, ars, sciencia, opinio, suspicio).
4 mores (naturalis personalis, naturalis progenitoris, consuetudinalis pers., consuet. progenit.).

II. *Secunda consideratio : 9 genera latitudinis felicitatis (4 + 4 + 1) :*

4 virtutes monastice :

1° *prudencia : 3 (appetibile propter se, app. non propter se, app. medio modo).*
2° *mansuetudo : 2 (displicens volitum, disp. non volitum).*
3° *fortitudo : 4 (egestas, vilitas, calamitas, mors).*
4° *temperancia : 7 (septuplex objectum).*

4 virtutes politice :

1° *liberalitas : 20 = 4 + (8 × 2).*
— *dominia (rei permanentis, rei fluentis, rei viventis, ordine).*
— *bis 8 distributiones (depositio simplex, dispositio propter administrationem, accomodatio, locatio, mutatio, usura, venditio, donatio).*
2° *veritas : 5 (tactus, gustus, olfactus, visus, auditus).*
3° *societas : 6 (regis et subditi, omnium equalium, subditorum, parentis et prolis, multitudinis prolis, viri et uxoris).*
4° *affabilitas : 5 (tactus, gustus, olfactus, visus, auditus).*

1 virtus media : justitia: 4 (meritum commissionis, merit. omissionis, demeritum comm., dem. om.).

III. *Tertia consideratio : 9 artes (4 + 4 + 1) :*

4 logice :

1° *grammatica : 3 (signum significans coactim, libere vel communiter).*
2° *mathematica : 2 (equalitatis, inequalitatis).*
3° *dialectica : 4 (disputatio doctrinalis, dialectica, temptativa, sophistica).*
4° *rhetorica : 7 (7 loquele gentium).*

4 naturales :

1° *naturalis : 20 = 4 + (8 × 2).*
2° *astronomia : 5 (5 zone mundi).*
3° *alquimia : 6 (materia multa, pauca, rara, densa, intensa, remissa).*
4° *medicina : 5 (5 partes latitudinis sanitatis).*

1 communiter media : ethica : 4 « quam scribimus in presenti ».

(93) V. ci-dessus, p. 300, n° 27.

IV. *Quarta consideratio de 52 secundariis ethice :*

— *bis 3 persone non civiles (etate, natura, accidente).*
— *bis 5 persone civiles (princeps, consiliarius, bellatrix, artifex, agricola).*
— *bis 3 × 3 proprietates gentium.*
— *bis 3 gradus criminum.*
— *bis duplex regum auctoritas (ratione cogente vel solo affectu; pro nobilibus, pro ignobilibus).*
— *bis 2 secte (omnia evenire de necessitate, omnia contingentia esse).*
— *bis 2 cure anime morbide.*

L'*Ethica* est le dernier des neuf traités de l' « Encyclopédie » d'Éléphant. Son importance est exceptionnelle, car elle couronne l'œuvre et la justifie. Il s'agit d'un ensemble complexe et hétérogène. Plus que les autres traités, elle déborde le cadre imposé par le plan type.

Elle est dominée par la pensée d'Aristote que l'on retrouve, non seulement dans de multiples détails du texte, mais surtout dans l'esprit même de l'œuvre.

Il est, à première vue, surprenant de voir les diverses sciences faire l'objet de la troisième considération de l'*Éthique* d'Éléphant. Pourtant, ceci est tout à fait conforme à la théorie aristotélicienne selon laquelle la hiérarchie des arts constitue une sorte de pyramide qui a pour sommet le souverain bien, autrement dit le bonheur vers lequel nous tendons tous. Le bonheur est inséparable de la connaissance. Un art a précisément pour objet notre bonheur, c'est l'éthique évidemment liée à la politique. Éléphant adjoindra à son *Éthique* des développements sur l'art militaire, l'organisation de la cité ou même le droit privé.

S'il est vrai que, de la sorte, une certaine pensée philosophique aristotélicienne préside à l'œuvre d'Éléphant, celui-ci n'en reste pas moins, avant tout, un encyclopédiste.

Introduction

Alors que les autres traités commençaient, presque *ex abrupto*, par la première considération, l'*Éthique* s'ouvre par six paragraphes préliminaires.

Le premier définit l'éthique comme l'art des quatre parties de l'étendue de la sagesse en qui réside notre bonheur. Cette définition est artificielle, puisque surtout destinée à justifier une structure quadripartite.

Encore faut-il noter que la sagesse (*sapientia*) est ici, pour une bonne part, le savoir. L'auteur résume bien, sur ce point, la pensée d'Aristote :

Felicitas est voluntas, cum sufficienti cognitione, habituata ad eligendum et refutandum communiter secundum judicium rationale... Igitur cupiens felicitatem, artes adiscat, quia, nisi studiosum, impossibile est quemquam esse felicem. Felicitates et beatitudinem et sapientiam dicimus idem; verum quia solum cognitum est volitum.

Le second paragraphe préliminaire explique la division en quatre parties. En effet, la perfection est le juste milieu entre le trop, le plus, le moins et le trop peu. [On reconnaît bien là l'un des fondements de la morale aristotélicienne.]

Suit une autre idée d'Aristote, plaçant le bonheur dans les actions conformes à la vertu. Seule cette forme de bonheur reçoit tous les suffrages, car ce qui peut être un plaisir pour les uns, peut ne pas l'être pour d'autres.

La quatrième remarque montre que le bonheur est, à la fois, une disposition intérieure (*habitus in virtute*), une attitude active (*operatio secundum virtutem*) et enfin le fruit d'une heureuse condition sociale (*felicitas civilis que indiget bona fortuna*). Comme les paragraphes précédents, celui-ci reprend plutôt une idée générale de l'*Éthique à Nicomaque* qu'un passage bien déterminé de cette œuvre [94].

La cinquième observation met en relief les rapports entre les honneurs et le bonheur.

Enfin la dernière définit le rôle architectonique de l'Éthique. Celle-ci est le plus beau des arts, car elle utilise les autres arts et, en même temps, elle préside à leur mise en œuvre.

Première considération : les *principia* de l'Éthique

La première considération traite des trois appétits, des sept vertus intellectuelles et des quatre *mores*. Cette distinction de trois sortes d'appétits résume d'une manière assez concise ce qu'Aristote lui-même dit brièvement des parties de l'âme au chapitre 13 du premier livre de l'*Éthique à Nicomaque*.

(94) Éléphant semble utiliser, dans le texte non remanié, la traduction de Robert Grosseteste : *Aristoteles latinus*, XXVI, 1-3, 3 : *Ethica Nicomachea, Translatio Roberti Grosseteste Lincolniensis sive « Liber Ethicorum ». A. Recensio pura*. Ed. R. A. Gauthier, Leiden et Bruxelles, 1972. — Parmi les plus récentes traductions commentées du texte grec : H. G. Apostle, *Aristotle : The Nicomachean Ethics*, Dordrecht et Boston, 1975.

La liste et la définition des vertus intellectuelles (sagesse, intelligence, conseil, art, science, opinion, suspicion) n'ont pas une source directement aristotélicienne.

« *Mos autem est virtus brutalis, ex quo sine premeditatione exit frequentia operum* ». Les « mœurs » ainsi définies peuvent être naturelles ou acquises par l'habitude et, dans l'un ou l'autre cas, personnelles ou héritées. On retrouve ici l'esprit analytique de Philippe Éléphant, mais sur une base encore aristotélicienne (par exemple, *Rhétorique* I, 1).

Deuxième considération : les vertus morales

Quelques lignes d'introduction expliquent que les vertus morales sont en accord avec la raison; celle-ci, en effet, permet de découvrir le juste milieu indispensable à l'existence de la vertu.

Viennent ensuite, comme déjà avant la première considération, sept remarques préliminaires qui, toutes, sont tirées de l'*Éthique à Nicomaque* :

1. La vertu peut naître et s'accroître grâce à la *doctrina* (*Éth. Nic.* II, 1).

2. Rôle de la vertu face aux plaisirs et aux peines (*Éth. Nic.* II, 3).

3. A l'inverse de ce qui se passe dans les arts spéculatifs, la simple connaissance ne suffit pas à la pratique de la vertu : il y faut aussi la volonté et l'action (*Éth. Nic.* II, 4).

4. La vertu ne peut entrer que dans l'une des trois catégories suivantes : passions (*passiones*), capacités d'action (*potencias*) ou dispositions acquises (*habitus*). Pour Éléphant elle est, de toute évidence, une disposition acquise (*Éth. Nic.* II, 5).

5. La vertu est plus proche de l'un de ses extrêmes que de l'autre (*Éth. Nic.* II, 8).

6. Il est difficile d'atteindre un juste milieu. Pour accéder à la vertu, il faut s'écarter des extrêmes, surtout de celui vers lequel on est le plus attiré (*Éth. Nic.* II, 9).

7. Les passions et les actions humaines sont dignes de louanges ou de blâmes selon le volontaire ou l'involontaire. Quelquefois, un acte est volontaire et involontaire à la fois, par exemple lorsqu'un capitaine jette sa marchandise à la mer pour sauver son navire en péril. L'intellect ne peut accepter une chose qu'il reconnaît pour fausse. La liberté consiste à pouvoir choisir; donc sont libres ceux qui étudient. Seule la volonté est libre (*Éth. Nic.* III, 1-5).

Après ces principes généraux, la deuxième considération commence véritablement. Au nombre de neuf, les vertus morales sont réparties en trois groupes : *virtutes monastice, virtutes politice, virtus media*. Cette fois encore, il s'agit d'un *compendium* de divers chapitres de l'*Éthique à Nicomaque*. Chaque vertu tient la juste moyenne entre deux extrêmes :

— prudence, entre cupidité et paresse.
— mansuétude, entre colère et douceur (*Éth. Nic.* IV, 5).
— tempérance, entre plaisir et peine (*Éth. Nic.* III, 10-12).
— courage, entre audace et peur (*Éth. Nic.* III, 6-9).
— libéralité, entre prodigalité et avarice (*Éth. Nic.* IV, 1).
— vérité, entre *instructio* et tromperie (*Éth. Nic.* IV, 7).
— société, entre civilité et grossièreté (*Éth. Nic.* IV, 4).
— affabilité, entre flagornerie et dispute.
— justice, entre légalité et illégalité (*Éth. Nic.* V, 1).

En traitant de ces vertus, Éléphant complète les données d'Aristote par quelques développements. Ainsi, à propos de la libéralité, il caractérise les divers degrés de l'aliénation entre le simple dépôt et la donation, en passant par les prêts et la vente : « *depositio, accomodatio, locatio, mutatio, usura, venditio, donatio* ».

Pareillement, à propos de la justice, il énumère et tente de définir les diverses formes de droit : *jus divinum, naturale, morale, positivum, civile.*

Les deux dernières définitions sont un peu surprenantes : « *Jus positivum firmatum est solo affectu* », par exemple, dans un cas litigieux, ce que le prince décide a force de loi.

Quant au *jus civile*, c'est le droit institué par le peuple. Encore faut-il distinguer *populus* et *plebs :* « le peuple » comprend, à la fois, les chefs (*antistites*) et le vulgaire (*vulgus*).

Enfin, pour clore l'exposé de cette deuxième « considération », Éléphant insiste longuement sur l'amitié; il imite là encore Aristote qui consacrait, à ce sujet, les livres VIII et IX de *l'Éthique à Nicomaque.*

Troisième considération : les « arts »

C'est, sans doute, la plus personnelle de *l'Éthique*, puisqu'elle traite des neuf arts qui composent la *Philosophia*. Chaque art est structuré en quatre considérations dont la première est consacrée aux *principia* et la dernière aux *secundaria.* L'auteur fournit, heureusement, des indications plus intéressantes sur le contenu des deuxième et troisième considérations, chacune d'entre elles devant être divisée en neuf parties.

Grammatica.	Consid. 2ª	: *9 predicamenta.*
	Consid. 3ª	: *9 partes orationis.*
Mathematica.	Consid. 2ª	: *9 partes arismetice.*
	Consid. 3ª	: *9 partes geometrice.*
Dyalectica.	Consid. 2ª	: *9 loci dyalectici.*
	Consid. 3ª	: *9 fallacie.*
Rhetorica.	Consid. 2ª	: *9 modi consonancium.*
	Consid. 3ª	: *9 scemata.*
Ars naturalis.	Consid. 2ª	: *9 sensus et eorum objecta.*
	Consid. 3ª	: *9 potentie transfigurative.*
Astronomia.	Consid. 2ª	: *9 sidera et genera mixtorum correspondentium sibi.*
	Consid. 3ª	: *9 tabule qualitatum zodiaci.*
Alkimia.	Consid. 2ª	: *9 genera operum.*
	Consid. 3ª	: *9 examina quibus experiuntur alkimici.*
Medicina.	Consid. 2ª	: *9 genera latitudinis sanitatis.*
	Consid. 3ª	: *9 cause latitudinis sanitatis.*
Ethica.	*Ars quam scribimus in presenti.*	

Dans le cas de la *Mathematica* et de l'*Alkimia*, leur contenu s'avère parfaitement conforme à ce que dit ici la troisième « considération » de l'*Éthique*.

On peut, dès lors, ajouter foi à ces plans pour ce qui est des autres traités d'Éléphant non parvenus jusqu'à nous.

Sans transition, après l'exposé des neuf arts, prend place l'étrange présentation mythologique dont la structure a déjà été expliquée (ci-dessus, p. 297) comme semblant fournir une manière de clef symbolique du plan type. Elle comprend, rappelons-le, quatre « considérations » ayant les mêmes subdivisions que celles des traités consacrés par Éléphant aux neuf arts. Afin de donner l'illusion d'une révélation sacrée et mystérieure, l'auteur termine ce passage par une phrase de style apocalyptique : « *Aspiciebam hoc donec tremeret terra et donec demitterentur altissimi spiritus et stelle discederent in ethere alto et donec regiones hominum excuterentur et donec vehe* [sic, peut-être pour *vae ! he !*]*omne abiret et donec mare fluctus suos compleret, Amen.* »

Comme si cela ne suffisait pas, intervient aussi, juché sur les épaules du géant Atlas, le nain Mynalion (95) tenant, dans sa main droite, une sphère d'or sur laquelle est « imprimée » la lettre grecque « *chi* » dont le nombre est 666, double de 333, c'est-à-dire du nombre des subdivisions que comporte la *Philosophia* d'Éléphant (37 × 9).

Quatrième considération

Elle se compose de sept parties dont nous avons déjà indiqué le contenu (tableau synoptique de la p. 353). Seule est un peu développée (et mérite donc de retenir ici l'attention) la section consacrée aux *proprietates gentium.*

Les contraintes du plan type obligent Éléphant à prendre en considération trois fois trois races ou peuples. Pour les déterminer, il remonte aux sept fils de Japhet, lui-même fils de Noé. V. *Genèse* 10, 2 : « *Filii Japhet : Gomer, et Magog, et Madai, et Javan, et Thubal, et Mosoch, et Thiras.* » Mais, comme il lui faut passer de sept à neuf, Éléphant scinde la descendance de Javan en trois peuples : Les Gaulois, les Grecs et les Garamantes du nord de l'Afrique. Cette race de Javan est supérieure aux autres : « *Gens Javan est pre aliis gentibus naturaliter solers... Quapropter gens Javan est doctrix gentium et inventrix omnium artium, quare pingitur trifrons* ». Le mot *pingitur* semble indiquer que le texte original devait composer une figure analogue à celle dessinée dans le manuscrit de Barcelone. Les neuf *gentes* sont donc ainsi réparties dans l'un des deux quarts supérieurs du globe terrestre (voir p. 359).

Voici les caractéristiques de ces neuf peuples :

Gens Javan :
— *Galli : sollercia logica.*
— *Garamantes : sollercia naturalis.*
— *Greci : sollercia ethica.*
Gens Gomer : credentie invincibilis hesitationis.
Gens Magog : credentie pertinacis.
Gens Maday : credentie invincibilis firmitatis.
Gens Tubal : voluntatis invincibilis firmitatis.
Gens Masoc : voluntatis pertinacis.
Gens Tyras : voluntatis invincibilis hesitationis.

(95) D'où sort ce pygmée Mynalion monté sur les épaules d'Atlas? Il semble né d'une confusion entre Pygmalion et Milanion (Mélanion ou Μειλανίων), époux d'Atalante. Nouvel indice, peut-être, de l'influence exercée par Éléphant en Catalogne, le nain Mynalion réapparaît, dès le tout début du xve siècle, sous la plume du médecin Antoni Ricart : J.-M. Dureau-Lapeyssonnie, *L'œuvre d'Antoni Ricart, médecin catalan du XVe s.*, p. 203, 277 et 294, dans *Médecine humaine et vétérinaire à la fin du M. A.* ,dir. G. Beaujouan (v. ci-dessus, n. 21). V. aussi E. Jeauneau, *Lectio philosophorum,* Amsterdam, 1973, p. 64 = réimpr. de *Nani gigantum humeris insidentes,* dans *Vivarium,* t. V, 1967, p. 79-99.

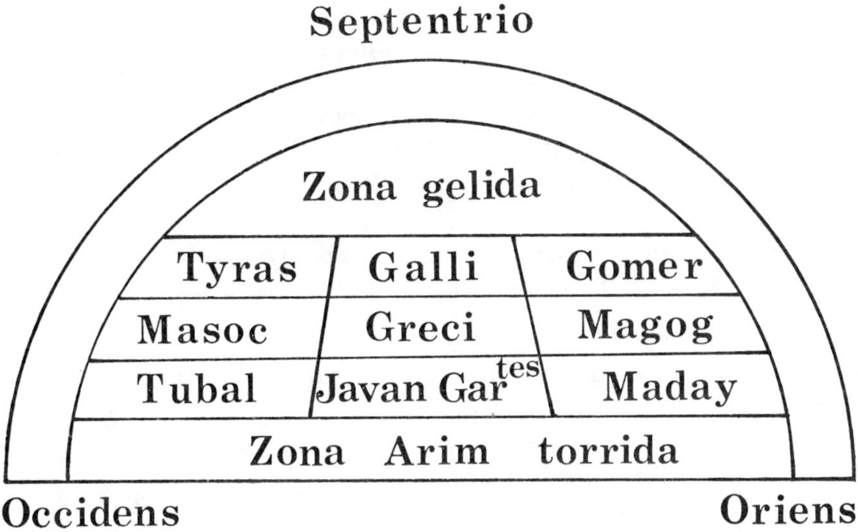

Sur l'origine de chacun de ces peuples et les régions qu'ils occupent, les indications fournies sont très sommaires [96]. Alors qu'il est qualifié d'*Anglicus*, Philippe Éléphant ne semble pas particulièrement s'intéresser à l'Angleterre. En bon Toulousain, il privilégie l'Aquitaine; il a même une certaine prédilection pour les Wisigoths que, au prix de spéculations étymologiques assez téméraires, il tente d'apparenter aux Gascons : « ... [*Goti*] *occidentales* « *qui nunc dicuntur Basgoti, quasi Vasgoti, id est orientales Goti qui sunt* « *in Aquitania. Unde et illa pars Aquitanie dicitur Vasconia, quasi Vasigotia.* « *Vast* » *enim idem est quod* « *occidens* ». *Ex hiis sunt Scoti et Hybernici,* « *Goti orientales sunt in partibus Alamanie que dicitur Godland, id est* « *Gotorum terra* ». Dans ce même chapitre, les migrations et surtout le brassage des ethnies sont donnés comme des facteurs de dégénérescence : « *Notare opportet quod mores et proprietates gentium quandoque degene-* « *rant propter genealogias permixtas et hujusmodi spuria vitulamina pau-* « *latim peribunt propter infectionem generis alieni, et quia eis non conve-* « *niens est locus; unde et Gothorum corpora et Britonum et Gallesiorum* « *manifeste perdiderunt staturas et decores antiquos in regionibus occi-* « *dentis.* »

(96) La descendance de Noé est répartie dans le monde habité, d'une manière quelque peu différente, selon Isidore de Séville, *Etymologiarum* lib. IX, cap. 2, ed. W. M. Lindsay, vol. I, Oxford, 1911.

Les chapitres annexes

L'*Éthique* proprement dite est alors terminée. Cependant, se conformant à la conception aristotélicienne qui lie éthique et politique, Éléphant croit devoir ajouter quinze chapitres supplémentaires non prévus au plan type (ci-dessus, p. 353); en voici brièvement le contenu :

1. *Ad vitam civilem naturaliter inclinamur...* Ce chapitre, ainsi que les six suivants, est inspiré très largement de la *Politique* d'Aristote (97).

2. Les personnes civiles.

3. Les parties de la cité (biens communs et propriétés privées).

4. Les princes.

5. La diversité des vertus suivant les personnes.

6. Le gouvernement (*regimen policie*). L'emprunt à Aristote, pour ce chapitre, semble plus limité : on y rencontre des idées politiques convenant à la France monarchique : « *spes sobolis regalis successionis fortificat regiam auctoritatem quasi res perpetua carens fine* ».

7. La meilleure conduite civique. Il faut n'être, ni trop riche, ni trop pauvre. La quantité des citoyens de moyenne condition est un élément de stabilité pour une cité.

8. Les doctrines. A partir de cet endroit, Philippe Éléphant cesse de faire appel à Aristote. Selon ce chapitre, les arts peuvent se diviser ainsi : *artes liberales, artes mechanice* ou *banausie* (98), *artes theatrice.* Quant aux doctrines philosophiques, les plus fameuses, dans la recherche du bonheur, sont celles des stoïciens, des épicuriens et des péripatéticiens. Cette dernière secte est la meilleure, car sa doctrine est un juste milieu entre celles des deux autres.

(97) Éléphant puisant dans le début de la *Politique* sans copier textuellement, rien ne semble s'opposer à ce qu'il ait utilisé la première version: *Politica I-II, 11: translatio imperfecta Guillelmi de Moerbeka* (?), ed. P. Michaud-Quantin, Bruges-Paris, 1961 (*Aristoteles latinus* XXXIX, 1). — Encore faut-il remarquer que ces deux premiers livres réapparaissent, très peu modifiés, dans la version complète attribuée à ce même Guillaume de Moerbeke.

(98) « *Mechanice autem* [*artes*] *econtra* « *servire faciunt spiritum carni, et hujusmodi* « *artes dicuntur* « *banausie* » *que faciunt* « *corpus disponi deterius et mentem merce-* « *nariam faciunt et depressam.* » Il n'y a malheureusement pas d'*index verborum* dans P. Sternagel, *Die* « *artes mechanicae* » *im Mittelalter,* Kallmünz, 1966.

9. La conduite des guerriers (*doctrina bellatorum*).

10. La division de l'art militaire.

11. Les guerres terrestres (*De bellis campestribus*).

12. Les guerres civiles et navales.

Ces quatre chapitres reprennent, d'une manière à la fois condensée et très fragmentaire, les quatre livres de l'*Epitome rei militaris* de Végèce.

13. L'art d'aimer. Il s'agit d'une habile adaptation de l'*Art d'aimer* d'Ovide.

Des passages en prose (sous la rubrique *Ovidius*) alternent avec d'autres en vers (sous la rubrique *Naso*). La prose introduit les vers et résume, en même temps, ce qu'Éléphant n'a pas repris d'Ovide. Les vers sont textuellement ceux de l'*Ars amatoria*, mais groupés différemment. Comme son modèle, l'*Ars amandi* de Philippe Éléphant se divise en trois parties [99].

14. Le remède de l'amour. Il reprend, de la même manière, les *Remedia amoris* d'Ovide [100].

15. Le pasteur. Ce dernier chapitre présente quinze conseils pour se conduire parfaitement; ils sont empruntés, dit Philippe Éléphant, à d'*antiqui philosophi.*

Ces quinze chapitres sont, à leur tour suivis d'un *Arbor novem virtutum moralium* [101]. L'Éthique s'achève enfin par les cent quarante-quatre proverbes appelés communément les *Catonis Disticha.* Ils sont généralement groupés, dans les manuscrits, en quatre livres inégaux. Philippe Éléphant, suivant son habitude, a bouleversé leur ordre, pour former onze chapitres. Les deux premiers réunissent respectivement les proverbes généraux intellectuels et les proverbes généraux moraux. Les neuf suivants sont consacrés aux neuf vertus morales [102].

(99) Dans l'original dactylographié de la thèse d'École des chartes de P. Cattin (v. *supra* n. 1) se trouve une concordance entre cette partie du texte d'Éléphant et l'*Art d'aimer* d'Ovide, éd. H. Bornecque, Paris, 1924 (Les Belles Lettres).

(100) P. Cattin, *loc. cit. :* concordance entre Éléphant et Ovide, *Les remèdes à l'amour,* éd. H. Bornecque, Paris, 1930 (Les Belles Lettres).

(101) Cet arbre a le même contenu que notre tableau de la p. 356.

(102) P. Cattin, *loc. cit.,* donne la concordance des *proverbia* d'Éléphant avec :

— d'une part leur numéro dans H. Walther, *Proverbia sententiaeque latinitatis medii aevi,* 6 vol., Göttingen, 1963-1969, renvoyant, pour les *Disticha Catonis,* à l'éd. M. Boas, Amsterdam, 1952;

— d'autre part aux références dans J. Nève, *Catonis Disticha, fac-similés de l'édition prototypographique et de l'édition de Bâle 1475,* Liège, 1926.

VII. - CONCLUSION

L'œuvre de Philippe Éléphant ne ressemble à celle d'aucun autre auteur médiéval et, même si l'on peut, à son propos, parler d'encyclopédie, celle-ci se singularise assez nettement par l'originalité de son plan, la réélaboration des sources et la volonté (même dans l'*Éthique*) d'éliminer toute moralisation.

Les traités scientifiques comparables émanent généralement de maîtres de la faculté des arts de grandes universités, avec souvent une certaine façon de préparer l'esprit à l'étude de la théologie. Médecin rattaché à l'université de Toulouse en un temps où l'enseignement de la médecine n'y était pas encore réellement organisé, Philippe Éléphant est aussi peu « scolastique » que possible. En revanche, par quelques traits comme son intérêt pour la poésie, son attachement à Platon ou son goût pour l'étude des monnaies [103], il fait un peu figure de préhumaniste.

Sa caractéristique la plus frappante tient évidemment à son propos d'organiser ses œuvres selon un plan type auquel le symbolisme des nombres est censé donner une signification profonde. Comme toute structure *a priori* imposée à une création quelconque, un tel carcan condamne souvent l'auteur à des surcharges et à des artifices. Mais il faut bien reconnaître que, très fréquemment aussi, il s'agit pour lui d'une discipline le contraignant à transcender ses sources d'information et même à mieux appréhender la réalité.

Pour qui examine sérieusement les écrits d'Éléphant, le traitement des sources en est sûrement l'un des aspects les plus originaux. Éléphant n'hésite pas à désarticuler les ouvrages les plus prestigieux pour très intelligemment recomposer, avec leurs morceaux, une nouvelle mosaïque généralement fort réussie. Nous avons vu, en maintes occasions, cette façon de traiter, par exemple, Aristote, Ovide ou le Ps.-Geber; mais, en ce domaine, la plus remarquable réussite d'Éléphant est sa belle et audacieuse restructuration des *Éléments* d'Euclide.

Pourtant Éléphant ne puise pas seulement, fût-ce avec indépendance, dans les livres. Comme avant lui, un Albert le Grand ou un Roger Bacon, il sait regarder la nature et s'intéresser à la pratique des métiers. Il fait donc,

[103] Ci-dessus, p. 291, 321, 345 et 347.

dans son œuvre scientifique, une certaine place à son expérience personnelle : miroirs concaves, arc-en-ciel, halo solaire [104], production plus ou moins accidentelle de la fonte [105], description des pierres dites « *andronices* » [106].

De tels passages font amèrement regretter que d'autres traités d'Éléphant n'aient pas été retrouvés, notamment son *Ars naturalis* et son *Astronomia.*

En espérant donc l'heureux hasard qui ferait réapparaître les textes perdus, en attendant même, plus modestement, que soit possible la publication d'une édition minutieusement annotée des œuvres conservées, on peut d'ores et déjà considérer Philippe Éléphant comme un savant fort intelligent et soutenir qu'il occupe une place tout à fait à part dans l'histoire intellectuelle du XIVe siècle.

G. B. P. C.

(104) Ci-dessus, p. 321.
(105) Ci-dessus, p. 343.
(106) Ci-dessus, p. 350.

INDEX

Sauf de rares exceptions, le contenu des notes est exclu de cet index. N'y figurent pas, non plus, les noms d'érudits modernes. Cependant, soit pour avoir contribué à l'élaboration des textes ici republiés, soit pour avoir attaché leur nom à une grande vision historique ici discutée, une quinzaine de personnalités contemporaines ont été retenues avec, en général, une mention unique, mais caractéristique. Lorsque cela en valait la peine, quelques adjectifs ont été relevés comme s'il s'agissait du nom propre correspondant: par exemple, aristotélicien pour Aristote, parisien pour Paris, etc.

Du fait de la configuration des noms de personnes dans la Péninsule Ibérique, du fait aussi que le nom d'un même personnage apparaissait souvent dans plusieurs contextes linguistiques, les renvois risquaient d'être extrêmement nombreux à l'intérieur même de l'index. La moins mauvaise solution a donc été de classer, selon leur prénom, les Chrétiens morts avant 1500, ces prénoms étant regroupés sous une rubrique unique: par exemple à "Jean" les équivalents Johannes, John, Juan, João, Giovanni, etc. Pour limiter les inconvénients de ce système, il a parfois paru nécessaire de préciser la langue dans laquelle était donné le nom de tel ou tel personnage: lat. = latin; port. = portugais; cat. = catalan; occ. = occitan, etc. D'autres fois, on a choisi de caractériser le personnage dans la langue du contexte où apparaît son nom. Lorsque la forme du prénom n'est pas la plus usuelle, il a paru utile de le préciser: par exemple, Alonso pour Alfonso, Pero pour Pedro, etc.

Bien sûr, un même nom ou un même manuscrit est susceptible de figurer plusieurs fois à la même page. Cette évidence mérite d'être spécialement rappelée pour les manuscrits cités aux pages V 173–217. S'agissant de cette même contribution n° V, la série alphabétique V 173–199 devra être consultée en priorité, avant de pousser la recherche grâce au présent index.

INDEX DES MANUSCRITS